普通高等学校"十二五"省部级重点规划教材

建筑节能技术

主　编　梅　胜　吴佐莲

副主编　王　萌　马广兴

主　审　李联友

黄河水利出版社

·郑　州·

内 容 提 要

《建筑节能技术》一书是普通高等学校"十二五"省部级重点规划教材,是一门相当新的跨学科、多专业交叉并能反映当代建筑节能技术概况的专业课教材。全书共分13章,内容包括建筑节能技术概述、建筑节能规划与设计、建筑围护结构节能、供热系统节能技术、通风空调节能技术、可再生能源在建筑中的应用、建筑节水与节能技术、建筑采光与照明节能技术、建筑节能的计量与检测技术、建筑节能经济评价、建筑节能管理及服务、绿色建筑应用技术、中外建筑节能示范工程等。

本书适用于土木工程类、建筑与城市规划类、机电类与公共管理类等学科,可供建筑学、城市规划、工业与民用建筑工程、建筑环境与能源应用工程、给排水科学与工程、工程管理等专业的本科生、研究生作为选修课教材或教学参考书,也可作为对建筑节能技术感兴趣的专业技术人员及相关技术培训的参考资料及培训教材。

图书在版编目(CIP)数据

建筑节能技术/梅胜,吴佐莲主编. —郑州:黄河水利出版社,2013.1
普通高等学校"十二五"省部级重点规划教材
ISBN 978 – 7 – 5509 – 0413 – 2

Ⅰ. ①建… Ⅱ. ①梅… ②吴… Ⅲ. 建筑 – 节能 – 高等学校 – 教材 Ⅳ. ①TU111.4

中国版本图书馆 CIP 数据核字(2013)第 007557 号

策划编辑:李洪良 电话:0371 – 66024331 E-mail:hongliang0013@163.com

出 版 社:黄河水利出版社
　　　　　地址:河南省郑州市顺河路黄委会综合楼14层　　邮政编码:450003
发行单位:黄河水利出版社
　　　　　发行部电话:0371 – 66026940、66020550、66028024、66022620(传真)
　　　　　E-mail:hhslcbs@126. com
承印单位:黄河水利委员会印刷厂
开本:787 mm × 1 092 mm　1/16
印张:17.25
字数:399 千字　　　　　　　　　　　　印数:1—3 100
版次:2013 年 1 月第 1 版　　　　　　　印次:2013 年 1 月第 1 次印刷
定价:38.00 元

前　言

建筑节能技术是一门跨学科、跨行业、综合性和应用性很强的学科。随着我国近年来经济的高速发展，人们的生活水平不断提高，各类建筑的标准更高、设备更完善、功能更齐全、技术更先进，对建筑节能技术也提出了新的要求，这也有力地促进了本学科的发展。

本书紧密结合现行建筑节能技术及相关政策法规，主要从建筑节能规划与设计、建筑围护结构节能、供热系统节能技术、通风空调节能技术、可再生能源在建筑中的应用、建筑节水与节能技术、建筑采光与照明节能技术、建筑节能的计量与检测技术、建筑节能经济评价、建筑节能管理及服务、绿色建筑应用技术、中外建筑节能示范工程等不同角度，系统地、全面地阐述了建筑节能技术在设计、施工、管理等不同方面的应用技术及实例，避免了空洞的技术介绍和理论分析，并对近年来关于建筑节能技术的新方法、新技术、新工艺及新材料等做了详细的说明，特别是书中提供了新型的典型工程实例供读者分析参考。着力体现建筑节能技术的实际工程应用是本书的基本立脚点，有利于开阔读者的专业视野，培养读者实际工程的应用能力是本书编写的主要目标。

本书可作为土木工程、建筑学、建筑环境与能源应用工程、给排水科学与工程、工程管理等相关专业本科生和研究生的选修教材或教学参考书，也可作为对建筑节能技术感兴趣的专业技术人员及相关技术培训的参考资料。

本书由广东工业大学梅胜、吕军杰、何学军、钟桃丽、龙华、郭黄欢，山东农业大学吴佐莲、王萌，内蒙古工业大学马广兴、白叶飞、康晓龙共同编写完成，具体编写分工如下：第一章由梅胜、吕军杰编写，第二章由白叶飞编写，第三章由吴佐莲、王萌编写，第四章由马广兴编写，第五章由吴佐莲、王萌编写，第六章由马广兴、白叶飞编写，第七章由梅胜、何学军编写，第八章由康晓龙编写，第九章由梅胜、钟桃丽编写，第十章由梅胜、龙华编写，第十一章由康晓龙编写，第十二章由梅胜、郭黄欢编写，第十三章由吴佐莲、王萌编写。全书由梅胜担任第一主编并负责整理、统编、定稿，吴佐莲担任第二主编；王萌担任第一副主编，马广兴担任第二副主编；吕军杰负责校稿及部分绘图工作。本书由河北省节能协会常务理事、河北建筑工程学院李联友教授担任主审，在此向李联友教授所付出的辛勤劳动表示衷心的感谢。

本书在编写的过程中参阅了许多国内外著名学者的文献、资料，包括专著、教材、标准、规范、手册、图集、照片和工艺标准等，在此谨向原作者表示崇高的敬意和衷心的感谢。在本书编写过程中还得到有关领导、专家、同事及兄弟院校老师的大力支持与帮助，在此一并表示深深的谢意！

由于编者的学识及编写水平有限，在本书编写过程中难免有疏漏和不妥之处，恳请广大读者朋友赐教、斧正。

梅　胜

2012 年 11 月

目　录

第一章　建筑节能技术概述

第一节　建筑节能技术及相关政策法规

一、建筑能耗及节能技术概况

(一)建筑耗能状况

建筑物是世界上最大的能源消耗者之一,全球各类建筑消耗了全世界约40%的能源,其二氧化碳的排放量约占全球二氧化碳总排放量的50%。近年来,亚洲的经济迅速发展,区域内的建筑工程也加快进行。据现有资料显示,全球每年约一半以上的新建筑在亚洲兴建,而中国是全球最大的工程市场,到2020年,中国新增的各类建筑面积约为300亿 m^2,接近全球年建筑总量的一半。

目前,亚洲建筑业的能耗约占全亚洲总能耗量的25%,根据亚洲当前的社会和经济发展趋势分析,随着亚洲经济的不断增长、人口数量的膨胀、城市化进程的加快以及人们生活水平的提高,预计到2030年,亚洲每年建筑总能耗的平均增长率约为3.3%,到2020年,亚洲建筑能耗约占亚洲总能需求的30%。

我国建筑能耗已约占到全社会终端能耗的27.5%,这一数据已经高于亚洲的平均水平。中国住房和城乡建设部表示,中国现有95%的建筑属于"相当耗能"建筑,每一单位建筑面积的能耗是发达国家同等水平的2~3倍。因此,我国既有建筑的节能潜力巨大。

(二)建筑节能技术

建筑节能领域是建设资源节约型、环境友好型社会迈向低碳排放的一个关键领域,是造福中华民族、造福全人类,走可持续发展道路的重要环节。建筑节能应该从建筑本身即建筑围护结构和建筑设备等领域不断地发展和发掘创新节能技术。这主要包括建筑围护结构的保温技术、使用高效的建筑节能材料以及先进的供冷、供热系统和设备等。随着现代科学技术日新月异的发展,建筑节能技术也在迅速发展。

1.建筑围护结构节能技术

建筑围护结构节能技术主要是指通过改善建筑物围护结构的热工性能,以减少采暖设备、制冷设备等辅助设备来达到舒适室温的负荷,最终达到建筑节能的目的。建筑围护结构节能技术主要包括墙体节能技术、门窗节能技术及屋面节能技术等。

1)墙体节能技术

建筑物中外围护结构的热损耗非常大,所以复合外墙保温技术是建筑节能的主要领域之一。近年来,高效建筑绝热材料和复合墙体的做法在不断推广。墙体采用聚苯乙烯塑料、聚氨酯泡沫塑料、聚乙烯塑料等新型高效绝热保温材料及复合墙体,以降低外墙传热系数。复合外墙技术主要分为外墙外保温技术、外墙内保温技术和外墙夹芯保温技术等。

（1）外墙外保温技术。

为了防止热桥现象产生，需要在外墙的外表面上建造保温层，该外墙可用砖石或混凝土建造。外墙外保温技术有利于保障室内的热稳定性，有利于提高建筑结构的耐久性以及可以减少墙体内部冷凝现象。

（2）外墙内保温技术。

内保温外墙主要由主体结构和保温结构两部分组成，保温结构由保温板和空气层组成。外墙内保温技术施工速度快，操作方便灵活，造价相对较低；但是，低造价是靠降低保温效果换来的，而且内墙悬挂和固定设施也容易破坏内保温结构。

（3）外墙夹芯保温技术。

外墙夹芯保温层技术是将保温层夹在内、外墙体中间，保温材料可以采用膨胀珍珠岩、聚苯板等，该技术主要运用在我国严寒地区。外墙夹芯保温层具有良好的防水性能，而且对施工季节和条件的要求不高，不会影响冬季施工。但是，这种墙体比较厚，穿过保温层的拉结钢筋会造成热桥，降低保温效果。

2）门窗节能技术

在建筑围护结构中，门窗的绝热性能最差，是影响室内热环境最主要的因素之一。可在增强门窗的隔热保温性能等方面来达到改善室内热环境及提高建筑节能水平，比如可以控制建筑各朝向的窗墙比、采用节能玻璃、增加保温窗帘、提高窗门的气密性等来减少门窗能耗。

3）屋面节能技术

对于一个建筑物，四面暴露，其中建筑物吸入的热量约有 1/3 主要是通过屋顶获得的。因此，提高建筑物屋面的保温隔热性能，能有效地减少外来热空气传递，减少建筑设备能耗，也能够有效地改善室内热环境。屋面节能技术主要包括保温隔热屋面、架空通风屋面、绿色植被屋面以及蓄水屋面等。

2. 建筑设备节能技术

建筑设备节能技术主要涉及能源系统的节能技术领域，主要包括暖通空调、电气照明设备及系统等。

1）蓄能空调技术

蓄能空调是在蓄冷、蓄热技术的基础上发展起来的新技术。蓄能空调技术虽然与蓄冷、蓄热技术没有本质的区别，但是在不同的蓄冷、蓄热技术的组合形式上，蓄能空调却有着丰富的变化，而且技术含量也更高。

2）热电冷联供技术

在热电联产的基础上增加制冷设备，便可形成热电冷联产系统。热电冷联供技术采用清洁高效的天然气机组，是国家非常支持的一种技术，因此近年来在我国发展迅速。热电冷联供技术的核心技术一方面是要确定热电厂最佳内部结构，另一方面是供热、供冷、发电系统的动态特性研究及整个系统的优化匹配和优化运行控制。

3）独立除湿技术

中央空调系统中，一般的供水温度是 7 ℃。之所以采用低温供水方式，主要是为了解决除湿问题。低温供水导致的负面效果是降低了制冷机组的效率。如果可以实现独立除湿,制冷机仅起降温的作用,则可以采用更高的供水水温,制冷机组效率会大幅度地提高。

4)太阳能利用技术

太阳能不仅可以为建筑物提供生活热水,还可以结合太阳能光伏技术为建筑供电。同时,太阳能除湿技术也在迅速发展,可以缓解南方春季潮湿天气带来的影响。

二、我国建筑节能的政策法规

20世纪80年代以前,中国的能源完全自给自足,所以70年代的两次石油危机对中国的经济和能源基本没有造成影响。从80年代开始,随着中国经济的发展和城市化进程的加快,中国国内的能源生产已经无法满足国内能源的需求,到90年代初期,中国开始从能源出口国转为能源进口国,并于2007年取代日本成为全球仅次于美国的第二大石油进口国。

2004年,中国国务院发展研究中心深入研究了中国国家能源的各种可能性战略,发布了"中国能源综合发展战略与政策研究2020"(NESP, National Energy Strategy and Policy 2020)。该报告显示,能源占中国国内生产总值的13%,几乎是美国的两倍。中国快速发展的经济与其能源需求之间的矛盾日益突出。

中国政府为了应对日益严重的能源危机,在20世纪80年代末已致力于提高能源效率和节省能源,并于1986年首次发布了建筑节能技术标准,在1997年颁布了中国首部节能法。此后颁布了一系列的建筑节能政策法规。

我国建筑节能工作是从20世纪80年代初期颁布北方采暖地区居住建筑节能设计标准开始的,相对于欧美等发达国家,我国的建筑节能工作起步比较晚。

1986年8月1日,中国建设部首次为华北地区发布了《民用建筑节能设计标准(采暖居住建筑部分)》(JGJ 26—1986),并在1995年提出修改,经建设部修订后的《民用建筑节能设计标准(采暖居住建筑部分)》(JGJ 26—1995)于1996年7月1日起施行。其节能目标是新建筑要比当时已有的建筑物更具有节能效率,在1986年及1995年之前分别节省30%和50%的供暖能耗。在2010年,该标准再次提出修订补充,更名为《严寒和寒冷地区居住建筑节能设计标准》(JGJ 26—2010),在2010年颁布实施。该标准适用于严寒与寒冷地区新建、扩建和改建居住建筑的建筑节能设计,包括采用和尚未采用采暖或空调的居住建筑、集体宿舍及幼儿园等,采暖能源包括煤、电、气、油等能源,以及采用集中或分散供热的热源。

为了改善夏热冬暖地区居住建筑热环境,提高空调和采暖系统的能源利用率,在2003年制定了住宅建筑节能标准——《夏热冬暖地区居住建筑节能设计标准》(JGJ 75—2003),并于2003年10月1日起施行,该标准实施后可使华南地区的空调采暖的总能耗减少50%。

自2005年起,我国已着手整合原有的区域性标准,修改成全国性的住宅建筑节能设计标准《公共建筑节能设计标准》(GB 50189—2005),并于2005年7月1日起施行。主要是为改善公共建筑的热环境,提高暖通空调系统的能源利用率,从根本上扭转公共建筑用能严重浪费的状况,为实现国家节约能源和保护环境的战略,贯彻有关政策和法规作出贡献,其节能目标是通过优化建筑外墙、暖通空调系统及照明等系统,使其比当时已有的建筑物减少 50% 的能耗。

1997 年 11 月 1 日，我国颁布了《中华人民共和国节约能源法》。该法规定建筑物的设计和建造应当按照有关法律、行政法规的规定，采用节能型的建筑结构、材料、器具和产品，提高保温隔热性能，减少采暖、制冷、照明的能耗。重新修订的《中华人民共和国节约能源法》于 2008 年 4 月 1 日起正式施行，重点包括建筑、交通运输和公共机构等领域新增全国性节能管理规定。

2006 年，《中华人民共和国可再生能源法》颁布施行。该法明确提出鼓励发展太阳能光热、供热制冷与光伏系统等可再生新型能源，为我国可再生能源发展提供了重要的法律保障。

为了激励承建商建造高于最低节能要求的建筑项目，在 2006 年 6 月 1 日中国建设部发布了《绿色建筑评审标准》（GB/T 50378—2006）。建筑项目经建设部分析评估后符合资格的建筑物可获颁发"三星级"的绿色建筑证书。

2008 年 10 月，《民用建筑节能条例》颁布施行。该条例作为专门指导建筑节能工作的法规，共六章四十五条，详细规定了工作内容和责任，强化了建筑节能的监督管理。《民用建筑节能条例》的颁布施行，全面推进了建筑节能工作，同时推动了全国建筑节能工作法制化进程。

已经出台的国家主要的建筑节能政策法规和标准规范如表 1-1 所示。

表 1-1　建筑节能主要政策法规和标准规范一览表

序号	政策法规或标准规范	标准（规范）代码、编码	颁布时间
1	《民用建筑热工设计规范》	GB 50176—93	1993 年
2	《严寒和寒冷地区居住建筑节能设计标准》	JGJ 26—2010	2010 年
3	《商品住宅性能认定管理办法》（试行）	住建房[1999]114 号	1999 年
4	《既有采暖居住建筑节能改造技术规程》	JGJ 129—2000	2000 年
5	《居住建筑节能监测标准》	JGJ/T 132—2009	2009 年
6	《夏热冬冷地区居住建筑节能设计标准》	JGJ 134—2010	2010 年
7	《建筑给水排水和采暖工程施工质量验收规程》	GB 50242—2002	2002 年
8	《建筑外窗保温性能分级及检验方法》	GB/T 8484—2002	2002 年
9	《节水型生活用水器具》	CJ 164—2002	2002 年
10	《建筑节能"十五"计划纲要》	建科[2002]175 号	2002 年
11	《商品住宅装修一次到位实施导则》	住建房[2002]190 号	2002 年
12	《采暖通风和空气调节设计规范》	GB 50019—2003	2003 年
13	《夏热冬暖地区居住建筑节能设计标准》	JGJ 75—2003	2003 年
14	《膨胀聚苯板薄抹灰外墙外保温系统》	JG 149—2003	2003 年

续表1-1

序号	政策法规或标准规范	标准(规范)代码、编码	颁布时间
15	《建筑给水排水设计规范》	GB 50015—2003	2003年
16	《居住区智能化系统配置与技术要求》	CJ/T 174—2003	2003年
17	《建筑照明设计标准》	GB 50034—2004	2004年
18	《外墙外保温工程技术规程》	JGJ 144—2004	2004年
19	《外墙内保温板》	JG/T 194—2004	2004年
20	《胶粉聚苯颗粒外墙外保温系统》	JG 158—2004	2004年
21	《全国绿色建筑创新奖管理办法》	建科[2005]55号	2005年
22	《公共建筑节能设计标准》	GB 50189—2005	2005年
23	《绿色建筑评审标准》	GB/T 50378—2006	2006年
24	《民用建筑工程节能质量监督管理办法》	建质[2006]192号	2006年
25	《北方采暖地区既有居住建筑供热计量及节能改造奖励资金管理暂行办法》	财建[2007]957号	2007年
26	《国家机关办公建筑和大型公共建筑能耗监测系统数据上报规范》	建科[2011]169号	2011年
27	《中华人民共和国节约能源法》	主席令第77号	1997年
28	《中华人民共和国可再生能源法》	主席令第33号	2006年
29	《民用建筑节能条例》	国务院令第530号	2008年
30	《公共机构节能条例》	国务院令第531号	2008年

第二节 国内外建筑节能概况

一、国外建筑节能概况

20世纪70年代暴发的两次石油危机,导致了石油价格暴涨,给欧美等发达国家的经济造成了巨大的冲击,从而引发了一场全球性的金融危机。危机过后,各国开始寻求解决能源危机的办法,并重新修订国家能源战略,节能开始成为各国普遍采纳的有效对策。建筑节能在这一历史背景下开始被重视。建筑节能在欧美等发达国家主要经历了三个阶段:即最初的"建筑能源节约"阶段(Energy Saving in Buildings),后被定义为"建筑能源的保持"阶段(Energy Conservation in Buildings),最后是"建筑能源利用率"阶段(Energy Efficiency in Buildings)。

欧美等发达国家在20世纪70年代末主要从经济鼓励、革新节能技术及推广建筑节能政策法规等方面大力推进建筑节能。

（一）经济鼓励

美国是人均能源消耗最多的国家，因此美国非常重视节能。美国在 2005～2010 年间，提供 200 亿美元发展能源新技术，并通过实施减免税费政策，鼓励使用节能设备和购买节能建筑。例如，规定 SEER（季节性能效比）大于 13.5 的中央空调和热泵减税 10%，SEER 大于 15 的中央空调和热泵减税 20% 等。

德国是一个资源相对贫乏的国家，德国政府在建筑节能的投入是非常大的。德国为了鼓励个人新建、改建节能住宅，其信贷机构可以提供高达 5 万欧元的个人优惠贷款；其次，德国政府还设立专门的基金，用于推动旧房改造工程，以降低建筑能耗。

（二）革新节能技术

1. 节能窗膜

节能窗膜是美国贝卡尔特特殊镀膜公司研制的透明隔热合金层，不仅隔热效果好，而且有减少炫目强光、延缓家具退色、防爆抗裂等特点。

2. 高性能节能窗

美国目前正在推广一种采用多层玻璃和密封框，在窗表面覆盖有低反射率涂层的住宅高性能的节能窗。这种节能窗可阻隔 98% 的紫外线，冬天可以减少热量散失，夏天可以阻止热量吸收。

3. 节能幕墙设计

环保节能的建筑幕墙设计是韩国的首创，双层建筑幕墙有效地提高建筑的保温性能。有双层的与没有双层的幕墙表面，平均温差超过 3 ℃。此外，可以降低 75% 的安装成本费。

（三）推广建筑节能政策法规

建筑节能的推广与相应的法律法规是密不可分的，欧美等许多发达国家早在 20 世纪 70 年代初就针对环境保护、节约能源、建筑节能和改善居住条件等制定了一系列的法律法规和政策。随着社会的发展和经济的进步，这些政策法规不断被完善补充，使建筑节能工作取得了迅速的发展。

美国在 1975 年到 1988 年期间先后制定了一系列旨在提高能源效率的能源标准和政策，取得了卓越的成果，主要包括《能源节约法》、《节能政策法和能源税法》和《国家能源管理改进法》等。在过去的 10 多年中，美国又连续出台了《21 世纪清洁能源的能源效率与可再生能源办公室战略计划》、《国家能源政策》、《国际建筑节能法规 IECC》、《国际住宅法规 IRC》等 10 多项政策法规，其中《能源部能源战略计划》把提高能源利用率上升到能源安全战略的高度，这些政策法规的制定对美国的节能减排起到了极大的推动作用。

日本早在 1979 年就出台了《节约能源法》，对能源消耗标准做了严格的规定并有奖惩措施。2003 年，日本再次修改了《节约能源法》，并做出新的规定，例如，耗电量达到一定程度的商务楼、民间设施等均有义务向政府部门报告能源的使用量并且请专家研究制订节能计划和方案，每年都要将方案落实情况向政府部门汇报。新的节能法实际上对政府和耗能单位双方做出了约束性的规定，而且规定得十分具体。

德国在 1998 年以来先后出台了《可再生能源法》、《生物能源法规》、《家庭使用可再生能源补贴计划》、《能源节约法》、"10 万个太阳能屋顶计划"等一系列的节能法规和计划,为德国的节能环保型社会确立了相应的法律框架。

二、国内建筑节能概况

建筑节能是可持续发展的具体体现,是建设资源节约型、环境友好型社会的重要组成部分,是根据我国的经济、社会的发展状况及对国外经济和社会发展进行深入地研究后作出的重要战略决策。

建筑节能领域是中国迈向低碳排放事业的一个关键领域。因此,近期我国建筑节能工作的重点仍然是新建建筑应该全面贯彻执行建筑节能设计标准,进一步开展既有大型公共建筑和采暖居住建筑的节能改造,坚决推行供热体制改革,扩大可再生能源在建筑中的规模化应用。

(一)国家机关办公建筑和大型公共建筑节能监管体系建设

国家机关办公建筑和大型公共建筑能耗统计、能源审计、能效公示工作全面开展,截至 2010 年底,全国共完成国家机关办公建筑和大型公共建筑能耗统计 33 000 栋,完成能源审计 4 850 栋,公示了近 6 000 栋建筑的能耗状况。同时,已对 1 500 余栋建筑的能耗进行了动态监测。

(二)北方采暖地区既有居住建筑供热计量及节能改造

北方采暖地区的节能改造工作到 2010 年时已有 15 省(区、市)共完成改造面积 1.82 亿 m^2。据测算,每年可形成节约 200 万 t 标准煤的能力,减排二氧化碳 520 万 t,减排二氧化硫 40 万 t。改造后同步实行按用热量计量收费,平均节省采暖费用 10% 以上,室内热舒适度明显提高。

(三)可再生能源建筑应用

中国财政部会同住房与城乡建设部在"十一五"期间共实施了 386 个可再生能源建筑应用示范项目、210 个太阳能光电建筑应用示范项目、47 个可再生能源建筑规模化应用城市、98 个示范县,中央财政共安排补助资金近百亿元。全国太阳能光热应用面积 14.8 亿 m^2,浅层地热能应用面积 5.725 亿 m^2,光电建筑应用已建成及正在建设的装机容量达 1 271.5 MW,形成常规能源替代能力 2 000 万 t 标准煤。

(四)绿色建筑与绿色生态城区

目前,全国有 112 个项目获得了绿色建筑评价标识,建筑面积超过 1 300 万 m^2。全国实施了 217 个绿色建筑示范工程,建筑面积超过 4 000 万 m^2。在 79 个已获得我国绿色建筑标识的项目住宅小区中,其平均绿地率达 38%,平均节能率约 58%,非传统水资源平均利用率约 15.2%,可再生循环材料平均利用率约 7.7%。

(五)新型节能墙体材料

我国根据不同地区的气候条件及资源特点,不断推动新型墙体材料技术与产业升级转型。保温结构一体化新型建筑节能体系、轻型结构建筑体系等一系列建筑节能新材料、产品得到推广。据不完全统计,2010 年全国新型墙体材料产量超过 4 000 亿块标砖,占墙体材料总产量的 60% 左右,新型墙体材料应用量 3 500 亿块标砖,占墙体材料总应用量的 70% 左右。

第三节　我国建筑节能的任务与目标

一、我国建筑节能的任务

改革开放以来,在中共中央、国务院的领导下,我国的经济迅速发展,取得了举世瞩目的成绩。在"十一五"期间,我国组织实施低能耗、绿色建筑示范项目 217 个,完成北方采暖地区既有居住建筑供热计量及节能改造 1.82 亿 m²,开展了 371 个可再生能源建筑应用示范推广项目,推动了政府办公建筑和大型公共建筑节能监管体系建设与改造等,实现了国务院对建筑节能提出的目标和要求。

虽然我国建筑节能在"十一五"时期取得了一系列的重大成就,并为今后我国建筑节能的事业奠定了坚实的基础。但是,我国目前的发展仍处于可以大有作为的重要战略机遇期。随着城镇化进程加快和消费结构持续升级,我国能源需求呈刚性增长,受国内资源保障能力和环境容量制约以及全球性能源安全与应对气候变化影响,资源环境约束日趋强化,未来我国的建筑节能形势仍然十分严峻,任务十分艰巨。

首先,农村地区的建筑节能工作任务目前还是一片空白。随着新农村的建设,农村生活水平不断改善,农村地区的建筑节能工作急需推进。特别是现在农村家电商品的种类和数量不断增加,国家应当对绿色环保节能家电进行推广。同时,应加大对农村新能源的开发,根据农村的现实状况开发可再生能源,由国家和地方政府提供技术支持与资金鼓励,并应该尽快地制定一系列适合我国农村地区的建筑节能法规。

其次,北方地区既有建筑节能工作改造任务严峻。我国民用建筑外墙平均保温水平仅为欧洲同纬度发达国家的 1/3,据估算,北方采暖地区有超过 20 亿 m² 的既有建筑需要进行节能改造。由于北方多数地区的经济欠发达,地方政府投入的资金有限,而以围护结构、供热计量和管网热平衡为重点的节能改造成本需要 220 元/m² 以上,资金投入非常大,所以可以采取由中央到地方联合民营企业来共同完成。

再次,可再生能源建筑应用推广任务任重道远。我国可再生能源在建筑领域的应用尚处于初级阶段,目前可再生能源在建筑用能的比重仅占 2% 左右,这与建筑用能快速增长、与优化能源结构的迫切要求还有很大的差距。那么,需要相关部门建立可再生能源建筑应用的长效推广机制,完善技术标准体系,加强工程咨询和运行管理等。

最后,建筑节能法规与经济支持政策不完善,新建建筑执行节能标准水平不平衡。现有的节能法规对建筑节能仅有原则性规定,难以操作。各地政府对建筑节能的经济激励政策缺乏,特别是中央财政投入建筑节能的配套资金,大部分地区没有落实,影响了中央财政支持政策的实施效果。我国建筑节能标准技术指标,例如围护结构传热系数、采暖供热、空调制冷等方面的技术指标远远落后于世界发达国家水平。外墙、门窗等保温工程在建筑节能工程施工过程中不规范。

二、我国建筑节能的目标

2010 年 10 月 18 日中国共产党第十七届中央委员会第五次全体会议通过了《中共中

央关于制定国民经济和社会发展第十二个五年规划的建议》。会议明确在"十二五"期间,建筑节能要实现1.16亿t标准煤的目标,同时继续推行北方采暖地区既有建筑供热计量等建筑节能工程。

(一)"十二五"期间的总体目标

我国建筑节能的总体目标是到2015年底,建筑节能形成1.16亿t标准煤节能能力。其中发展绿色建筑,加强新建建筑节能工作,形成4 500万t标准煤节能能力;深化供热体制改革,全面推行供热计量收费,推进北方采暖地区既有建筑供热计量及节能改造,形成2 700万t标准煤节能能力;加强公共建筑节能监管体系建设,推动节能改造与运行管理,形成1 400万t标准煤节能能力;推动可再生能源与建筑一体化应用,形成常规能源替代能力3 000万t标准煤。

(二)"十二五"期间的具体目标

"十二五"期间,我国建筑节能主要的具体目标有以下几个方面:

(1)建立健全大型公共建筑节能监管体系,实现省级监管平台全覆盖。促使高耗能公共建筑按节能方式运行,实施高耗能公共建筑节能改造达到6 000万 m^2。力争在2015年底实现公共建筑单位面积能耗下降10%,其中大型公共建筑能耗降低15%。

(2)进一步扩大既有居住建筑节能改造规模。实施北方既有居住建筑供热计量及节能改造4亿 m^2 以上,地级及以上城市达到节能50%强制性标准的既有建筑基本完成供热计量改造并同步实施按用热量分户计量收费。启动夏热冬冷地区和夏热冬暖地区既有居住建筑节能改造试点5 000万 m^2。

(3)提高新建建筑能效水平。严格执行建筑节能标准,提高标准的执行率。到2015年,城镇新建建筑执行不低于65%的建筑节能标准,城镇新建建筑95%达到建筑节能强制性标准的要求。鼓励北京等4个直辖市和有条件的地区率先实施节能75%的标准。

(4)开展可再生能源建筑应用集中连片推广。进一步丰富可再生能源建筑应用形式,实施可再生能源建筑应用省级示范、城市可再生能源建筑规模化应用和以县为单位的农村可再生能源建筑应用示范,拓展应用领域,"十二五"期末,力争新增可再生能源建筑应用面积25亿 m^2,形成常规能源替代能力3 000万t标准煤。

(5)实施绿色建筑规模化推进。在城市规划的新区、经济技术开发区、高新技术产业开发区、生态工业示范园区、旧城更新区等实施100个以规模化推进绿色建筑为主的绿色建筑集中示范城。政府投资的办公建筑和学校、医院、文化等公益性公共建筑和东部地区省会以上城市、计划单列市政府投资的保障性住房率先执行绿色建筑标准,"十二五"末期执行比例达到70%。引导房地产开发类项目自愿执行绿色建筑标准。

(三)我国2020年的建筑节能远景规划目标

我国建筑节能的远景规划目标是,到2020年,建立健全的建筑节能标准体系,编制出覆盖全国范围的、配套的建筑节能设计、施工、运行和检测标准,以及与之相适应的建筑材料、设备及系统标准,用于新建和改造居住及公共建筑,包括采暖、空调、照明及家用电器等能耗在内,所有建筑节能标准得到全面的实施。

从2015年到2020年,部分城市率先实施节能率为75%的建筑节能标准。

大中城市基本完成既有高耗能建筑和热环境差建筑的节能改造,小城市完成既有高耗能建筑和热环境差建筑改造工作的 50%，农村建筑广泛开展节能改造。累计建成太阳能建筑 1.5 亿 m^2，并累计建成其他可再生能源的建筑 2 000 万 m^2。

至 2020 年，新建建筑累计节能 15.1 亿 t 标准煤，既有建筑节能 5.7 亿 t 标准煤，共累计节能 20.8 亿 t 标准煤。其中包括节电 3.2 万亿 kW·h，削减空调高峰用电负荷 8 000 万 kW，累计新建建筑减排二氧化碳 40.2 亿 t，既有建筑减排二氧化碳 15.2 亿 t，共累计减排二氧化碳 55.4 亿 t。

第二章　建筑节能规划与设计

建筑规划设计与建筑节能密切相关,通过本章的学习,应掌握建筑规划设计中的建筑节能技术及需要考虑的因素。节能设计应结合地区的气候特点、地理条件,选址在微气候环境良好、利于建筑节能的场地,综合考虑建筑布局、建筑朝向、建筑间距及建筑体形等诸多因素,利于建筑在冬季最大限度地利用太阳能、地热能采暖,并减少冷风渗透等,以降低采暖能耗,夏季最大限度地减少得热,并利用自然通风等技术来降低空调能耗。

第一节　建筑节能规划与设计概述

建筑规划中的节能设计是建筑节能设计的重要内容之一。规划节能设计应从分析建筑物所在地区的气候条件、地理条件出发,将节能设计与能源的有效利用相结合,使建筑在冬季最大限度地利用可再生能源,如太阳能等,尽可能多地争取有利于得热和减少热损失;夏季最大限度地减少得热并利用自然能源,如通过利用自然通风手段来加速散热、降低室温。

一、规划设计中的环境条件

不同地区地理环境的多样性,如江河湖泊等水域、山地、丘陵和平原、风、地热等自然能源的多样性,使各地区的建筑形态呈现出不同的地理、气候环境特点。因此,节能建筑设计首先要考虑的是充分利用建筑所处环境的自然资源和条件,在尽可能减少常规能源条件下,遵循气候设计方法和建筑技术措施,满足人们生活和工作的室内环境。

(一)气候条件

建筑的地域性首先表现为地理环境的特殊性,它包括建筑物所在地的自然环境特点,如气候条件、地形地貌、自然资源等。其中气候条件所起作用最为重要,节能建筑设计必须了解当地太阳辐射强度、冬季日照率、降水、冬夏两季最冷月平均温度和最热月平均温度、极端最低温度、极端最高温度、空气湿度、冬夏两季主导风向和频率等,还应该了解建筑所在地的城市热岛效应、局部风场、交通组织、环境植被等微气候条件对居住区的影响。

(二)地形条件

建筑所处的地形地貌,如位于平地或坡地、山谷或山顶、江河湖泊水系等不同条件,建筑选址将直接影响建筑室内外热环境和建筑能耗的大小。

对于江河湖泊地区,因地表水陆分布、地势起伏、表面覆盖材料等不同,白天由于太阳辐射作用和地表长波辐射的影响,产生水陆风而形成气流的流动,在进行建筑设计时,充分利用水陆风以取得建筑穿堂风的效果,对改善夏季热环境,节约空调能耗的作用是不言而喻的。山谷风是山区经常出现的现象,这种局地热力环流就表现得十分明显,建筑的选址、朝向应重视因地形变化而产生的地方风对建筑防寒、保温的影响。合理地利用山谷风、水陆风等自然能源可以有效地节能。

(三)地表环境

居住区的表面覆盖层会影响微气候环境,表面植被或水泥地面都直接影响建筑采暖和空调能耗的大小。由于市区大气透明度远小于郊区,使得市区的直射辐射量减小,而散射辐射量增大,加上市区建筑物排列的几何形状对反射率的影响,使建筑外墙、屋顶、路面组成极为复杂的多次反射,居住区覆盖层长波辐射与天空的热量交换减少,其结果造成部分热量仍留在地表和居住区近地下垫面内,如果居住区植被少,CO_2 含量大,地表长波向上辐射受到限制,大气长波辐射向下造成大气逆辐射,在通风不良的情况下,市区日夜温差变小,平均温度上升。

由于下垫面性质的改变,建筑物和铺砌的坚实路面大多为不透水层(部分建筑材料能够吸收一定量的降水,亦可变成蒸发面,但为数不多),降雨后雨水很快流失,地面水分在高温下蒸发到空气中。因此,节能居住小区在规划设计时,应有足够的绿地和水面,严格控制建筑密度,尽量减少水泥地面,并且合理分布,利用植被和水域减弱热岛效应,改善居住区热湿环境。

二、城市微气候

在城市规划设计中,不但要考虑所在地的地理和气候特点,而且要考虑由于城市用地的自然条件改变而形成的城市气候。城市建筑物的表面及周围、气候条件都有较大的变化,这种变化的影响在很大程度上会改变建筑物的能耗及热反应,再加上城市人口高度密集、具有高强度的生活和经济活动,就会造成与农村腹地迥然不同的城市气候特征。

在建筑设计中涉及的室外气候,通常在"微气候"的范畴内,微气候是指在建筑物周围地面上及屋面、墙面、窗台等特定地点的气温、湿度,压力、风速、太阳辐射等条件。建筑物本身以其高大墙面形成一种风障,以及在地面与其他建筑物上投下的阴影,都会改变该处的微气候环境。

(一)城市热环境

由于城市地面覆盖物和发热体多,加上密集型城市人口的生活和生产中产生大量的人为热,造成市中心的温度高于郊区温度,且市内各区温度分布也不一样,如果绘制出等温曲线,就会看到与岛屿等高线极为相似,人们把这种气温分布的现象称为"热岛效应"(见图 2-1 和图 2-2)。

由于城市下垫面特殊的热物理性质,城市内的低风速和较大的人为热等,造成城市的空气温度高于郊区,这是城市热岛产生的原因。研究表明,热岛强度随着气象条件和人为因素的不同出现明显的非周期变化。

城市气候参数包括平均气温、平均相对湿度、日照时数、平均风速和雾日。不同气候区的城市气候不尽相同,但也有一些共同的特征。

从城市规划入手,以系统的方法改善城市热环境,将与城市热环境有关的诸多要素建立一个城市热环境系统,然后对其进行分析,综合形成最优化的系统,确定合理的城市容量、人口规模与密度,合理规划布局,优化用地指标,控制人工热源和城市街道走向。其中,城市容量是改善城市热环境的基础,合理的城市容量是指一个城市能够最大限度地实

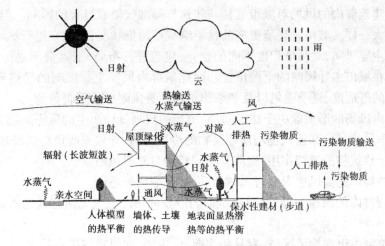

图 2-1 室外热环境形成机制

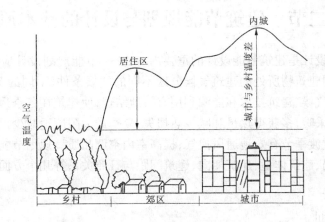

图 2-2 城市热岛效应

现经济效益和社会效益,保持生态平衡的人口数量与密度,通过系统分析获得合理的用地规划和绿化规划,得出最优化的容积率、建筑密度、绿化率等指标。

(二)城市风环境

风场是指风向、风速的分布状况。城市建筑群的增多、增密、增高,导致下垫面粗糙度增大。气流遇到障碍物会绕行,消耗了空气水平运动的动能,使得市区内一些区域的风速与远郊来流风速相比有很大变化,产生风向和风速的变化(见图 2-3)。

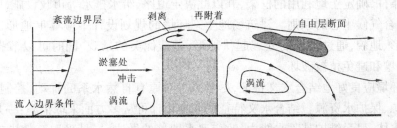

图 2-3 室外风环境设计

城市和建筑群内的风场对城市气候与建筑群局部气候有显著的影响。但两种影响的主要作用不太一样。城市风环境更多的是影响城市污染状况,因此在进行城市规划时,需要考虑城市主导风向,对污染程度不同的企业、建筑进行布局,把大量产生污染物的企业或建筑布置在城市主导风向的下游位置。而建筑群内风场主要影响的是热环境,包括小区室外环境的舒适度、夏季通风以及冬季建筑物渗透风附加的采暖负荷。

建筑群内风场的形成取决于建筑布局,不当的规划设计产生的风场问题有:

(1)冬季居住区内高速风场增加建筑物的冷风渗透,导致采暖负荷的增加。

(2)由于建筑物的遮挡作用,造成夏季建筑的自然通风不良。

(3)室外局部的高风速影响行人的活动,并影响热舒适度。

(4)建筑群内的风速太低,导致建筑群内散发的污浊空气无法有效地排除,会在小区内聚集。

(5)建筑群内出现旋风区域,容易积聚落叶、废纸、塑料袋等废弃物。

第二节　建筑节能规划与设计的基本原则

建筑的规划设计是建筑节能设计的重要内容之一,节能规划设计应从分析地区的气候条件出发,掌握建筑物所处的建筑气候分区不同的气候条件、不同的节能标准要求,将建筑设计与建筑气候、建筑技术和能源利用有效地结合,使建筑在冬季最大限度地利用太阳能等自然能源采暖,多获得热量和减少热损失;夏季最大限度地减少得热和利用自然条件来降温冷却;过渡季节有效地通风换气,提高室内空调品质。规划节能设计应从建筑选址、建筑组团布局、建筑体型、建筑朝向、建筑间距与日照关系等几个方面对建筑能耗的影响进行分析。

一、建筑选址

建筑选址得当与否,对建筑室内环境及建筑运行能耗有着重要的影响。场地设计综合基地地形、植被、现有建筑等选址条件和太阳辐射、风等气候因素,通过合理选址,规划设计遵循气候设计的方法和建筑技术措施,提高节能效益,避免和克服不利因素。

(一)基地的选址和控制

场地建设属于建筑规划建设的一部分,选址受诸多因素制约,应尽量选择在生态不敏感区或对区域生态环境影响最小的地方,充分考虑土地的再划分、开放空间规划、建筑功能分区等条件,确定土地利用的框架,并以此决定道路、给水排水等市政设施,做到维系场地特征、契合气候生态的原则。建筑场地生态环境的规划设计中应尊重地形、地貌,对于复杂的地形、地貌,通过精心的处理起伏地形,营造优美的景观,同时可以节省土方工程量,保护土壤和避免植被破坏。

场地环境应良好地结合水文特征,尽量减少对原有自然水系的扰动,控制径流,力求节约水资源、保护水资源。结合水文特征的基地设计可从多方面采取措施:一是保护场地内湿地和水体,尽量维护其蓄水能力,改变遇水即填的做法;二是采取有效措施合理利用雨水,进行直接渗透和储流渗透设计;三是尽可能保护场地中可渗透性土壤。

(二)坡地选址

对于地形起伏的规划用地,如位于坡地、山谷或山顶等,受太阳辐射、风等气候条件影响,根据当地气候分区特性和规划用地性质,合理选址场地尤为重要。不同气候特征的地形利用策略如表 2-1 所示。

表 2-1　不同气候特征的地形利用策略

气候区	气候设计特征	地形利用原则
湿热地区	最大程度地遮阳通风	选择坡地的上段和顶部,以获得直接的通风,同时位于朝东坡地上,以减少午后的太阳辐射
干热地区	最大程度地遮阳,减少太阳辐射热,避开携带尘土的风,减少眩光	选择处于坡地底部,以获得夜间冷空气的吹拂,选择东坡或东北坡,以减少午后太阳辐射
夏热冬冷地区	夏季尽可能地遮阳和促进自然通风;冬季增加日照,减少寒风的影响	选址以位于可以获得充足阳光的坡地中段为佳,在斜坡的下段或上段要依据风的情况而定,同时考虑夏天季风的重要性
寒冷地区	最大程度地利用太阳辐射,减轻寒风影响	位于南坡(南半球为北坡)的中段斜坡上,以增大太阳辐射;且要位于高到足以防风,而低到足以避免受到峡谷底部沉积的冷空气的影响

如图 2-4 所示,一般南坡获得的日照最多,因而暖和,而西坡则是夏天最热的地方,北坡背阴,相对最冷,坡顶则是风力较大的地方,由于冷空气下沉、聚集作用,山脚地区一般比山坡上要冷一些。气候条件和建筑类型共同决定了坡地最佳建筑选址。

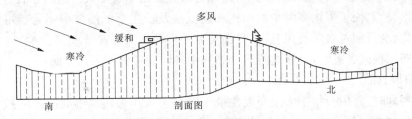

图 2-4　坡地微气候分布

严寒或寒冷地区:受太阳辐射影响,山的南坡日照最强,来自北方的冷风被山体阻挡。所以不应把房屋建在多风的山顶和冷空气聚积的低洼地带。

炎热干燥地区:应当把房屋建在冷空气聚积的低洼地带。如果冬天非常冷,就建在山南谷地。如果冬天比较温和,就建在山的北面或东面,但无论何种情形,都不要建在山的西面。

炎热潮湿地区:把房屋建在山顶,以最大限度地保证自然风畅通无阻,但不要建在山顶的西边,以避开下午炎热的阳光。

二、建筑布局

建筑布局与建筑节能也是密切相关的。建筑的总平面布局应强调空间的通透与开敞。结合地形特点,增加开敞空间;合理配置绿化,有意识地组织自然通风和减少热量辐射;充分利用太阳能,以达到降低能耗、改善人居环境的目的。

公共建筑的群体布局模式相对灵活,而居住建筑受到小区内活动、对外部环境空间的心理感受、日照标准等影响,形式相对固定。

建筑群的布局可以从平面和空间两个方面考虑。一般的建筑组团平面布局有行列式、周边式、混合式、错列式、自由式等,它们都有各自的特点。

(一)行列式

行列式即建筑物成排成行的布置,这种方式能够争取最好的建筑朝向,可使大多数居住房间得到良好的日照,有利于通风,便于工业化施工,是目前广泛采用的一种布局方式。其缺点是呆板单调,不易形成院落式空间。

(二)周边式

周边式即建筑沿街道周边布置,这种布置方式具有良好的空间围合感。其缺点是东西向日晒严重,转角处多受到建筑自身阴影遮挡,一定数目房间得不到良好日照,对自然通风也不利。这种布置方式仅适于严寒地区和部分寒冷地区。

(三)混合式

混合式是行列式和局部周边式组合形式。这种布置方式可较好地组成一些气候防护单元,又有行列式日照及通风的等优点,在严寒和部分寒冷地区是一种较好的建筑群组团方式。

(四)错列式

错列式可以避免"风影效应",同时利用山墙空间争取日照。

(五)自由式

当地形比较复杂时,密切结合地形,构成自由变化的布置形式。这种布置方式可以充分利用地形特点,便于采用多种平面形式和高低层及长短不同的体形组合。可以避免互相遮挡阳光,对日照及自然通风有利,是最常见的一种组团布置形式。

不同布局模式各有特点,在建筑规划布局中要综合考虑如下几方面:

(1)争取日照。

建筑规划时,常用一年中太阳高度角最小的冬至日作为建筑南北间距的控制。即这一天若满足底层建筑满窗日照时间不低于1 h的日照标准,则全年都能满足要求。利用建筑楼群的合理布局,可以增加日照(见图2-5)。条形住宅采用错位布局和条点组合布置(见图2-6),将点式错位后布于南向,这样都能利用空隙争取日照。当南北向与东西向住宅围合时,只要组合得当,也有利于争取日照。

(2)通风影响。

建筑总体环境布局应组织好自然通风,尽量避免房屋相互阻挡自然风的流动。建筑布置应迎向当地夏季主导风向,根据不同的通风角度,留出足够的通风距离。若成群体布置,宜使建筑群体与主导风向成30°~60°的角度,避免产生涡流区,以妨碍下风向建筑通风,宜采用前后错列、前低后高等方式,以提高其通风效果。从通风的角度来讲,错列式、斜列式比行列式、周边式好。在坡地、盆地、水体岸边、林地等周围,应充分利用当地山阴风、顺坡风、山谷风、水陆风、林源风等微气候风向与气流。

建筑高度对自然通风也有很大的影响。高层建筑对通风有利,高低建筑物交错地排列有利于自然通风。

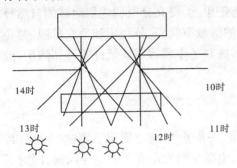
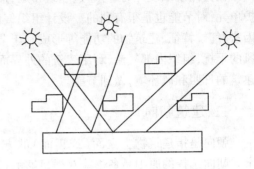

图 2-5　条形的错落布置,提高日照水平间隙　　图 2-6　条形与点式建筑结合布置争取最佳日照

(3)风压影响。

建筑布局时,建筑间距的诱导会产生一定的巷风,对于夏季而言,尤其是炎热地区,有利于通风降温,降低空调能耗;对于冬季而言,尤其是严寒、寒冷地区,过大的巷风会加速建筑热损失。若将高度相似的建筑排列在街道的两侧,建筑物宽度是高度的 2~3 倍的建筑与其组合会形成风漏斗现象(见图 2-7),这种风漏斗可以使风速提高30%左右,所以在布局时依据建筑地热工分区,进行合理布局置显得尤为重要。

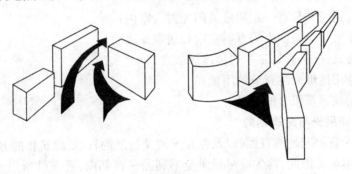

图 2-7　风漏斗改变风向与风速

在组合建筑群中,当建筑群体各栋建筑高度和间距相近时,气流无下冲现象,如图 2-8(a)所示。当一栋建筑远远高于其他建筑时,它的迎风面上会受到沉重的下冲气流的冲击,如图 2-8(b)所示。若干栋建筑组合时,若在迎冬季来风方向减少某一栋建筑,均能产生其间的空地带来的下冲气流,如图 2-8(c)所示,这些下冲气流与附近水平方向的气流形成高速风及涡流,从而加大风压,造成热损失加大。

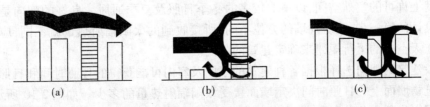

(a)　　　　　　　　(b)　　　　　　　　(c)

图 2-8　建筑物组合产生的下冲气流

　　在具体规划设计时,可通过建筑布局,形成优化微气候环境的良好界面,建立气候防护单元,对节能也是很有利的。设计组织气候防护单元,要充分根据规划地域的自然环境因素、气候特征、建筑物的功能等形成利于节能的区域空间,充分利用和争取日照、避免季风的干扰,组织内部气流,利用建筑的外界面,形成对冬季恶劣气候条件的有利防护,改善建筑的日照和风环境,做到节能。

三、建筑朝向

　　朝向是指建筑物主立面(或正面)的方位角,一般由建筑与周围道路之间的关系确定。朝向选择的原则是冬季能获得足够的日照,主要房间宜避开冬季主导风向,同时必须考虑夏季防止太阳辐射与暴风雨的袭击。

　　在规划设计中,影响建筑朝向的因素很多,如地理纬度、地段环境、局部气候特征及建筑用地条件等,尤其是公共建筑受到社会历史文化、地形、城市规划、道路、环境等条件的制约,要想使建筑物的朝向对夏季防热、冬季保温都很理想是有困难的,如果再考虑小区通风及道路组织等因素,会使"良好朝向"或"最佳朝向"范围成为一个相对的提法,它是在只考虑地理和气候条件下对朝向的研究结论。设计中应通过多方面的因素分析、优化建筑的规划设计,采用本地区建筑最佳朝向或适宜的朝向,尽量避免东西向日晒。朝向选择需要考虑的因素有以下几个方面:

　　(1)冬季有适量并具有一定质量的阳光射入室内;
　　(2)炎热季节尽量减少太阳直射室内和居室外墙面;
　　(3)夏季有良好的通风,冬季避免冷风吹袭;
　　(4)充分利用地形并注意节约用地;
　　(5)兼顾居住建筑组合的需要。

(一)日照和采光与建筑朝向

　　能否在冬天获得充足的日照,以及在夏天避免过度的日晒,建筑物的方位和朝向对此有非常重要的影响。因此,首先应尽量避免不利的东西朝向,受条件所限不能保证时,可采用锯齿或错位方式布置房间,以减少东西日晒,同时可结合遮阳、绿化等措施来进一步减少西向热辐射强度,如图2-9所示。廊式空间、阳台空间的处理,一方面可遮阳蔽日,以减少室内的热辐射;另一方面也满足了人与自然接触、对外交往的生理及心理需求,创造更好的人类居住环境。

　　建筑总体环境布置时,应注意外围护墙体的太阳辐射强度及日照时数,尽量将建筑布置成南北向或偏东、偏西不超过30°的角度,忌东西向布置。南侧应尽量留出开阔的在空间和尺度上许可的室外空间,以争取较多的冬季日照及夏季通风。良好的朝向是单体建筑节能设计的第一步,建筑外墙的方位不同,所接收到的太阳辐射热量就不同,应根据当地太阳在天空中的运行规律来确定建筑的朝向。

　　一般建筑的朝向选择根据各种建筑的墙面及室内可能获得的日照时间和日照面积决定。建筑物墙面上的日照时间决定墙面接受太阳辐射热量的多少。如图2-10所示,冬季因为太阳方位角变化的范围小,在各朝向墙面上获得的日照时间的变化幅度很大。以北京地区为例,在建筑物无遮挡的情况下,以南墙面的日照时间最长,自日出到日落都能得

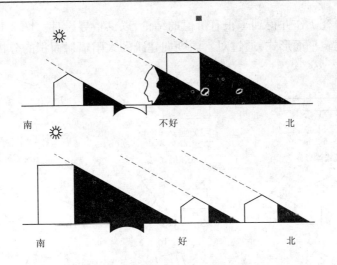

图 2-9　街道与高大建筑及树木布置关系

到日照,北墙面则全日得不到日照,在南偏东(西)30°朝向的范围内,冬至日可有 9 h 日照,而东、西朝向只有 4.5 h 日照。夏季由于太阳方位角变化的范围较大,各朝向的墙面上,都能获得一定日照时间,东南朝向和西南朝向获得日照时间较多,北向较少。夏至日南偏东及偏西 60°朝向的范围内,日照时间均在 8 h 以上。

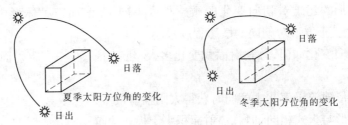

图 2-10　冬季太阳方位角的变化

　　建筑物室内的日照情况与墙面上的日照情况大体相似。以北京地区(窗口宽 2.10 m,高 1.50 m)为例,在无遮挡的情况下,冬季在南偏东(西)45°朝向的范围内,室内日照时间都比较多。冬至日在这个朝向上,均有 6.5 h 以上的日照时间,同时由于冬季太阳高度角较低,照到室内深度较大,所以在南偏东(西)45°朝向的范围内,室内日照面积也较大,东、西朝向的室内日照时间和日照面积都较小,在北偏东(西)45°朝向的范围内,冬至日室内全无日照。

　　夏季在南偏东(西)30°朝向的范围内,日照时间不多,而且日照面积很小,夏至日室内日照时间为 4~5.5 h,日照面积只有冬至日的 4%~7.3%。在东、西朝向上,夏季室内日照时间较多,而且日照面积很大。在夏至日室内日照时间有 6 h,日照面积为冬至日的 2.7 倍。在北偏东(西)45°朝向的范围内,夏至日室内日照时数有 3~5 h,日照面积比东、西朝向也少。

(二)建筑体形与建筑朝向

建筑体形的不同会使建筑物在不同朝向有不同的太阳辐射面积,这方面蔡君馥、张家璋等做了大量研究工作并得到了很有价值的结论,以供指导设计。图 2-11 是他们研究选用的三种典型建筑平面形式,通过对不同朝向建筑的太阳辐射面积的分析获得以下结论:

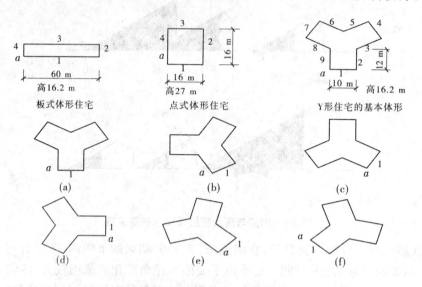

图 2-11　三种典型建筑平面形式

(1)不同体形的建筑对朝向变化的敏感程度不同,在前面三种体形中:长方形最敏感,Y 形体形次之,正方形对朝向的敏感程度最小;

(2)不论朝向变化如何,总辐射面积变化多大,建筑上总有一个辐射面的平均辐射面积较大;

(3)板式体形建筑以南北主朝向时获得太阳辐射最多;

(4)点式体形与板式相同,但总辐射面积小于板式建筑;

(5)Y 形体形由于自身遮挡,总平均辐射面积小于上述两种体形。

四、建筑间距与建筑密度

在确定好建筑朝向后,还应特别注意建筑物之间合理的间距,这样才能保证建筑物获得充足的日照。这个间距就是建筑物的日照间距。建筑规划设计时应结合建筑日照标准、建筑节能原则、节地原则,综合考虑各种因素来确定建筑日照间距。

居住建筑的日照标准一般由日照时间和日照质量来衡量。

日照时间:我国地处北半球温带地区,居住及公共建筑总希望在夏季能够避免较强日照,而冬季又希望能够获得充分的直接阳光照射,以满足室内卫生、建筑采光及辅助得热的需要。为了使居室能得到最低限度的日照,一般以底层居室窗台获得日照为标准。北半球太阳高度角全年的最小值是在冬至日,因此确定居住建筑日照标准时通常将冬至日或大寒日定为日照标准日,每套住宅至少应有一个居住空间能获得日照,且日照标准应符合表 2-2 的规定。老年人住宅不应低于冬至日 2 h 的日照要求,旧区改建的项目内新建住宅日照标准可酌情降低,但不应低于大寒日 1 h 的日照时数要求。

表2-2 住宅建筑日照标准

建筑气候区划	Ⅰ、Ⅱ、Ⅲ、Ⅶ气候区		Ⅳ气候区		Ⅴ、Ⅵ气候区
	大城市	中小城市	大城市	中小城市	
日照标准日	大寒日			冬至日	
日照时数(h)	≥2	≥3			≥1
有效日照时间带(h)（当地真太阳时）	8~16			9~15	
日照时间计算起点	底层窗台面				

注:底层窗台面是指距室内地坪0.9 m高的外墙位置。

日照质量:居住建筑的日照质量是通过日照时间的室内日照面积的累计而达到的。日照面积对于北方居住建筑和公共建筑冬季提高室温有重要作用,应有适宜的窗型、开窗面积、窗户位置等,这既是为保证日照质量,也是采光、通风的需要。

(一)日照间距与纬度

建筑所在的地理位置即纬度的不同,最低日照要求不同,建筑南北方向的相邻楼间距要求也不同。对于需要相同日照时间的建筑,由于其所在纬度不同,南北方向相邻楼的间距也不一样。纬度越高,需要的楼间距越大。

(二)日照间距的计算

日照间距是指建筑物长轴之间的外墙距离(见图2-12),它是由建筑用地的地形、建筑朝向、建筑物高度及长度、当地的地理纬度及日照标准等因素决定的。

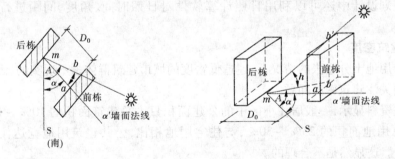

图2-12 日照间距示意图

在居住区规划中,如果已知前后两栋建筑的朝向及其外形尺寸,以及建筑所在地区的地理纬度,可计算出为满足规定的日照时间所需的间距。如图2-12所示,计算点 m 定于后栋建筑物底层窗台位置,建筑日照间距由下式确定:

$$D_0 = H_0 \cot h \cos \gamma \tag{2-1}$$

式中　D_0——建筑所需日照间距,m;

　　　H_0——前栋建筑计算高度(前栋建筑总标高减去后栋建筑首层窗台标高),m;

　　　h——太阳高度角(°);

　　　γ——后栋建筑墙面法线与太阳方位角的夹角,即太阳方位角与墙面方位角之差,写成计算式为:

$$\gamma = A - \alpha \tag{2-2}$$

式中　A——太阳方位角(°),以当地正午时为零,上午为负值,下午为正值;

　　　α——墙面法线与正南方向所夹的角(°),以南偏西为正,偏东为负。

当建筑朝向正南时,$a = 0$,公式可写成:

$$D_0 = H_0 \cot h \cos A \tag{2-3}$$

(三)日照间距与建筑布局

在居住区规划布局中,满足日照间距的要求常与提高建筑密度、节约用地存在一定的矛盾。在规划设计中可采取一些灵活的布置方式,既可满足建筑的日照要求,又可适当提高建筑密度。

首先,可适当调整建筑朝向,将南北朝向改为南偏东或偏西30°的朝向范围内,使日照时间偏于上午或偏于下午。研究结果表明,朝向在南偏东或偏西15°范围内,对建筑冬季太阳辐射得热影响很小,朝向在南偏东或偏西15°～30°范围内,建筑仍能获得较好的太阳辐射热,偏转角度超过30°则不利于日照。以上海为例,当建筑物为正南时,满足冬至日正午前后2 h满窗日照的间距系数 $L_0 = 1.42$(日照间距 $D_0 = L_0 H_0$,H_0 为前栋建筑的计算高度);当朝向为南偏东(西)20°时,$L_0 = 1.41$;当朝向为南偏东(西)30°时,$L_0 = 1.33$。这说明,在满足日照时间和日照质量的前提下,适当调整建筑朝向可缩小建筑间距,提高建筑密度,节约建筑用地。

此外,居住区规划中建筑群体错落排列,不仅有利于内外交通的疏通和丰富空间景观,也有利于改善日照时间和日照质量。高层点式住宅采取这种布置方式,在充分保证采光日照条件下,可大大缩小建筑物之间的间距系数,达到节约用地的目的。

建筑规划设计中还可以利用日照计算软件对日照时间、角度、间距进行较精确的计算。

(四)建筑密度

在城市用地十分紧张的情况下,建造低密度的城市建筑群体是不现实的,因而研究建筑节能必须关注建筑密度问题。

据有关资料显示,一般居住小区中的公建面积只占总建筑面积的10%～15%,而其占地却占总用地面积的25%～30%,与住宅用地相比,公共建筑用地竟达住宅用地的50%～60%。这显然是不合理的。

按照"在保证节能效益的前提下提高建筑密度"要求,提高建筑密度最直接、最有效的方法莫过于适当缩短南墙面的日照时间。在09:00至15:00的太阳辐射量中,10:00至14:00的太阳辐射量占80%以上。因此,如果把南墙日照时间缩短为10:00～14:00,则可大大缩小建筑间距,提高建筑密度。

除缩短南墙日照时间外,在建筑的单体设计中,采用退层处理、降低层高等方法也可有效缩小建筑间距,对于提高建筑密度,具有重要意义。

五、建筑体形

建筑体形的变化直接影响建筑采暖和空调的能耗大小。夏热冬冷地区,夏季白天要防止太阳辐射,夜间希望建筑有利于自然通风、散热。因此,与北方寒冷地区节能建筑相比,在体形系数上没有控制那么严,而且建筑形态也非常丰富。但从节能的角度讲,单位面积对应的外表面积越小,外围护结构的热损失越小,从降低建筑能耗的角度出发,应该将体形系数控制在一个较低的水平。

(一)建筑物体形系数的含义

建筑物体形系数是指建筑物与室外大气接触的外表面积 $F_0(\mathrm{m}^2)$(不包括地面、不采暖楼梯间隔墙和户门的面积)与其所包围的体积 $V_0(\mathrm{m}^3)$ 的比值。

建筑物体形系数的大小对建筑能耗的影响非常显著。体形系数越大,表明单位建筑空间所分担的受室外冷、热气候环境作用的外围护结构面积越大,采暖或空调能耗就越高。研究表明:建筑物体形系数每增加0.01,耗热量指标增加2.5%左右。

以一栋建筑面积3 000 m² 的6层住宅建筑为例,高度为17.4 m,围护结构平均传热系数相同,当体形不同时,每平方米建筑面积耗热量也不同,见表2-3(以正方形建筑的耗热量为100%)。

表 2-3　不同体形系数耗热量指标比较

平面形式	平面尺寸	外表面积 (m²)	体形系数	每平方米建筑面积耗热量 与正方形时比值(%)
圆形	$r = 12.62$	1 879.7	0.216	9.14
长:宽 = 1:1	22.36 m×22.36 m	2 056.3	0.236	100
长:宽 = 4:1	44.72 m×11.18 m	2 445.3	0.281	118.9
长:宽 = 6:1	54.78 m×9.13 m	2 723.7	0.313	132.5

体形系数不只是影响建筑物耗能量,它还与建筑层数、体量、建筑造型、平面布局、采光通风等密切相关。所以,从降低建筑能耗的角度出发,在满足建筑使用功能、优化建筑平面布局、美化建筑造型的前提下,应尽可能将建筑物体形系数控制在一个较小的范围内。

(二)最佳节能体形

建筑物作为一个整体,其最佳节能体形与室外空气温度、太阳辐射照度、风向、风速、围护结构构造及其热工特性等各方面因素有关。从理论上讲,当建筑物各朝向围护结构的平均有效传热系数不同时,对相同体积的建筑物,其各朝向围护结构的平均有效传热系数与其面积的乘积都相等的体形,是最佳节能体形(见图2-13)。当建筑物各朝向围护结构的平均有效传热系数相同时,同样体积的建筑物,体形系数最小的体形,是最佳节能体形。

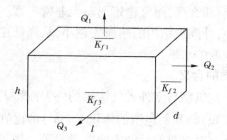

图 2-13　最佳节能体形计算

（三）控制建筑物体形系数

建筑物体形系数常受多种因素影响,设计中常追求建筑体的变化,不满足仅采用简单的几何形体,所以详细讨论控制建筑物体形系数的途径是比较困难的。

提出控制建筑物体形系数要求的目的是使特定体积的建筑物在冬季和夏季冷热作用下,从面积因素考虑,使建筑物外围护结构接受的冷、热量尽可能最少,从而减少建筑物的耗能量。一般来讲,可以采取以下几种方法控制或降低建筑物的体形系数。

（1）加大建筑体量。即加大建筑的基底面积,增加建筑物的长度和进深尺寸。多层住宅是建筑中常见的住宅形式,基本上是以不同套型组合的单元式住宅。以套型为 115 m^2,层高 2. 8 m 的 6 层单元式住宅为例计算（取进深为 10 m,建筑长度为 23 m）。

当为一个单元组合成一栋时,体形系数为 $S = \dfrac{F_0}{V_0} = \dfrac{1\ 418}{4\ 140} = 0. 34$；

当为两个单元组合成一栋时,体形系数为 $S = \dfrac{F_0}{V_0} = \dfrac{2\ 476}{8\ 280} = 0. 30$；

当为三个单元组合成一栋时,体形系数为 $S = \dfrac{F_0}{V_0} = \dfrac{3\ 534}{12\ 420} = 0. 29$。

尤其是严寒、寒冷地区和部分夏热冬冷地区,建筑物的耗热量指标随体形系数的增加呈近乎直线上升。所以,低层和少单元住宅等体量较小的建筑物不利于节能。对于高层建筑,在建筑面积相近的条件下,高层塔式住宅耗热量指标比高层板式住宅高 10% ~ 14%。

部分夏热冬冷和夏热冬暖地区,建筑物全年能耗主要是夏季的空调能耗。由于室内外的空气温差远不如严寒和寒冷地区大,建筑物外围护结构存在白天得热、夜间散热现象,所以体形系数的变化对建筑空调能耗的影响比严寒和寒冷地区对建筑采暖能耗的影响小。

（2）外形变化尽可能减至最低限度。据此就要求建筑物在平面布局的外形不宜凹凸太多,体形不要太复杂,尽可能力求规整,以减少因凹凸太多造成外围护面积的增大,提高了建筑物的体形系数,从而增大建筑物耗能量。

（3）合理提高建筑物层数。低层住宅对节能不利,体积较小的建筑物,其外围护结构的热损失要占建筑物总热损失的绝大部分。增加建筑物层数对减少建筑能耗有利,然而层数增加到 8 层以上后,层数的增加对建筑节能的好处趋于不明显。

（4）对于体形不易控制的点式建筑,可采用裙楼连接多个点式楼的组合体形式。

六、景观设计

景观设计不仅是美观的问题,对环境的可持续性也有重要意义。它能调节改善气温,调节碳氧平衡,减弱温室效应,减轻城市大气污染,降低噪声,引导通风,遮阳隔热,是改善居住区微气候环境、节约建筑能耗的有效措施。

(一)景观设计一般原则

使用什么样的节能景观设计手法主要由建筑场地所在的气候区域决定。不同地区的景观设计的原则如下:

温和地区:冬季最大程度地利用太阳能采暖,并引导冬季寒风远离建筑;夏季尽量提供遮阳和形成通向建筑的风道。

干热地区:屋顶、墙壁和窗户提供遮阳,利用植物蒸腾作用使建筑周围冷却,自然冷却的建筑在夏季应利用通风,而空调建筑周围应阻挡风或使风向偏斜。

湿热地区:夏季形成通向建筑的风道,种植夏季遮阴的树木,同时也能使冬季低角度的阳光穿过,避免在紧邻建筑的地方种植需要频繁浇灌的植物。

寒冷地区:用致密的防风措施避免冬季寒风。冬季阳光可以到达南向窗户,如果夏季存在过热问题,应遮蔽照在南向和西向的窗户与墙上的夏季直射阳光。

(二)调节空气温度,增加空气湿度

绿化及水景布置对居住区气候条件起着十分重要的作用,具有良好的调节气温和增加空气湿度的作用。这主要是因为水在蒸发过程中会吸收大量太阳辐射热和空气中的热量,植物(尤其是乔木)有遮阳、减低风速和蒸腾、光合作用。植物在生长过程中根部不断地从土壤中吸收水分,又从叶面蒸发水分,这种现象称为“蒸腾作用”。据测定,一株中等大小的阔叶木,一天约可蒸发 100 kg 的水分。同时,植物吸收阳光作为动力,把空气中的二氧化碳和水进行加工,变成有机物作养料,这种现象称为“光合作用”。蒸腾作用和光合作用都要吸收大量太阳辐射热。树林的树叶面积大约是树林种植面积的 75 倍,草地上的草叶面积是草地面积的 25 ~ 35 倍。这些比绿化面积大几十倍的叶面面积都在进行着蒸腾作用和光合作用,所以起到了吸收太阳辐射热、降低空气温度的作用,且净化了室外空气并调节了其湿度。

(三)控制区域气流路径

我国南方广大的湿热气候区中,强调建筑通风,无论是对于保证人们的工作、生活条件,还是建筑节能,都是十分重要的。北方严寒、寒冷地区,须充分考虑可能利用的各种挡风屏障,不但可以节约很大一部分采暖能耗,也可以提高室内的舒适度。进行景观绿化设计时,必须考虑这些因素。

1.通风

湿热地区的景观设计要考虑通风,场地中的植物应能起到导风的作用。为实现通风,一般最好能将成排的植物垂直于开窗的墙壁,把气流导向窗口。茂密的树篱有类似于建筑翼墙的作用,可以将气流偏转进入建筑开口(见图 2-14)。理想的绿化应该是枝干疏朗、树冠高大,既能提供遮阳,又不阻碍通风。注意避免在紧靠建筑的地方种植茂密低矮的树,因为它会妨碍空气流通,并增加湿

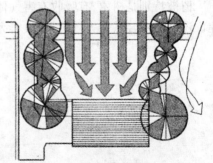

图 2-14　绿化导风

度。如果建筑在整个夏季完全依赖空调,并且是风热,就要考虑利用植物的引导使风的流通远离建筑。

2. 防风

防风林下风向的风速会降低,可以保护建筑和开敞空间免受热风或冷风的侵袭。它比建筑等坚固物体造价更低,并且吸收风能更为有效,因为坚固物体主要是使风向偏转。

种植在北面和西北面茂密的常绿树木和灌木是最常见的防风措施(见图 2-15(a))。树木、灌木通常组合种植,这样从地面到树顶都可以挡风。阻挡靠近地面的风最好选用有低矮树冠的树木和灌木;或者,用常绿树木搭配墙壁、树篱或土崖,也能起到使风向偏转向,越过建筑的作用(见图 2-15(b))。如果建筑要指望冬季阳光采暖,注意避免在建筑南面太近的地方种植常绿植物。

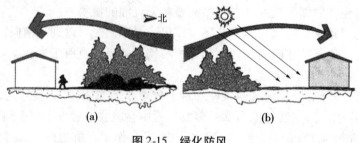

图 2-15 绿化防风

除了远处的防风植物,在临近建筑的地方种植灌木和藤蔓可以创造出冬、夏季都能隔绝建筑的闭塞空间。在生长成熟的植物和建筑墙壁之间应留出至少 30 cm 的空间。种植成坚固墙壁的常绿灌木和小树作为防风林,离北立面应至少有 1.2 ~ 1.5 m。然而,为了夏季有空气流通,茂密的植物最好再远一些。

(四)降低噪声,减轻空气污染

绿化对噪声具有较强的吸收衰减作用。其主要原因是树叶和树枝间空隙像多孔性吸声材料一样吸收声能,同时通过与声波发生共振吸收声能,特别是能吸收高频噪声。研究表明,公路边 15 ~ 30 m 宽的林带,能够降低噪声 6 ~ 10 dB,相当于减少噪声能量的 60%以上。当然,树木的降噪效果与树种、林带结构和绿化带分布方式有关。根据城市居住区的特点,采用面积不大的草坪和行道树可获得吸声降噪的效果。

植被特别是树木,有吸收有害气体、吸滞烟尘、粉尘和细菌的作用。因此,居住区绿化建设还可以减轻城市大气污染、改善大气环境质量。

第三章　建筑围护结构节能

围护结构是室内和室外的分界线,是多种功能的集合体。组成建筑围护结构的部件如墙、屋面、地板、门窗、遮阳设施对建筑能耗、室内热湿环境、空气品质和室内光环境具有根本性的影响,通过采用合理的围护结构,可以改善围护结构的热工性能,减少能量浪费与损失,大大降低使用中的空调和采暖能耗。

第一节　墙体保温隔热节能

在围护结构各部分的能耗比重中,墙体占25%～40%,其中外墙能耗占绝大部分,所以墙体节能是建筑节能的重要组成部分,改善墙体的性能将明显提高建筑节能的效果。本节将介绍保温材料的种类及性能、影响墙体能耗的因素、节能墙体的主要结构和技术措施。

一、墙体保温材料

在建筑保温中,通常把在常温下导热系数小于 0.23 W/(m·℃)的材料称为保温材料。密度小于 700 kg/m^3、导热系数为 0.22 W/(m·℃)的加气混凝土也属于保温材料。保温材料具有密度小、导热系数小的特点,此外,还需要具备适宜的防火性能,其耐久性、吸湿性、抗老化性、强度、施工难易程度、生产及使用过程是否对环境有污染、经济造价等方面也是选择考虑的要素,这些性能要求需要根据保温材料的使用环境来确定。

墙体保温材料的种类很多,主要有矿棉、岩棉、玻璃棉、超细玻璃棉、陶瓷纤维、硅酸铝纤维棉、微孔硅酸钙、聚苯乙烯泡沫塑料(EPS)、挤塑聚苯乙烯泡沫塑料(XPS)、酚醛泡沫塑料、橡胶泡沫塑料、硬质聚氨酯泡沫塑料、聚乙烯泡沫塑料、泡沫玻璃、膨胀珍珠岩、膨胀蛭石、硅藻土稻草板、木丝板、木屑板、加气混凝土、复合硅酸盐保温涂料等,还有绝热纸、绝热铝箔等。

保温材料按照密度可以分为重质保温材料($\rho \geqslant 350$ kg/m^3),如水泥膨胀珍珠岩、水泥膨胀蛭石等;轻质保温材料(50 kg/m$^3 < \rho < 350$ kg/m^3),如聚氯乙烯硬质泡沫塑料、泡沫玻璃等;超轻质保温材料($\rho < 50$ kg/m^3),如硬质聚氨酯泡沫塑料、聚苯乙烯泡沫塑料(EPS)等。

我国建筑常用的定型生产的保温材料有三类:保温砂浆、保温板材和现场发泡保温材料。

(一)保温砂浆

保温砂浆又称为浆体保温材料,属于不定型保温材料,呈膏状的称为保温涂料,粉状的称为保温粉。保温砂浆根据使用的部位不同,性能要求和配料有所不同,可分为外墙内抹用和外墙外抹用。其中掺有发泡苯乙烯泡沫球的复合保温砂浆具有一定的强度和阻燃性,施工方便(尤其是在外墙弧形拐角或特殊造型处),对于非节能建筑的保温改造十分方便,在处理外墙热桥问题上又经济实惠,但导热系数远小于聚苯板和岩棉板,后期使用的经济性稍差。

(二)保温板材

常见保温板材有单面钢丝网架聚苯乙烯夹心保温板、单面钢丝网架硬质岩棉夹心保温板、外表面粘贴用聚苯乙烯发泡板(EPS 板)、挤塑聚苯乙烯泡沫塑料板(XPS 板)、聚氨酯泡沫塑料板、憎水坚壳珍珠岩板等,见图 3-1。根据使用部位保温板材可分为外墙外保温用板和外墙内保温用板。

图 3-1　保温板材

建筑保温用发泡聚苯乙烯板要求表面密度不小于 18 kg/m³,压缩强度不低于 60 kPa。与合金彩钢皮复合制成彩钢板,具有质量轻、保温效果好、施工简便、有较好的强度和装饰效果等优点,特别适用于公共建筑、工业建筑和活动房等;与单面或双面钢丝网架复合制成泰柏板,既可现场施工,也可工厂预制现场拼装,是目前市场上应用较多的一种围护结构材料。

硬质聚氨酯泡沫塑料导热系数为 0.025 W/(m·℃),保温性能较好,其内部的闭孔结构使其具有良好的耐水汽性能,不需要额外的防潮措施,简化了施工程序,但价格较高、易燃。聚氨酯泡沫塑料在使用老化过程中,材料中的保温隔热气体逐渐散发出来,会使材料的导热系数增加,保温性能下降,在最初 180 d 里具有较高的热阻值,但由于老化作用保温能力最多可丧失 30%,但挤压型聚苯板在 5 年内仍能维持在其最初 180 d 的 90% ～ 95%。

岩棉板属于无机材料,价格较低,有较好的保温和隔声性能。缺点是密度低,抗压强度不高,手感不好和耐长期潮湿能力比较差,多用于幕墙的保温。

憎水坚壳珍珠岩板克服了传统珍珠岩板强度低、吸水率大的缺点,有较好的保温效果、较高的强度和良好的憎水性,其导热系数为 0.058 ～ 0.62 W/(m·℃),体积密度为 180 ～ 220 kg/m³,憎水率≥98%,具有价格较低、不燃烧、不老化、无污染、无气味的特点,但黏结材料选择不当时易开裂。

(三)现场发泡保温材料

现场发泡保温材料主要有聚氨酯填充保温材料和氮尿素填充保温材料。其中,现场发泡氮尿素填充保温材料主要成分是氮尿素、树脂和发泡乳液,三组分按一定比例分别溶于水,充分溶解后,在压缩空气的冲击下产生泡沫,并自由膨胀填充任意空间,可在 21 s 内凝固,氮尿素泡沫呈白色,结构均匀且相互联结在一起,湿密度为 45～60 kg/m³,干密度为 10～15 kg/m³,憎水率不小于 95%,导热系数约为 0.029 W/(m·℃),燃烧性能属难燃材料。但现场发泡工艺要求有成套的技术设备和受过良好培训的技术工人,造价较高。

二、墙体保温隔热技术措施

(一)消除热桥的措施

单一材料和内保温复合节能墙体不可避免地存在热桥,应对热桥进行保温处理。当外墙有出挑构件及附墙部件时,如阳台、雨罩、靠外墙阳台栏板、空调室外机搁板、附壁柱、凸窗、装饰线和靠外墙阳台分户隔墙等,应采取隔断热桥和保温措施。

1. 贯通式热桥保温处理

这类热桥以钢筋混凝土框架的填充墙中的梁、柱最为典型,如图 3-2(a)所示。根据法国建筑科学技术研究所的试验研究,这类热桥最好以硬质泡沫塑料,结合墙壁内粉刷综合处理,如图 3-2(b)所示。

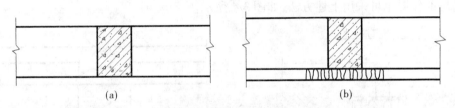

(a)　　　　　　　　　　　　　(b)

图 3-2　贯通式热桥的处理原则

其保温层的厚度由式(3-1)确定:

$$d = (R_0 - R_0')\lambda \qquad\qquad (3-1)$$

式中　d——热桥保温层厚度,m;

　　　R_0——主体部分热阻,m²·℃/W;

　　　R_0'——热桥部分热阻,m²·℃/W;

　　　λ——热桥保温材料导热系数,W/(m·℃)。

当热桥的宽度为 a 时,保温层的宽度 L 应满足:当 $a < d$ 时,$L > 1.5d$;当 $a > d$ 时,$L > 2.0d$。

2. 非贯通式热桥保温处理

在围护结构构造设计时,首先要尽可能将非贯通热桥布置在靠室外一侧。因为此时的内表面温度要比热桥靠室内一侧时高得多。然后,再按前面贯通式热桥的处理方法,在室内一侧,去掉 L 宽范围内厚度为 d 的原主体材料,代之以保温性能更好的材料,如加气混凝土板、水泥珍珠岩板、蛭石砂浆等。当然,这些保温材料的使用仍然要与主体部分的内粉刷以及隔汽层等统一考虑。

(二)特殊部位的保温措施

(1)龙骨部位。龙骨一般设置在板缝处,以石膏板为面层的现场拼装保温板内,可采用聚苯石膏板复合保温龙骨。

（2）丁字墙部位。在此处形成热桥是不可避免的,可保持有足够的热桥长度,并在热桥两侧加强保温。

（3）交角部位。围护结构交角包括外墙转角、内外墙交角、楼板或屋顶与外墙的交角等。

外墙拐角部位温度与外墙内板面温度相比较,降低率很大,加强此处的保温后,降低率可明显减少。外墙交角处(外墙转角、内外墙交角、楼地板或屋顶与外墙的交角等)由于放热面比吸热面大,在相同面积上角部由室内吸收的热量比主体部分的吸热量少,所以交角内表面温度远比主体内表面温度低。为改善外墙交角的热工性能,可用聚苯乙烯泡沫塑料增强加气混凝土外墙板转角部分保温能力的方案。为防止雨水或冷风侵入接缝,在缝口内需附加防水塑料条。类似的方法也可用于解决内墙与外墙交角的局部保温。屋面与外墙交角的保温处理有时比外墙转角还要复杂,较简单的处理方法之一是将屋面保温层伸展到外墙顶部,以增强交角的保温能力。

图 3-3 是加气混凝土复合墙板外墙角的保温处理。局部保温材料是聚苯乙烯泡沫塑料。为了防止雨水和冷风侵入两块板材的接缝,在缝口内附加有防水砂浆。内墙与外墙交角的局部保温也可采用上述方法,如图 3-4 所示。

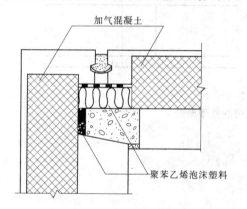

图 3-3　复合墙板外墙角局部保温

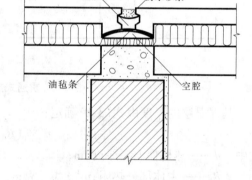

图 3-4　外墙与内墙交角保温示意图

屋面与外墙交角的保温处理有时比内外墙交角要复杂得多。有的平屋面保温层只做到外墙内侧,这对保温来说是不够的。最低限度应该将保温层延伸到外墙外皮以外一定长度。图 3-5 中将该屋面的水泥珍珠岩保温层延伸到外墙皮以外约 20 cm 处,使钢筋混凝土檐口板在墙头部分被保护起来。同时,还用聚苯乙烯泡沫塑料,增强外墙板端部的保温能力,防止出现结露现象。

图 3-6 是楼板与外墙交角保温示意图,是用聚苯乙烯泡沫塑料进行保温处理的实例。除此之外,用其他高效保温材料,如矿棉毡、岩棉、水泥珍珠岩等塞入缝内也是可以的,但缝宽应比 2 cm 稍大一点。

与不采暖楼梯间墙相交的楼板边侧,为防止室内交角附近结露,也应适当保温,图 3-7 为一示意图,图中是用铁丝网固定聚苯乙烯泡沫塑料的做法,也可用各种保温砂浆材料进行保温。

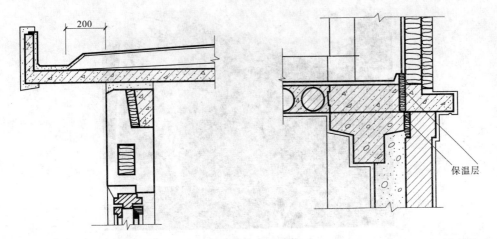

图 3-5　屋面与外墙交角保温示意图　　　　图 3-6　楼板与外墙交角保温示意图

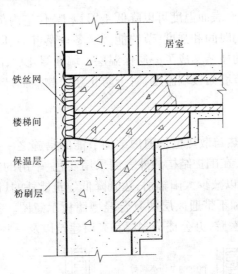

图 3-7　楼板与不采暖楼梯间墙交角保温示意图

（三）外墙绿化技术

外墙绿化在夏热冬冷地区具有美化环境、降低污染、遮阳隔热等功能。尽管绿化对建筑的遮阳隔热作用和效果早已为人所知，但由于缺乏绿化隔热技术的基础研究，使得目前外墙绿化还没有很好地发挥其生态隔热作用。

外墙绿化可以改善城市生态环境。墙面绿化植物可以吸收二氧化碳及部分有害气体，释放氧气，吸附空气中的粉尘，减轻城市大气污染，净化空气。当噪声声波通过浓密的藤叶时，墙面绿化可减弱城市噪声。因此，墙面绿化对于改善城市生态环境有很大的意义，是提高城市绿色覆盖率的最有效方式之一。墙面绿化的面积和形状可进行人为设计，形成植物图案覆于墙面，形成景观。较粗陋的立面可起到遮挡作用，使城市更加富有生机，见图 3-8。

外墙绿化也有利于建筑节能和保护。墙面绿化植物能够有效地遮挡夏季阳光的辐

图 3-8　外墙绿化

射,降低建筑物温度,墙面表面温度可以降低 4 ℃以上,住宅内部温度可明显降低 1 ℃左右,减少室内空调运行的时间和强度,节约能源。冬季落叶后,既不影响墙面得到太阳辐射热,同时附着在墙面的枝茎又成了一层保温层。墙面绿化后,减轻了阳光暴晒引起的热胀冷缩和风吹雨淋,调节墙面极端温度,对于防止建筑物墙面产生裂纹、保护建筑物基本构件有良好的作用。

（四）其他措施

做好维护结构的隔热与散热也是围护结构节能的措施之一,尤其是西墙。如选择合适的外表面材料和颜色,在围护结构的外表面采用浅色、平滑的粉刷和饰面材料,如锦砖（马赛克）、小瓷砖等,可以减少太阳辐射,达到降低建筑能耗的目的。

图 3-9 是有通风层和不带通风层的复合轻型墙板示意图。复合墙板板体较轻,热工性能较好,适用于住宅、医院、办公楼等多层和高层建筑以及一些厂房的外墙。

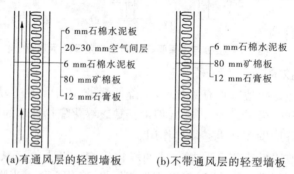

6 mm石棉水泥板
20~30 mm空气间层
6 mm石棉水泥板
80 mm矿棉板
12 mm石膏板

6 mm石棉水泥板
80 mm矿棉板
12 mm石膏板

(a)有通风层的轻型墙板　　　(b)不带通风层的轻型墙板

图 3-9　复合轻型墙板示意图

第二节　门窗保温隔热节能技术

窗户是建筑外围护结构的开口部位,满足人们对采光、通风、日照、视野等方面的基本要求,还应具备良好的保温、隔热、隔声性能,才能为用户提供安全、舒适的室内环境,但门窗又是最容易造成能量损失的部位,门窗的绝热性能是影响室内热环境质量和建筑耗能的主要因素之一。通过门窗的能耗约占建筑围护结构总能耗的25%,因此增强门窗的保温隔热性能,减少门窗能耗,是改善室内热环境质量和提高建筑节能水平的重要环节。本节将介绍门窗的结构和类型、门窗材料、门窗节能影响因素、节能门窗设计以及门窗保温隔热技术措施。

一、门窗材料

(一)门窗框扇材料

门窗框扇材料主要有木材、塑料、铝合金、钢材和复合材料。复合材料是由铝合金、钢材经过喷塑处理,或与塑料、木材复合,制成钢塑、钢木、木塑、铝塑等框扇材料,结合了金属优良的刚性和耐火性,以及木材、塑料良好的保温隔热性能。

门窗框扇材料对门窗节能效果的影响因素有两个:一是框扇材料的导热系数,二是框扇材料中的隔热腔室的体积与数量。表3-1所示为几种主要门窗材料及框扇材料的隔热性能比较。

表3-1 几种主要门窗及框扇材料的热工性能比较

框扇材料的导热系数(W/(m·℃))				门窗的传热系数(W/(m²·℃))		
铝合金	松、杉木	塑料	空气	铝合金门窗	木门窗	塑料门窗
174.45	0.17~0.35	0.13~0.29	0.04	5.95	1.72	0.44

1. 木门窗

木材是传统的门窗框材,导热系数较低,保温隔热性能优良,见图3-10。框扇材料采用单一木材时,木材需经过特殊处理,使之耐气候变化、不开裂、抗虫蛀,但木材使用量较

图3-10 木门窗

大、易变形，降低门窗的气密性，因而木门窗需要向复合门窗发展，目前常用的主要是铝木、木塑和钢木门窗。

铝木门窗是将铝合金包覆在木材外侧，门窗室外侧为铝合金，坚固不变形、防水、防尘、耐气候变化和腐蚀，室内侧为经过特殊工艺加工的优质木材，提高了门窗的保温隔热性能，可与室内装饰协调一致。

木塑门窗是将 PVC 塑料包覆在木芯外，木芯经过去浆、干燥处理后加工成型，塑料外层的接口处经焊接或胶封，能够保证良好的刚度和强度，不易变形。塑料外壳有较高的防腐蚀性，阻燃性好，不需喷涂和特殊的养护，清洁美观。

2. 塑料门窗

塑料隔音效果良好，表面无须养护，也可经表面处理增加颜色和外观风格，可以抵抗阳光、温度引起的老化。塑料是传热系数较小的框扇材料，具有优越的保温隔热性能和气密性，近几年在我国的应用逐渐增多。PVC 塑料自身强度不高，刚性差，抗风压的能力较低，单一塑料材质的门窗应用较少，通常塑料型材内增加金属加强筋或加工成塑钢复合型材，制成塑钢门窗，见图 3-11。这种复合门窗可以显著提高抗风压的性能，在风速大的地区或高层建筑中，应按照相应标准进行计算，确定型材、加强筋尺寸等参数。配置单层玻璃，传热系数为 4.7 W/(m^2·℃) 左右，可满足窗墙面积比大于 0.25 的外窗以及窗墙面积比不大于 0.30 的部分外窗的节能要求；配置中空玻璃或低辐射中空玻璃，能满足较大窗墙面积比外窗的节能要求。

图 3-11　塑钢门窗

3. 铝合金门窗

在常用的门窗框扇材料中，铝合金的传热系数最大。但铝合金门窗强度高、变形小、质量轻、耐久性好、装饰性强、无污染、易回收、经济实用，并且具有优良的抗风压、水密性和气密性，门窗框面积可比塑料门窗小 10%，应用较为广泛，见图 3-12。但铝合金传热系数较大，表面易结露，配置中空玻璃传热系数仍然大于 3.2 W/(m^2·℃) 的要求，配置低辐射中空玻璃传热系数仍大于 2.5 W/(m^2·℃)。因此，铝合金框扇材料的推广应用需要开发复合材料，如断热铝合金型材和铝塑复合型材。断热铝合金型材采用非金属材料将铝合金型材进行断热，降低了铝合金框扇材料的导热性，其构造有穿条式和灌注式两种,前者采用高强度增强尼龙 66 隔热条断热,后者用聚氨基甲酸乙酯灌注。

图 3-12　铝合金门窗

4. 玻璃钢门窗

玻璃钢门窗以玻璃纤维及其制品为增强材料,以不饱和聚酯树脂为基体材料,通过拉挤工艺生产出空腹型材,经切割、组装、喷涂等工序制成门窗框扇,见图 3-13。玻璃钢型材是类似于钢筋混凝土的复合结构体,具有铝合金型材的刚度和塑料型材的低导热性;其抗拉强度与普通碳钢接近,弯曲强度和弹性模量是塑钢型材的 8 倍左右;导热系数低,室温下为 0.3 ~ 0.4 W/(m·℃),与塑钢型材相当,远低于铝合金型材;玻璃钢型材为空腹结构,缝隙均有橡胶条、毛条密封,保温隔热性能优异;同时,玻璃钢的热膨胀系数低,与墙材和玻璃相当,冷热变化较大时,不易变形,提高了门窗的气密性。另外,玻璃钢门窗耐腐蚀,耐老化,装饰性好,正常条件下的使用寿命优于铝合金和塑钢窗。

图 3-13　玻璃钢门窗

（二）玻璃材料

门窗玻璃的选择对于建筑室内气候的影响很大,要求根据制冷采暖费用来确定适宜的玻璃材料,主要考虑玻璃的太阳辐射阻隔特性和导热性两个方面的热工性能。

玻璃的热工性能取决于导热系数和厚度,而各种玻璃的透热率随厚度的增加总是减少,因而导热系数就成了影响玻璃透热率大小的主要因素。其中吸热玻璃和热反射玻璃的透热率与普通玻璃的透热率基本相同,在减少热损失方面的作用与普通玻璃并无差异,同属保温效果较差的玻璃,使用的主要目的是加大室内热量散热,反射室外太阳辐射。中空玻璃的导热系数较低,使用目的与吸热玻璃和热反射玻璃相反,以保温为目的,防止室内热量散失。此外,用吸热玻璃或热反射玻璃制成的中空玻璃与普通中空玻璃相比,其导热系数也基本相同,这类中空玻璃的目的并不在于强化保温作用,而是同时减轻冷负荷和热负荷。

1. 普通平板玻璃

普通透明单层玻璃对阳光的透过范围正好与太阳辐射光谱区域重合,在透过可见光的同时,红外线热量也能大量通过,不能有效阻挡太阳辐射。因此,取 3 mm 厚普通单层玻璃的遮阳系数为 1.0,作为衡量玻璃系统及其他有关遮阳措施的基准值。

2. 普通双层中空玻璃

透明中空玻璃由双层玻璃及其中间空气层组成,见图 3-14。其传热系数可有效降低,但两层都是普通玻璃,玻璃表面的辐射率并未改变,遮阳系数的降低不大。要继续降低双层中空玻璃的传热系数值,需要降低空气层的导热。方法一,充填黏度更大、导热系数更小的惰性气体;方法二,排除中空玻璃中的空气,成为真空玻璃,传热系数值还可降低,但两种方法都需很好的严密性,因此造价较高。

3. 热反射玻璃

热反射玻璃是在玻璃表面镀金属或金属化合物膜,使玻璃呈现出丰富的色彩,同时具有新的透光和热工性能,其主要作用是降低玻璃的遮阳系数值,减少直接透射的太阳辐射,见图 3-15。玻璃的热反射膜层对远红外线没有反射作用,降低传热系数的效果不明显。

图 3-14　普通双层中空玻璃　　　　　　图 3-15　热反射玻璃

在夏季白天和光照较强的地区,热反射玻璃的隔热作用十分明显,可有效限制进入室内的太阳热能;但夜晚或阴雨天气,其隔热作用与普通平板玻璃相同,因而不适用于需要阳光增加室内热量的门窗。镀膜玻璃的透光率与玻璃的遮阳系数成正比,在降低玻璃遮阳系数的同时,其透光率也随之降低,从而影响室内采光。对于夏热冬冷地区的建筑,不宜用于南、北朝向的门窗。

4.低辐射玻璃(Low－E玻璃)

在玻璃表面镀低辐射材料银及金属氧化物膜,使玻璃呈现某种色彩或无色透明,其主要作用是降低玻璃的传热系数(镀膜面的辐射率大大降低),同时可有选择地降低玻璃遮阳系数,Low－E玻璃的遮阳系数有较大的选择范围(0.25～0.71)以及较高的透光率(29%～72%),冬夏均可使用,是很好的门窗玻璃绝热材料。不同的Low－E玻璃品种适用于不同气候的地区,其节能性能远优于热反射玻璃。在同等遮阳效果下,它具有比热反射玻璃更高的透光率,采光良好。

Low－E玻璃的低辐射涂层设在室内侧和室外侧时,热阻和传热系数有明显差别,如3 mm厚单层Low－E玻璃,镀层在室外侧时,传热热阻为0.169 $m^2 \cdot ℃/W$,传热系数为5.92 $W/(m^2 \cdot ℃)$;镀层在室内侧时,传热热阻为0.3 $m^2 \cdot ℃/W$,传热系数为3.3 $W/(m^2 \cdot ℃)$。这是由于低辐射镀层设在室外侧时,外表面换热以对流为主,故传热热阻增加很少,两面镀膜的玻璃也如此,所以Low－E玻璃镀膜的一侧应设置在室内。

5.镀膜中空玻璃

镀膜中空玻璃是集镀膜与中空两种或多种优点于一身的玻璃材料,不但能有效地限制对流传导传热,对太阳直接辐射也能很好地控制,因而是门窗玻璃理想的材料。镀膜中空玻璃包括低辐射镀膜中空玻璃、热反射镀膜中空玻璃和阳光控制低辐射中空玻璃。

热反射镀膜中空玻璃(见图3-16)具有很低的表面辐射率、极高的远红外热辐射反射率以及适中的可见光透过率。中空玻璃双层玻璃之间空气间层的厚度较小,空气对流受到很大制约,故普通中空玻璃空气间层的传热以热辐射为主。当空气间层的一个界面涂覆低辐射镀层后,其辐射传热也得到扼制,传热的主要方式为空气导热,因此间层热阻可提高一倍多,传热系数可显著降低。热反射镀膜中空玻璃由于也采用了中空玻璃,因此不仅玻璃的遮阳系数可降低,其传热系数也可略低于3.0 $W/(m^2 \cdot ℃)$。

阳光控制低辐射中空玻璃集合了热反射、低辐射以及中空三方面的功能与优点,是一种保温、隔热、采光性能完善的节能玻璃。

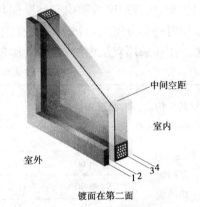

中间空距

室内

室外

镀面在第二面

1—室外侧玻璃外表面;2—室外侧玻璃内表面;
3—室内侧玻璃内表面;4—室内侧玻璃外表面

图3-16　热反射镀膜中空玻璃

6.贴膜玻璃

贴膜玻璃是粘贴节能膜的玻璃。节能膜是玻璃功能膜的一种,是经过深加工并赋予多种功能和带有安装胶层、表面具有防划伤涂层的复合聚酯薄膜,厚度为0.05～0.10 mm。建筑节能膜有反射型、低反射型、高性能通用型、低辐射型以及高性能专业型等几种,主要作用在于降低玻璃的遮阳系数值。图3-17是工人在进行玻璃贴膜施工。

表3-2所示的是隔热薄膜的太阳辐射热透射率的实测数值,其中低辐射型节能膜对降低玻璃的传热系数也有一定作用。据资料介绍,在3 mm的普通平板玻璃上粘贴节能

图 3-17　玻璃贴膜施工

膜后,能使太阳辐射热的透射量减少 70% 以上,当隔热薄膜贴于玻璃窗的内侧时,则可使散热量降低约 17%,略优于双层窗的隔热效果。表 3-3 为窗用薄膜贴用部位对传热性能的影响,在普通窗玻璃内侧粘贴隔热薄膜后,窗的实际传热能力有所降低,这与隔热膜可以反射一部分室内热量等因素有关。此外,在窗框上贴用隔热膜也有减少热量散失的效果。而在采用双层窗结构时,薄膜的粘贴部位以内层玻璃外表面为最佳。

表 3-2　隔热薄膜的太阳辐射热透射率

材料与构造	测试条件	紫外光能量透射率(%)	可见光能量透射率(%)	红外光能量透射率(%)	太阳辐射热透射率(%)	平均热透射率(%)
3 mm 玻璃外贴隔热薄膜	入射角 0°	0	8.4	10.8	19.2	21.65
	入射角 60°	0.3	13.2	7.95	21.45	
	入射角 90°	0.4	13.8	7.5	21.70	
	无阳光	1	19.5	3.75	24.25	

表 3-3　窗用薄膜贴用部位对传热性能的影响

窗的形式及薄膜粘贴部位	传热系数(W/(m² · ℃))
单层窗,普通透明平板玻璃	5.24
双层窗,普通透明平板玻璃	2.76
单层窗,普通玻璃,内表面贴隔热薄膜	3.93
双层窗,普通玻璃,内层内侧贴隔热薄膜	2.32
双层窗,普通玻璃,外层内侧贴隔热薄膜	2.13
双层窗,普通玻璃,内层外侧贴隔热薄膜	2.04
单层窗,窗框上贴隔热薄膜	2.15

二、节能门窗设计及节能措施

(一)门窗节能设计

1. 外窗节能设计方法

1)计算外窗的窗墙面积比

窗墙面积比可按房间计算,也可按朝向计算其平均值。按朝向计算可减少计算的工作量,并且可统一相同朝向各房间的外窗设计,也不影响计算整栋建筑的耗热量与耗冷量。窗墙面积比的确定应在满足采光和通风的条件下考虑节能的需要。

窗墙面积比在相应节能设计标准中有明确的规定,与建筑所在地区和门窗朝向有关,北向不超过 0.25,东、西向不超过 0.30,南向不超过 0.35。

2)确定外窗传热系数

根据不同朝向的窗墙面积比,按照节能设计标准对外窗节能的规定性指标确定设计建筑物外窗应达到的传热系数值。

3)选用窗玻璃及框扇材料

根据外窗应达到的传热系数值选择窗玻璃的品种和框扇材料。其选用可参照节能规程中不同窗框材料与不同玻璃系统组合的窗户传热系数计算值,或直接按照窗户生产企业提供的窗户传热系数检测值选取。由于目前窗型品种较多,为确保外窗的传热系数达标,工程用窗的传热系数应以经计量认证的质检机构提供的检测值为准。

4)验证外窗的气密性

工程用外窗的气密件应有质检机构的检测报告,并满足节能设计标准对外窗气密性的要求。

5)外窗综合节能指标验算

如所选用的外窗不能满足节能设计标准对外窗传热系数的规定性指标,应加强建筑外围护结构其他部位的保温,并根据节能设计标准要求进行设计建筑物节能综合指标的验算,直至验算合格。其计算可采用相关软件进行。

2. 外门节能

外门的主要作用是交通、防盗、隔音及保温,按位置主要分为户门和阳台门。户门通常可以采用双层金属门板,层间填设 15 ~ 18 mm 厚玻璃棉板或矿棉板(毡),也可采用木或塑料的夹层门,空气间层厚度不小于 40 mm,内衬钢板。阳台门应为保温型门,其不透明部分(门芯板)采用双层中空塑料板,空气间层厚度不小于 40 mm,或采用聚苯板加芯型代替钢制门芯板,聚苯板厚 19 mm,菱镁内外面层厚 2.5 mm,含玻纤网格布,门芯板传热系数为 1.69 W/(m² · ℃)。

阳台门的透明部分应按外窗设计,窗玻璃的层数根据相邻外窗的玻璃层数确定。另外,阳台门应具有与外窗相同要求的气密性。

(二)门窗节能措施

1. 提高气密性,减少冷风渗透

我国有关标准规定,在窗两侧空气压差为 10 Pa 的条件下,单位时间内每米缝长的空气渗透量标准为:在低层和多层建筑中应不大于 4.0 m³/(m · h),中高层建筑中应不大于

2.5 m³/(m·h)。钢窗和木窗常见的密封措施分别见图 3-18、图 3-19。

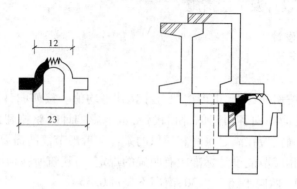

图 3-18　钢窗窗缝密封处理示意图

2.提高窗框的保温性能

选择导热系数较小的窗框材料,如木质、塑料及空心金属型材等。

3.合理选择窗户类型

窗户保温性能的优劣取决于窗框材质、玻璃类别综合作用的结果。

1)利用双层窗或双层玻璃

对于双层玻璃的中间层,可采用完全密闭或半密闭的空气间层,密闭程度不同,传热系数也略有差异。全密闭者是由工厂预制而成的,空气完全被密闭在中间,而半密闭者是在现场施工的。从气密、水密的角度来看,预制的双层窗玻璃比现场施工的玻璃双层窗的绝热效果要好。

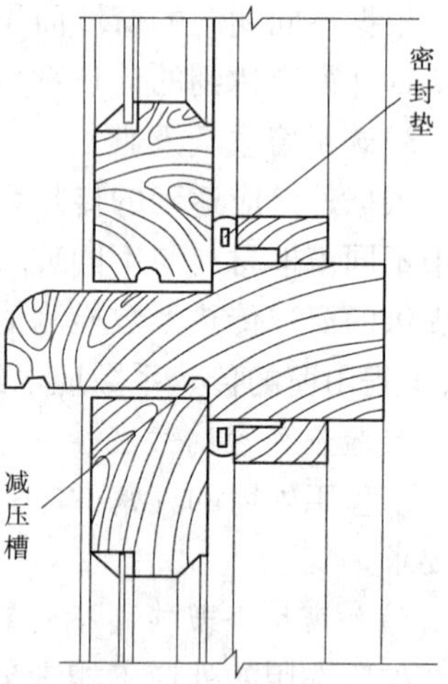

一般地,具有空气间层的双层玻璃窗,内外表面间的温度差近于 10 ℃。玻璃窗内表面温度的升高,会使室内

图 3-19　木窗窗缝密封处理示意图

人体的辐射放热量减少,从而提高了人体的舒适感,特别是在寒冷地区,采用双层玻璃窗,不仅可以减少供暖房间的热损失,而且可以防止人体遭受冷辐射,提高人体的舒适感。

2)利用反射膜(层)

利用反射膜(层)也就是利用反射红外线使高温侧表面的换热系数减少的方法,以减少由高温侧空气向低温侧空气的传热量。

普通玻璃与反射膜的复合形式的传热情况如图 3-20 所示,此图为玻璃窗冬季的传热,由于辐射和对流,热通过玻璃窗由室内传向室外,因室内通常处于常温状态,所以全部是红外线辐射。

在这些由室内传向室外的热量中,一部分因反射膜的作用反射回室内,另一部分则透过反射膜进入玻璃,射向室外。射向室外的这部分又在玻璃内部,经过反复地吸收反射再分成两部分,分别向玻璃的两侧透过。因此,流向室外的全部热量应为三部分热量之和,即直接透过的辐射热量;经玻璃反复吸收反射后,由玻璃表面辐射出的热量;还有表面的对流换热量。显然,窗内侧的反射率越高,流向室外的热量就越少。然而,薄膜的反射率越高,反射可见光的数量也就越多,从而窗的透明度就越要降低。

图 3-21 是夏季窗玻璃受日射时的传热情况。此时,从室外向室内主要也是以辐射方式进行传热的,它和图 3-20 的传热情况一样。

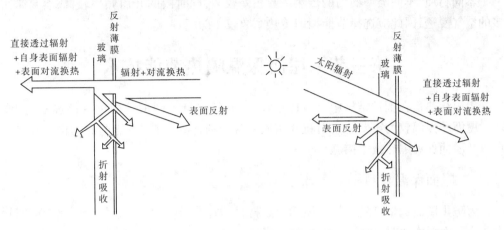

图 3-20　窗玻璃的传热(冬)　　　　图 3-21　窗玻璃的传热(夏)

值得注意的是,人们往往把反射膜贴在玻璃的内侧,这样,阳光在玻璃内部的吸收、反射经多次反复便转换成热量,致使玻璃自身温度会有所提高。因此,当玻璃上贴有反射性能高的薄膜时,常因玻璃的某些局部的温度升高,同时窗框又安装得比较结实而产生热应力,容易引起玻璃的碎裂。如果薄膜的耐气候变化的性能比较好,还是将薄膜设在室外侧为宜。

对于能吸收红外线的玻璃,由于红外线在其内部被吸收并转换成热,故比普通玻璃的温度有所提高,且自身的辐射热也将变大。在使用对红外线能吸收或能反射的玻璃时,一定要有针对性,如果无目的地乱用,就有可能抵消其热工效果。例如,在冬季,尽管它对减少供暖房间的室内辐射热损失是有效的,然而,若是把反射膜装在南侧窗户上,就会阻碍可用为辅助供暖的太阳辐射热进入室内,这样反倒会使房间变得更冷。

4. 采用可动式隔热层(活动隔热层)

1)窗帘、窗盖板

目前多种形式的窗帘均有商品出售,但都很难满足建筑的要求。窗户虽然可设计成有阳光时的直接得热构件,但就全天 24 h 来看,通常都是失热的时间比得热的时间长得多,故采暖房间的窗户历来都是失热构件,要使这种失热减到最少,窗帘或窗盖板的隔热性能(保温性能)必须足够。多层铝箔－密闭空气层－铝箔构成的活动窗帘有很好的隔热性能,但价格昂贵。采用平开或推拉式窗盖板,内填沥青珍珠岩、沥青蛭石或沥青麦草、沥青谷壳等可获得较高隔热值及较经济的效果。有人已经进行研究将这种窗盖板采用相变贮热材料白天贮存太阳能,夜间关窗同时关紧盖板,该盖板不仅有高隔热值阻止失热,同时向室内放热,这才真正将窗户这个历来的失热构件变成得热构件了(按全天 24 h 算),虽然试验取了较好效果,但要商品化仍有许多问题,如窗四周的耐久性密封问题、相变材料的提供以及造价问题等均有待解决。

2)夜墙

采用膨胀聚苯乙烯板,装于窗户两侧或四周,夜间可用电动或磁性开关将其推至设计位置,国外用过这种夜墙。

活动隔热层除上述外,国外尚有在双层玻璃间夜间自动充填轻质塑料球等措施。

5. 选择传热系数较小的门

不同材质、不同类型的门的传热系数相差较大,同时门的开启频率较高,容易带来较多的空气浸透,因此应选择节能型即传热系数较小的门。

第三节　屋面保温隔热节能技术

屋面耗热量在围护结构中所占比重较大,其耗热量占围护结构传热耗热量的7% ~ 9%,屋面的保温较为重要。本节将介绍屋面常用的保温材料、节能屋面的构造及设计要点以及屋面保温隔热技术措施。

一、屋面保温材料

为防止屋面重量、厚度过大,屋面保温材料不宜选用容重较大、导热系数较高的材料。为防止屋面湿作业时,保温层大量吸水,降低保温效果,不宜选用吸水率较大的保温材料。常用的保温材料有乳化沥青珍珠岩、憎水型珍珠岩、聚苯板、水泥聚苯板、岩棉、玻璃棉、彩色钢板聚苯乙烯泡沫夹心保温板和彩色钢板聚氨酯硬泡沫夹心保温板等。

二、屋面保温隔热技术措施

(一)倒置式屋面

倒置式屋面是把保温层置于防水层的外侧,取代把防水层置于整个屋面的最外层的传统做法,是隔热保温效果更好的节能屋面构造形式,在国外叫做"Upside Down",简称USD 构法。常见倒置式屋面构造如图 3-22 所示。

倒置式屋面构造的优点如下:

(1)可延长防水层使用年限。防水层设在保温层的下面,这样可以防止太阳光直接辐射其表面,防水层表面温度升降幅度大为减小,延缓了防水层老化进程;防水层不易在施工中受外界机械损伤,延长其使用年限。

(2)有利于屋面隔热。屋面最外层为卵石层或烧制方砖保护层,这些材料蓄热系数较大,在夏季可充分利用其蓄热能力强的特点,调节屋面内表面温度,使温度最高峰值向后延迟,错开室外空气温度的峰值,有利于改善屋面的隔热效果。

(3)有利于降噪。能衰减各种外界对屋面冲击产生的噪声。

(4)施工维修简便。倒置式屋面省去了传统屋面中的隔汽层及保温层上的找平层,施工简化,更加经济。即使出现个别地方渗漏,只要揭开几块保温板就可以进行处理。

倒置式屋面被认为是一种比较完善的屋面构造形式,消除了结露的可能,又使防水层得到了保护。要求采用保温隔热材料应具有较低的吸水率,如聚苯乙烯泡沫板、沥青膨胀珍珠岩等,覆盖层应使用大阶砖、混凝土、水泥砂浆或干铺卵石做保护层,以免保温隔热材料受到破坏。覆盖层采用混凝土板或地砖等材料时,可用水泥砂浆铺砌;以卵石做覆盖层时,在卵石与保温隔热材料层之间设置一层耐穿刺且耐久性、防腐性能好的纤维织物。

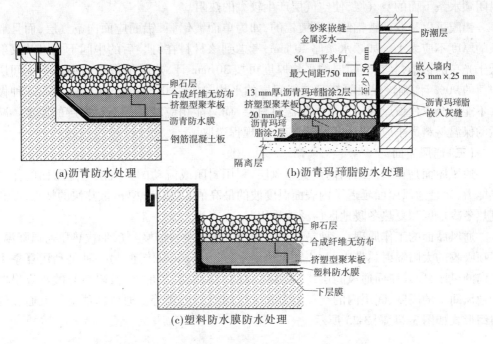

(a)沥青防水处理

卵石层
合成纤维无纺布
挤塑型聚苯板
沥青防水膜
钢筋混凝土板

砂浆嵌缝
金属泛水
防潮层
50 mm平头钉
最大间距750 mm
嵌入墙内
25 mm×25 mm
13 mm厚,沥青玛琋脂涂2层
挤塑型聚苯板
沥青玛琋脂
嵌入灰缝
20 mm厚,
沥青玛琋
脂涂2层
隔离层

(b)沥青玛琋脂防水处理

卵石层
合成纤维无纺布
挤塑型聚苯板
塑料防水膜
下层膜

(c)塑料防水膜防水处理

图 3-22　倒置式屋面构造

(二)保温隔热膜的应用

对于瓦材钉挂型坡屋面,可利用顺水条之间的空间,采用保温隔热膜组成封闭的单层铝箔空气间层,以提高屋面的热阻,结构示意图如图 3-23 所示。

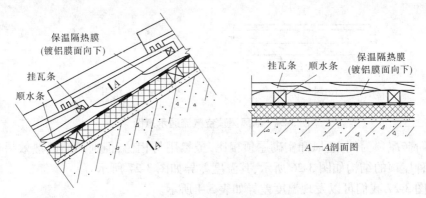

保温隔热膜
(镀铝膜面向下)
挂瓦条
顺水条

挂瓦条　顺水条
保温隔热膜
(镀铝膜面向下)

A—A剖面图

图 3-23　保温隔热膜应用构造

保温隔热膜是一种以合成树脂为基材的高分子薄膜,厚度仅为 0.13 mm 左右,经电晕高真空沉积铝层的复合材料,具有良好的物理机械性能,特别是双面铝层表面均有高分子材料保护层,铝层不易氧化,使用年限长,产品的正常使用年限在 20 年以上。

铝膜是一种高反射材料,反射率不小于 85%,在空气间层中应用可显著提高空气层的热阻。而且在一定的厚度范围内,其热阻随空气间层厚度的增加而增加,但空气间层必须是封闭的。在没有铺设保温隔热膜时,由于瓦材存在缝隙,瓦材下面由挂瓦条和顺水条构成的空气层在设计中是不计算热阻的。在挂瓦条和顺水条之间铺设保温隔热膜后,可封闭顺水条下面的空气层,使空气层产生较大的热阻。

铝膜可以是双面镀铝或单面镀铝的,如为单面镀铝膜,铝面应面向空气层,而且顺水条的厚度不应太小。如顺水条厚 40 mm,考虑到该材料在钉装后的中间下垂以及反射率低于光亮的铝箔,其空气间层的平均厚度可按 30 mm 计,热阻值按单面铝箔空气间层热阻值的 90% 计,则该保温隔热膜空气间层的平均热阻为 0.34 m² · ℃/W,因此这种做法并不能完全取代坡屋面应设置的保温材料层,而只能相应减薄保温材料层的厚度。减薄后的保温材料最小应用厚度可按相应技术规程选取。

(三)通风屋面

通风屋面是在屋面结构内设置通风层,利用封闭或流动的空气层增加屋面的保温隔热能力,而且通风屋面延迟了内表面温度波的最高值,具有隔热好、散热快的特点,在我国夏热冬冷地区和夏热冬暖地区广泛地采用。

通风屋面的工作原理:一种是利用屋面受太阳辐射,加热空气,形成热压通风降温,将屋顶吸收的太阳辐射热带走,防止辐射热聚集,避免向室内传递;另一种是利用夏季主导风向的风压,导入屋面通风间层,将屋顶吸收的太阳辐射热带走,其隔热与散热效果取决于通风间层的高度、间层内的空气阻力和气流的组织形式等。通风屋顶空气流通和气流组织形式如图 3-24、图 3-25 所示。

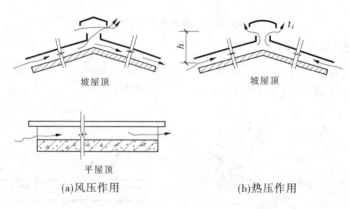

(a)风压作用　　　　　　　　　　　　(b)热压作用

图 3-24　通风屋顶空气流通示意图

以大阶砖屋顶为例,通风和实砌屋顶相比,虽然用料相仿,但通风后隔热效果有很大提高。两种屋顶的结构如图 3-26 所示,其温度差异如图 3-27 所示。

分析图 3-27 我们可以发现温度差异如表 3-4 所示。

表 3-4　通风屋顶与实砌屋顶通风效果差异

项目	屋顶内表面温度(℃)		室内最高气温(℃)	
	平均	最高	平均	最高
实砌屋顶	34.9	39.4	31.3	32.7
通风屋顶	29.9	31.1	29.7	30.2
温差	5.0	8.3	1.6	2.5

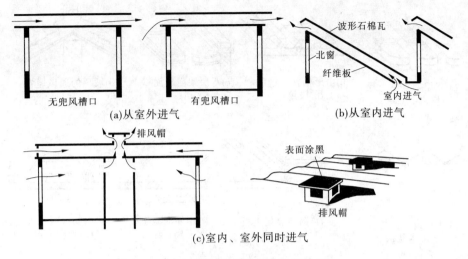

(a)从室外进气   (b)从室内进气

(c)室内、室外同时进气

图 3-25 通风屋顶的气流组织形式

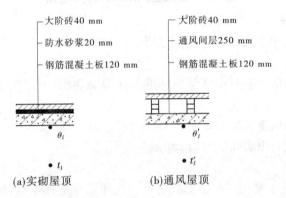

(a)实砌屋顶   (b)通风屋顶

θ_i—实砌屋顶的内表面温度;θ'_i—通风屋顶的内表面温度;

t_i—实砌屋顶的室内温度;t'_i—通风屋顶的室内温度

图 3-26 通风屋顶与实砌屋顶结构

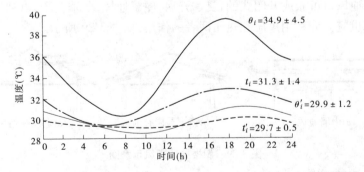

θ_i—实砌屋顶的内表面温度;θ'_i—通风屋顶的内表面温度;

t_i—实砌屋顶的室内温度;t'_i—通风屋顶的室内温度

图 3-27 通风屋顶和实砌屋顶温度比较

通风屋顶的隔热措施见图 3-28。

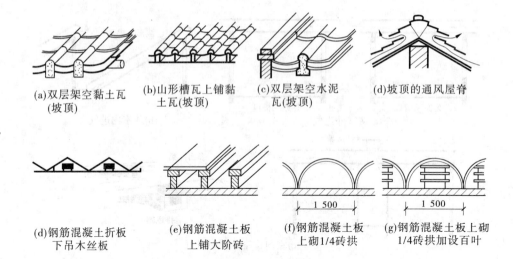

(a)双层架空黏土瓦　　(b)山形槽瓦上铺黏　　(c)双层架空水泥　　(d)坡顶的通风屋脊
　(坡顶)　　　　　　　土瓦(坡顶)　　　　　瓦(坡顶)

(d)钢筋混凝土折板　　(e)钢筋混凝土板　　(f)钢筋混凝土板　　(g)钢筋混凝土板上砌
　下吊木丝板　　　　　上铺大阶砖　　　　上砌1/4砖拱　　　　1/4砖拱加设百叶

图 3-28　通风屋顶的隔热措施示意图

在通风屋面的设计中,应满足以下几个要求:

(1)通风屋面的架空层设计应根据基层的承载能力,架空板便于生产和施工,构造形式要简单。

(2)通风屋面基层上应有保证节能标准的保温隔热层,一般按冬季节能传热系数进行校核。

(3)通风屋面和风道长度不宜大于 15 m,空气间层厚度以 200 mm 左右为宜。

(4)架空隔热板与山墙间应预留 250 mm 的距离。

(四)阁楼屋顶

阁楼屋顶是建筑上常用的屋顶形式之一。这种屋顶常在檐口、屋脊或山墙等处开通气孔,有助于透气、排湿和散热,因此阁楼屋顶的隔热性能常比平屋顶要好。在提高阁楼屋顶用隔热能力的措施中,加强阁楼空间的通风是一种经济而有效的方法。通常采用合理设计通风口的形式,加大通风口的面积,合理布量通风口的位置等方法,提高阁楼屋顶的隔热性能。通风口可做成开闭式的,夏季开启,便于通风,冬季关闭,以利保温。组织阁楼的自然通风也应充分利用风压和热压两者的作用,如图 3-29 所示。

(a)山墙通风　　　　(b)檐下与屋脊通风　　　　(c)老虎窗通风

图 3-29　阁楼屋顶通风示意图

(五)绿化屋面

绿化屋面是利用屋面上种植的植物阻隔太阳辐射,防止房间过热的一项隔热措施。其隔热原因:一是植被茎叶的遮阳作用可以有效降低屋面的室外综合温度,减少屋面的温差传热量;二是植物的光合作用消耗热量用于自身的蒸腾,降低屋面温度;三是植被基层的土壤或水体的蒸发消耗热量,降低屋面温度。同时,绿化屋面能够调节建筑周围的微气候,净化空气。图 3-30 就是一个绿化屋面。

图 3-30　绿化屋面

在我国夏热冬冷地区和温和地区,绿化屋面的应用很普遍。种植屋面分覆土种植和无土种植两种。覆土种植是在钢筋混凝土屋面上覆盖种植土壤,厚度为 100 ~ 150 mm,种植植被隔热性能比架空其通风间层的屋面还好,使内表面温度大大降低。无土种植具有自重轻、屋面温差小、有利于防水防渗的特点,它是采用水渣、蛭石或者是木屑代替土壤,重量减轻了而隔热性能反而有所提高,且对屋面构造没有特殊的要求,只是在檐口和走道板处须防止蛭石或木屑在雨水外溢时被冲走。绿化屋面对防水和荷载的要求比普通屋面高,需要在设计中作特别的处理。在屋面构造上既要有利于植物生长和涵养水源,又要保证屋面的排水功能,特别是坡屋面建筑的排水,还要有利于降低自重。植物物种的选择是绿化屋面设计的关键,良好的物种选择和搭配能够提高物种存活率,形成免维护的绿化屋面,减少人工灌溉、施肥等方面的维持费用。

据实践经验,植被屋面的隔热性能与植被覆盖密度、培植基质的厚度和基层的构造等因素有关。还可种植红薯、蔬菜或其他农作物,但培植基质较厚,所需水肥较多,需经常管理。草被屋面则不同,由于草的生长力和耐气候变化性强,可粗放管理,基本可依赖自然条件生长。草被品种可就地选用,亦可采用碧绿色的天鹅绒草和其他观赏的花木。

在进行种植屋面设计时,应满足以下几个条件:

(1)种植屋面一般由结构层、找平层、防水层、蓄水层、滤水层、种植层等构造层组成。

(2)种植屋面应采用整体浇筑或预制装配的钢筋混凝土屋面板作结构层,其质量应符合国家现行各相关规范的要求。结构层的外加荷载设计值(除结构层自重以外)应根据其上部具体构造层及活荷载计算确定。

(3)在结构层上做找平层,找平层宜采用 1∶3 的水泥砂浆,其厚度根据屋面基层种类规定为 15 ~ 30 mm,找平层应坚实平整。找平层宜留设分隔缝,缝宽为 20 mm,并嵌填密封材料,分隔缝最大间距为 6 m。

(4)种植屋面坡度不宜大于 3% ,以免种植介质流失。

(5)防水层应采用设置涂膜防水层和配筋细石混凝土刚性防水层两道防线的复合防水设防的做法,以确保其防水质量。

（6）栽培植物宜选择长日照的浅根植物，如各种花卉、草等，一般不宜种植根深的植物。

（六）蓄水屋面

蓄水屋面是在屋面上贮存一层水，提高屋面的隔热能力。水在蒸发时吸收大量的汽化潜热，大大减少了经屋面传入室内的热量，相应地降低了屋面的内表面温度。在夏季气候干热，白天多风的地区，蓄水屋面的隔热效果非常显著。图 3-31 是北京邮件处理中心的蓄水屋面。

图 3-31　北京邮件处理中心的蓄水屋面

设计蓄水屋面时，应满足下列要求：

（1）防水层的做法采用厚 40 mm、200 号细石混凝土加水泥用量 0.05% 的三乙醇胺，或水泥用量 1% 的氯化铁，1% 的亚硝酸钠（浓度 98%），内设 Φ 4@ 200 × 200 的钢筋网，防渗漏性最好。

（2）泛水对渗漏水影响很大，应将防水层混凝土沿檐墙内壁上升，高度应超过水面 100 mm。

（3）分隔缝的设置应符合屋面结构的要求，间距按板的布置方式确定。对于纵向布置的板，分隔缝内的无筋细石混凝土面积应小于 50 m^2；对于横向布置的板，应按开间尺寸以不大于 4 m 设置分隔缝。

（4）蓄水深度根据设计规范推荐为 15 ~ 20 cm，而测试数据表明，蓄水屋面的蓄水深度为 50 ~ 100 mm 时更加合适，因水深超过 100 mm 时屋面温度与相应热流值下降不很显著。

（5）当水层深度为 200 mm 时，结构基层荷载等级采用三级；当水层深度为 150 mm 时，结构基层荷载等级采用二级。

第四节　幕墙保温隔热节能技术

随着经济条件和技术手段的不断进步，公共建筑的外墙形式正朝着轻型化、装配化的方式发展。幕墙正是适应了这种发展趋势，又具有装饰性强的特点，因此在公共建筑中广泛使用，它一般不承重，由于形似悬挂在建筑物主体外部的帐幕而得名。

根据组成材料的不同，幕墙分为玻璃幕墙、金属幕墙、石材幕墙、混凝土幕墙、塑料幕墙等，设计时可根据立面形式的经济技术要求加以选择。本节从建筑节能的角度重点介绍玻璃幕墙的建筑节能技术。

玻璃幕墙是将玻璃作为装饰材料运用于建筑物的外立面，形成大片光洁的、变幻的视觉效果。玻璃幕墙主要由框架、玻璃和封缝材料三部分构成，其基本构造与材料选择可参照本章门窗部分。

一、双层皮玻璃幕墙的构造

双层皮玻璃幕墙最早出现在 20 世纪 70 年代的欧洲，也被誉为"可呼吸的幕墙"。主要是针对以往玻璃幕墙耗能高、室内空气质量差等问题，采用双层体系作围护结构，利用夹层通风的方式来解决玻璃幕墙夏季遮阳隔热的同时，达到增加室内空间热舒适度、降低建筑能耗的目的。

双层皮玻璃幕墙种类繁多，但其实质是在两层皮之间留有一定宽度的空气间层，此空气间层以不同方式分隔而形成一系列温度缓冲空间。由于空气间层的存在，双层皮玻璃幕墙能提供一个保护空间以安置遮阳设施（如活动式百叶、固定式百叶或者其他阳光控制构件），通过调整间层设置的遮阳百叶和利用外层幕墙上下部分的开口来辅助自然通风，以获得比普通建筑更好的遮阳效果。

二、双层皮玻璃幕墙的热工特性

双层皮玻璃幕墙热工设计主要从保温、隔热、通风三方面考虑。

(一) 保温性能

双层皮玻璃幕墙的保温性能由两部分决定：一是幕墙玻璃本身的保温性能，二是幕墙框架的断热性能。此外，两侧幕墙中间的空气夹层也可起到一定的保温作用。

首先，要考虑当地气候特征（温度、太阳辐射）、建筑物的朝向等。

其次，要选择合适的玻璃材料。例如，对于中空玻璃来说，其热阻主要与空腔的间距、玻璃表面的红外发射率以及填充气体的性质有关。

另外，双层皮玻璃幕墙具有较大的厚度，其幕墙框架结构的断热性能（导热特性）也要优于常规的单层玻璃幕墙；而具有可调节风口的双层皮玻璃幕墙的保温性能通常情况下可以提高 0 ~ 20% 不等。

总之，双层皮玻璃幕墙的系统要有较好的保温特性，即较低的传热系数。

(二) 隔热性能

双层皮玻璃幕墙在夹层空腔的百叶挡住了太阳辐射，会有一定的隔热作用，但隔热的效果与百叶的位置、材料的类别关系较大。另外，被百叶和夹层玻璃吸收的热量同样会蓄存在夹层内，因此如何有效地将这部分热量带走也是双层皮玻璃幕墙隔热设计的关键。

首先，保持夹层空腔空气具有很好的流动特性，即夹层空腔内的空气被加热后，能够快速地排走。因此，要选择合适的夹层宽度、进出风口设置以及夹层空腔内机构的设置。例如，为保证夹层内空气流动得顺畅，夹层宽度一般不宜小于 400 mm；在有辅助机械通风的情况下,夹层宽度是可以适当减少的;进出风口的尺寸大小以及所处立面的位置也会不同程度地影响空气流通通道的阻力。

其次,由于夹层内遮阳百叶具有较高的太阳辐射吸收率,因此遮阳百叶在夹层中的位置将影响夹层内空气温度的分布。一方面,为防止高温的空气通过对流方式向内层幕墙传送热量,遮阳百叶不能太靠近内层幕墙;另一方面,由于通风排热的需要,遮阳百叶也不能太靠近外层幕墙,所以遮阳百叶在夹层中的理想位置推荐位于离外层幕墙 1/3 夹层宽度的地方。为了获得有效的通风降温效果,避免遮阳百叶与外层幕墙之间过热,有些研究机构推荐的遮阳百叶与外层幕墙的最小距离为 150 mm。

此外,玻璃的种类、组成以及遮阳百叶的反射特性等也会影响双层皮玻璃幕墙的隔热性能。

(三)通风性能

双层皮玻璃幕墙通风设计包括夹层空腔与室外的通风及夹层空腔与室内的通风。前者主要考虑在炎热的夏季和无需过多大阳辐射热进入的过渡季,其目的是降低双层皮玻璃幕墙系统的整体遮阳系数,缩短建筑物空调的使用时间。而后者实现了室内与室外间接自然通风,不仅减少室内的空调能耗,而且有助于获得好的室内舒适度。

双层皮玻璃幕墙的通风主要是依靠"烟囱效应"。"烟囱效应"也即热压效应,是由于空气被加热升温后,密度减小而上浮的一种现象。很强的太阳辐射被双层皮玻璃幕墙夹层中空气吸收,使得夹层空气被加热升温并超过室外空气温度,形成内外空气的密度差,进而形成压力差。在压差的驱动下,室外空气将从下部的进入口进入到夹层并从上部的风口排出,从而实现双层皮玻璃幕墙与室外的自然通风。

三、双层皮玻璃幕墙的种类

双层皮玻璃幕墙可以根据夹层空腔的大小、通风口的位置、玻璃组合及遮阳材料等不同分为多种类型,常见的有以下几种类型。

(一)外挂式双层皮玻璃幕墙

这是双层皮玻璃幕墙中最简单的一种构造方式,建筑外墙与外皮间距为 300 ~ 2 000 mm,其间距视建筑的平面形式、两层"皮"的构造连接方式及建筑外墙的方式而定。双层皮之间的空间既不做水平分隔,也不做竖向分隔。测试结果表明,这种幕墙系统对隔绝噪声具有明显的结果,但因"双层皮"之间的气流缺乏组织,故对改善建筑的热环境并无明显作用。这种外墙往往用于城市噪杂的环境中,以隔绝噪声为主要目的。但是,由于双层皮夹层空腔中没有任何分隔,建筑物相邻房间的声音可能通过空腔相互传播。

如果希望以双层皮玻璃幕墙系统改善室内热环境,则应对此类幕墙两侧及上下做竖向封闭,同时在建筑物顶部的立面上部及底部的下部处设置进、出风调节盖板。冬天盖板关闭,形成封闭空气层,双层皮间的空气在阳光辐射下可形成温度缓冲层,减少了室内外温差,进而可以降低建筑外立面的传热量。夏天,打开上、下调节盖板,形成流动空气层,利用双层皮夹层空腔内外温差形成的"烟囱效应",可通过对流方式带走留存在夹层空腔内的太阳辐射热,减少了太阳辐射进入室内的热量。

若将"外皮"设计为可转动的单反玻璃叶片,则此"外皮"也可作为可调节的遮阳及自然通风系统,意大利著名建筑师 Renzo Piano 设计的位于柏林波茨坦中心的 DEBIS 办公楼便是采用的此种技术策略,电脑控制的单反玻璃百叶可以实现自调节,如图 3-32 所示。在夏季和大部分过渡季时均可以将"外皮"完全打开,建筑物室内可以获得良好的自然通风效果,大大降低了商业建筑的空调能耗。

图 3-32 外挂旋转式双层皮玻璃幕墙

(二)箱式双层皮玻璃幕墙

箱式双层皮玻璃幕墙是由最早的双层围护结构雏形 Airflow – window 变化而来的。它主要由一个带有内开窗扇的框架组成,由单层玻璃组成的外层幕墙上下部位均设置有开口,室外的空气可以通过开口进入双层玻璃幕墙的夹层空腔,空腔内的空气也可以从开口处排出。通过外层幕墙的开口和内层幕墙的内开窗可以实现双层皮玻璃幕墙空腔与室内、外之间的自然通风,见图 3-33。

图 3-33 箱式双层皮玻璃幕墙

双层皮夹层的空腔沿着结构柱或者房间进行水平分隔,而垂直方向则每楼层或者沿窗户高度进行分隔,这些分隔将建筑外立面划分为许多独立的单元,也称为"单元式"。单元的划分有助于避免声音和气味在单元之间或者是房子之间窜行。因此,该种幕墙通常用在对隔音有较高要求,或者对房间私密性要求很高的建筑中。

(三)井 – 箱式双层皮玻璃幕墙

井 – 箱式双层皮玻璃幕墙是由箱式双层结构演变而来的,但在竖向有规律地设置了贯通层,见图 3-34。"烟囱效应"加速了双层皮空腔内空气的竖向流动。

图 3-34　井 – 箱式双层皮玻璃幕墙

但在实际使用中,这种井 – 箱式双层皮玻璃幕墙的高度也是有限制的。这是因为,虽然"烟囱效应"增加了空腔内的空气流动,但同时也使得上部建筑幕墙夹层内部的空气温度过高,影响了这部分建筑的使用,所以该种结构的双层皮玻璃幕墙通常用在底层或者多层建筑中。

(四)廊道式双层皮玻璃幕墙

廊道式双层皮玻璃幕墙系统是以层为单位进行水平划分的,见图 3-35。双层皮夹层的间距较宽,0.6 ~ 1.5 m 不等。在每层楼的楼板和天花板高度处分别设有进、出风调节盖板。注意进、出风口在水平方向错开一块玻璃分隔的距离,避免进、排气的"短路"。由于该结构的双层皮玻璃幕墙并没有水平分隔,许多房间将通过双层皮夹层空腔连接在一起,在设计时需要考虑到房间窜声和防火分区的问题。

图 3-35　廊道式双层皮玻璃幕墙

(五) 智能玻璃幕墙

近年来一种新的玻璃幕墙——智能玻璃幕墙越来越受到业内人士的青睐。智能玻璃幕墙广义上包括玻璃幕墙、通风系统、空调系统、环境检测系统、楼宇自动控制系统。

其技术核心是一种有别于传统幕墙的特殊幕墙——热通道幕墙。它的最大特点是由内、外两层幕墙之间形成一个通风换气层,由于此换气层中空气的流通或循环的作用,使内层幕墙的温度接近室内温度,减小了温差,取得了明显的节能效果。有些参考资料表示,在一定条件下它比传统的幕墙采暖时节约能源 42% ~ 52%,制冷时节约能源 38% ~ 60%。

同时,在空气腔中增加日光控制装置(如百叶、光反射板、热反射板等),可以同时满足建筑自然通风、自然采光的要求,也由于使用双层幕墙,使整个建筑的隔音效果得到了很大的提高。

第五节　地板保温隔热节能技术

围护结构中与人直接接触的部分就是楼地板,它对人的热舒适影响最大。在建筑中,楼地板不仅具有支撑作用,而且具有蓄热作用,用于调节室内温度变化。地板和地板的保温是往往容易被人们忽视的问题。实践已经证明,在严寒和寒冷地区的采暖建筑中,接触室外空气的地板,以及不采暖地下室上面的地板如不加保温,则不仅增加采暖能耗,而且因地板温度过低,严重影响居民健康;在严寒地区,直接接触土壤的周边地板如不加保温,则接近墙脚的周边地板因温度过低,不仅可能出现结露,而且可能出现结霜,严重影响居民使用。标准从改善室内热环境和控制采暖能耗出发,对地板和地板的保温作出了规定。

一、地板的分类

地板按其是否直接接触土壤分为两类,即不直接接触土壤的地板和直接接触土壤的地板。不直接接触土壤的地板,又称为地板,其中又分为接触室外空气的地板和不采暖地下室上部的地板,以及底部架空的地板等。

二、地板的材料选择

地板面层材料的热工性能用吸热指数 B 描述。B 值是反映地板从人体脚部吸收热量多少和速度的一个指数,B 值越大,则地板从人脚吸取的热量就越多越快。

从卫生要求,即避免人脚着凉考虑,对地板的热工性能分类及适用的建筑类型可参见表 3-5 的规定。

三、地板的保温绝热与防潮

地板的保温绝热一方面是防止热损失,另一方面是防止地板温度过低造成地板结露。

(一) 地板的保温绝热与防潮

楼板保温层可设置在楼板上表面(正置法)或楼板底面(反置法),具体有楼层间楼板、底部自然通风(地下室外墙有窗或通风口)的架空楼板及底部不通风(地下室外墙无窗)架空楼板三种不同楼板保温做法。对铺设有木格栅和木地板的全装修住房,楼层间楼板(包括底部不通风架空楼板)可不设置保温层。

表 3-5 地板热工性能分类

类别	吸热指数 B 值 $(W/(m^2 \cdot h^{1/2} \cdot ℃))$	地板材料	适用的建筑类型
I	<17	木地板、塑料地板	高级居住建筑,托幼、医疗建筑等
II	17 ~ 23	水泥砂浆地板	一般居住建筑,办公、学校建筑等
III	>23	水磨石地板	临时逗留及室温高于 23 ℃ 的采暖房间

注:厚度 3 ~ 4 mm 的面层材料的热渗透系数对 B 值的影响最大。热渗透系数 $b = \sqrt{\lambda cp}$,故面层以选择密度、比热容和热导系数小的材料较为有利。

(二)直接接触土壤的地板隔热与防潮

当地板的温度高于地下土壤温度时,热流便由室内传入土壤中去。但房间下部土壤温度的变化并不太大,其温度变化范围,一般从冬到春仅有 10 ℃ 左右,从夏末至秋天也只有 20 ℃ 左右,且变化得十分缓慢。但是,在房屋与室外空气相邻的四周边缘部分的地下土壤温度的变化还是相当大的。冬天,它受室外空气以及房屋周围低温土壤的影响,将有较多的热量由该部分被传递出去,其范围大体上如图 3-36 所示,其温度分布与热流的变化情况如图 3-37 所示。因此,若仅就减少冬季的热损失来考虑,只要对四周部分进行绝热就够了。而对于江南的许多地方,还必须考虑到高温高湿气候的特点,因为高温高湿的天气容易引起夏季地板的结露。一般土壤的最高、最低温度,与室外空气的最高与最低温度出现的时间相比,延迟 2 ~ 3 个月(延迟时间因土壤深度而异)。所以,在夏天,即使是混凝土地板,温度也几乎不上升。而当这类低温地板与高温高湿的空气相接触时,地表面就要结露。如果通风不好,这种现象就更明显。如在一些换气不好的仓库、住宅等建筑物里,每逢梅雨天气或者空气比较潮湿时,地板上就易湿润,急剧的结露会使人觉得像洒了水一样。

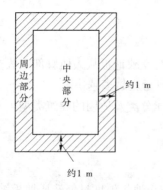

图 3-36 室外低温部分

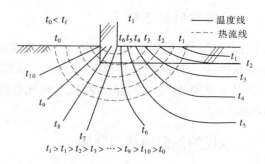

图 3-37 地板周边的温度分布

这种地板与普通地板相比,冬季的热损失较少,这从节能的角度来看是有利的。但考虑到南方又湿又热的气候因素,对地板进行全面绝热还是必要的。在这种情况下,可进行室内侧绝热,如图 3-38 所示或者如图 3-39 所示在土壤侧布置。

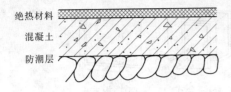

图 3-38　在室内侧进行地板绝热

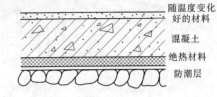

图 3-39　在土壤侧进行地板绝热

在采暖期室外平均温度低于 −5.0 ℃的严寒地区,建筑物外墙在室内地坪以下的垂直墙面,以及周边直接接触土壤的地板,如不采取保温措施,则外墙内侧墙面及室内墙角部位易出现结露,墙角附近地板有冻脚现象,并使地板传热损失增加。采取在垂直墙面外侧加 50 ~ 70 mm 厚以及从外墙内侧算起 2.0 m 范围内,地板下部加铺 70 mm 厚聚苯乙烯泡沫塑料等具有一定抗压强度、吸湿性较小的保温层等措施保温、防潮。地板局部保温措施见图 3-40。

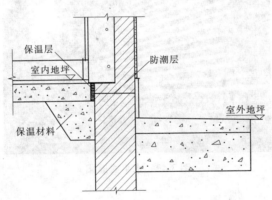

图 3-40　地板局部保温措施

第六节　窗户遮阳节能

在夏季,阳光通过窗口射进房间是造成室内过热的主要原因,也是建筑能耗高的一个重要原因,采取一定的遮阳方法是降低建筑能耗的主要措施。遮阳具有防止太阳辐射、避免产生眩光、改善室内环境气候及建筑外观上光影美学效果的功能,但也给室内的采光、通风带来不同层次的影响,因此遮阳设计需要兼顾多方面的需求,本节重点介绍窗口遮阳技术。

一、遮阳的形式

(一)根据遮阳形式
遮阳一般分为 4 种,即水平式遮阳、垂直式遮阳、综合式遮阳和挡板式遮阳,如图 3-41 所示。

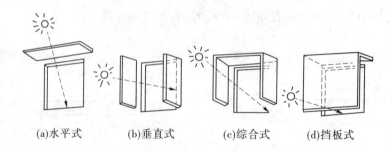

(a)水平式　　　(b)垂直式　　　(c)综合式　　　(d)挡板式

图 3-41　遮阳的基本形式

1. 水平式遮阳

这种形式的遮阳能够有效地遮挡高度角较大的、从窗口上方投射下来的阳光,故它适用于接近南向的窗口,或北回归线以南低纬度地区的北向附近的窗口,见图 3-42。

图 3-42　水平式遮阳

2. 垂直式遮阳

垂直式遮阳能够有效地遮挡高度角较小的、从窗侧斜射过来的阳光。但对于高度角较大的、从窗口上方投射下来的阳光,或接近日出、日落时平射窗口的阳光,它不起遮挡作用。故垂直式遮阳主要适用于东北、北和西北向附近的窗口,见图 3-43。

图 3-43　垂直式遮阳

3. 综合式遮阳

综合式遮阳能够有效地遮挡高度角中等的、从窗前斜射下来的阳光,遮阳效果比较均匀,故它主要适用于东南或西南向附近的窗口,见图 3-44。

4. 挡板式遮阳

这种形式的遮阳能够有效地遮挡高度角较小的、正射窗口的阳光,故它主要适用于东、西向附近的窗口,见图 3-45。

图 3-44　综合式遮阳

图 3-45　挡板式遮阳

(二) 根据遮阳系统位置

根据遮阳系统位置可以分为外部遮阳与内部遮阳。一般来讲,室外南向仰角 45°的水平遮阳板,可轻易遮去 68% 的太阳辐射热。装在窗口内侧的布帘、软百叶等遮阳设施,其所吸收的太阳辐射热大部分散发给室内空气。装在外侧的遮阳板,其所吸收的辐射热大部分散发给室外的空气,从而减轻了对室内温度的影响。因此,采用外遮阳(遮阳板)是最好的建筑节能之道。

(三) 根据区域的气候特点和房间的使用要求

根据区域的气候特点和房间的使用要求,可以把遮阳作为永久性的或临时性的。永久性的就是在玻璃幕墙内外设置各种形式的遮阳板和遮阳帘,临时性的就是在玻璃的内外设置轻便的布帘、竹帘、软百叶、帆布篷等。在永久性的遮阳设施中,按其构件能否活动,又可分为固定式或活动式两种。活动式的遮阳可视一年中季节的变换,一天的时间变化和天空的阴晴情况,任意调节遮阳板的角度;在寒冷的季节,可以避免遮挡阳光,争取日照。活动式遮阳的结构及类型见图 3-46。

二、遮阳设计

遮阳的效果除与遮阳形式有关外,还与遮阳板面组合、安装的位置、遮阳板材质与颜色、遮阳的构造等有很大关系。同时,遮阳的设计还应与采光、通风结合在一起统一考虑,在设计时要特别注意。

(一) 遮阳形式的选择

遮阳形式的选择应从地区的气候特性和窗口的朝向来选择。夏热冬冷和冬季较长的地区,宜采用竹帘、软百叶和布篷等临时性轻便遮阳;冬夏时间相近的地区,也可采用可拆除式活动遮阳;冬暖夏热地区则以固定的遮阳设施较宜。

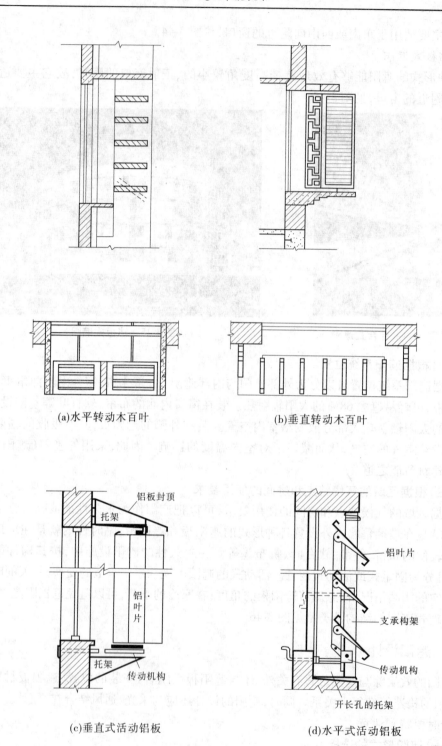

(a)水平转动木百叶　　　　　　　　(b)垂直转动木百叶

(c)垂直式活动铝板　　　　　　　　(d)水平式活动铝板

图 3-46　活动式遮阳示意图

（二）遮阳的板面组合与构造

在满足阻挡直线阳光的前提下,可以有不同板面组合的形式,应该选择对通风、采光、视野、构造和立面处理等要求更为有利的形式。图 3-47 为水平式遮阳的不同板面组合形式。

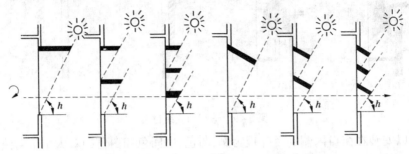

图 3-47　水平式遮阳板的不同板面组合形式

为了便于热空气的逸散,并减少对通风、采光的影响,常将板面做成百叶形式,如图 3-48所示。

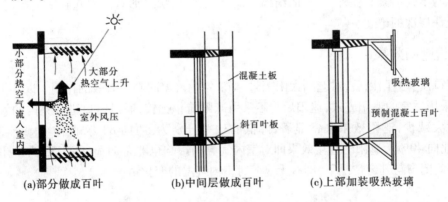

(a)部分做成百叶　　(b)中间层做成百叶　　(c)上部加装吸热玻璃

图 3-48　遮阳板面构造形式

（三）遮阳板的安装位置

遮阳板安装的位置对防热和通风的影响很大。例如,将板面紧靠墙面布置时,受热表面加热而上升的热空气将受室外风压作用导入室内,这种情况对综合式遮阳更为严重。为了克服这个缺点,板面应该离开玻璃墙面一定的距离安装,以使大部分热空气沿着墙面排走,且应使遮阳板尽可能减少挡风,最好还能兼起导风入室作用。如图 3-49 所示,图 3-49（a）和图 3-49（b）显示了采用外遮阳时,遮阳板与玻璃墙面有无距离时传入室内热量的差异。图 3-49（c）和图 3-49（d）则反映了采用内遮阳和外遮阳时传入室内热量的情况。

（四）材料与颜色

为了减轻自重,遮阳构件以采用轻质量为宜。遮阳构件经常暴露在室外,受日晒雨淋,容易损坏,因此材料要坚固耐久、耐腐蚀。除此之外,对于活动式遮阳设施,又要求轻便灵活,以便调节或拆除,过去多采用木百叶转动窗,现在多采用铝合金、塑料制品等。

对遮阳构件材料的选择,颜色也是决定其隔热效果的要素之一。材料的内、外表面对太阳辐射热的吸收系数都要小,因此设计时可根据要求并结合实际情况来选择适宜的遮

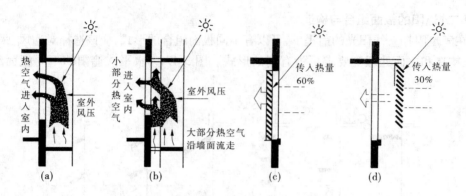

图 3-49　遮阳的安装位置

阳材料。以安装在窗口内侧的百叶板为例,暗色、中间色和白色的对太阳辐射热透过的百分比分别为86%、74%和62%。为了加强表面的反射,减少吸收,遮阳帘朝向阳光的一面应为浅色发亮的颜色,而在背阳光的一面应为较暗的无光泽颜色,避免产生眩光。遮阳设施中玻璃可参照本章第三节中玻璃特性,兼顾采光需要加以选择。

除与上述因素有关外,建筑的结构形式、环境绿化状况都对遮阳起到一定作用,在此不做更深层次的论述。

三、遮阳效果

窗口设置遮阳以后,对遮挡太阳辐射、降低室内气温起到了有效的作用。以广州地区为例,采用适宜的遮阳方式,遮阳后与不采用遮阳前相比较,通过窗口进入室内的太阳辐射量大大减少,遮阳效果非常显著,降低的比率分别为:西向83%,西南向59%,南向55%,北向40%。遮阳的直接效果即对室内气温的影响也非常明显,图3-50为广州地区西向房间闭窗与开窗情况下,即有无遮阳时室内气温的变化情况。

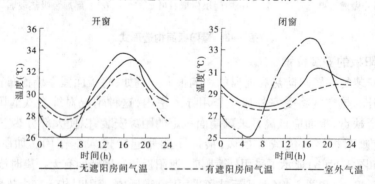

图 3-50　广州地区西向房间遮阳对室内气温的影响

在闭窗情况下,遮阳对防止室温上升的作用较明显。有无遮阳,室温最大差值达2 ℃,平均差值达1.4 ℃,而且有遮阳时,房间温度波幅值较小,室温出现高温的时间较晚。因此,遮阳对空调房间减少冷负荷是很有利的,而且室内温度场分布均匀。在开窗情况下,室温最大差值为1.2 ℃,平均差值为1 ℃,虽然不如闭窗的明显,但在炎热的夏季,能使室温稍降低些也具有一定的意义。

第四章 供热系统节能技术

供热系统节能是建筑节能的重要组成部分,通过本章的学习,应掌握供热系统节能的相关技术和利用的关键问题及需考虑的因素。供热的节能技术应结合地区的气候特点、地理条件、能源状况以及能源政策综合考虑。

第一节 采暖系统节能技术

建筑节能的目标是通过建筑物自身降低能耗需求和采暖(空调)系统提高效率来实现的。其中,建筑物承担约60%,采暖系统承担约40%。达到节能的目标,采暖系统的节能是非常重要的环节。室内供暖的节能应从选择合理的供暖方式、系统形式有利于热计量和控制室温、采用高效节能的散热设备等几个方面采取措施,以使得进入建筑物的热量合理有效利用,做到既节省热量又提高室内供热质量。

一、采暖方式选择

采暖系统是指在冬季为保持建筑物内设计温度而配置的供给室内热量的系统设备。合理选择采暖方式是采暖系统节能的重要方面。

采暖方式按散热设备向房间传热的方式主要分为辐射型采暖方式、对流辐射型采暖方式和对流型采暖方式。

(一)低温热水地板辐射采暖方式

低温热水地板采暖技术通过地面盘管管道里有循环流动的热水作为地板辐射层中的热媒,均匀地加热整个地面,利用地面自身的蓄热和热量向上辐射的规律由下至上进行传导,来达到取暖的目的(详见本章第二节)。

(二)燃气辐射采暖方式

1. 燃气辐射采暖系统组成

燃气辐射采暖器由燃烧器、点火电极、辐射管、引风机、控制盒、反射罩和安全装置组成。其形状犹如日光灯,长度根据类型的不同从5 m左右到十几米不等,接通气源、电源便可使用。燃气红外辐射采暖设备主要由四大部件组成,包括燃气发生器、辐射管、反射板、负压真空泵。发生器内部包含点火控制、安全控制设备。其形状现在有三种,一种是直线形,一种是U形,还有一种是串级型;根据不同的车间,不同的采暖温度要求选用不同的设备型号,车间内部接通燃气管道以及220 V供电电源就可使用。

2. 燃气辐射采暖原理

燃气辐射型供暖是利用天然气、液化石油气或人工煤气等可燃气体,在特殊的燃烧装置——辐射管内燃烧而辐射出各种波长的红外线进行供暖的,红外线是整个电磁波波段的一部分。不同波长的电磁波,接触到物体后将产生不同的效应。波长在0.76~1 000

μm 的电磁波,尤其是波长在 0.76 ~ 40 μm 的电磁波,具有非色散性,因而能量集中,热效应显著,所以称为热射线或红外线。燃气辐射管发出的红外线波长正好全部在此范围内。由于辐射热不被大气所吸收,而是被建筑物、人体、设备等各种物体所吸收,并转化为热能。吸收了热的物体,本体温度升高,再一次以对流的形式加热周围的其他物体,如大气等。所以,建筑物内的大气温度不会产生严重的垂直失调现象,因此其热能的利用率很高,并使人体感觉很舒适。

　　3. 燃气辐射采暖的应用

　　燃气辐射采暖省去了将高温烟气热能转化为低温热媒(热水或蒸汽)热能这样一个能量转换环节,且排烟温度低,热效率高;有着构造简单轻巧、发热量大、热效率高、安装方便、初投资和运行费用低、操作简单、智能化程度高、无噪声、环保洁净等优点。因此,燃气辐射采暖是工业厂房等高大空间较理想的供暖方式。被广泛地运用在工厂车间、体育场馆、仓库、飞机修理库、温室大棚、养殖场、游泳池、剧院、礼堂、超市等地方。几种燃气辐射采暖设备如图 4-1 所示。

(a) 陶瓷板式燃气辐射加热器

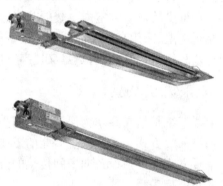

(b) 负压管式燃气红外线辐射采暖器

(c) 应用于家禽／畜牧采暖器

(d) 应用于家禽／畜牧采暖器

图 4-1　几种燃气辐射采暖设备

(三)发热电缆地面辐射供暖

　　该技术是以电力为能源,以低温发热电缆为热源,将 100% 的电能转换为热能,加热地板,通过地面以辐射和对流的传热方式向室内供热的供暖方式。常用发热电缆分为单芯电缆和双芯电缆。

1. 发热电缆的工作原理

发热电缆内芯由冷线、热线组成，外面由绝缘层、接地、屏蔽层和外护套组成，发热电缆通电后，热线发热，并在 40~60 ℃ 的温度间运行，埋设在填充层内的发热电缆将热能通过热传导（对流）的方式和发出的 8~13 μm 的远红外线辐射方式传给受热体。

2. 发热电缆地面辐射供暖系统的组成及工作原理

供电线路→变压器→低压配电装置→分户电度表→温控器→发热电缆→通过地板向室内辐射热量。

（1）发热电缆通电后便会发热，其温度在 40~60 ℃，通过接触传导，加热包围在其周围的水泥层，再传向地板或磁砖，然后通过对流方式加热空气，传导热量占发热电缆发热量的 50%。

（2）发热电缆通电后便会产生人体最为适宜的 7~10 μm 的远红外线，向人体和空间辐射。这部分热量也占发热量的 50%，发热电缆发热效率近乎 100%。

（四）低温辐射电热膜采暖

电热膜是一种通电后能发热的半透明聚酯薄膜，由可导电的特制油墨、金属载流条经加工、热压在绝缘聚酯薄膜间制成。电热膜不能直接用于地面辐射供热，需要外加专门的 PVC 真空封套，才能用于地面采暖，保证使用效果和寿命。

1. 电热膜的采暖原理

低温辐射电热膜供暖系统是以电力为能源，以纯电阻碳基油墨为发热体，将热量以远红外热的形式向室内供暖。远红外热首先加热室内密实物体，然后物体再将热量传给空气，室内空气温度升高滞后于人体温度，减少了环境对人体的冷辐射，所以其综合效果优于传统的对流供热。

2. 电热膜的采暖优点

低温辐射电热膜供暖是一种电热辐射供暖方式，可安装在天棚中、墙裙内或地板下面。通过独立的温控装置使其具有恒温可调、经济舒适等特点。

主要有以下优点：

（1）可随意调节室内温度，低温辐射电热膜供暖系统可通过在每个房间设置的交流电温控器，在设定的温度范围内，随意调整室温。可根据用户的需要，随时启动或关闭。

（2）不占室内空间。低温辐射电热膜供暖系统因为取消了散热器片和管路，不占用室内空间，并且整个系统使用寿命长。

（3）可分户计费。低温辐射电热膜供暖系统适应多种用户的需求，可分户、分单元或楼层进行计量，由用户自由控制用电量，以达到节能的目的。

3. 分类

电热膜按照发展阶段及应用模式，可以分为如下三类：

（1）电热棚膜：第一代电热膜，铺设于屋顶。

（2）电热墙膜：第二代电热膜，铺设于墙面。

（3）电热地膜：第三代电热膜，铺设于地面。相对于前两代电热膜，第三代电热膜具有施工简单、受热均匀、健康保健（足暖头凉，符合养生学）等独特优势。

(五)散热器采暖方式

散热器采暖主要以对流传热方式(对流传热量大于辐射传热量)向房间传热,是以低温热水和蒸汽为热媒的采暖方式,广泛应用于居住建筑和公共建筑。

1. 分类

(1)按照循环动力分为:机械循环—散热器采暖系统,自然循环—散热器采暖系统。

(2)按照热媒种类分为:蒸汽—散热器采暖系统,热水—散热器采暖系统。

(3)按照热媒温度分为:高温水—散热器采暖系统,低温水—散热器采暖系统。

表4-1列出了一些国家供热用水分类。

表4-1　一些国家热水分类标准　　　　　　　(单位:℃)

国别	低温水	中温水	高温水
美国	<120	120～176	>176
日本	<110	110～150	>150
德国	≤110		>110
苏联	≤115		>115
中国	≤100		>100

2. 散热器的布置

布置散热器应注意以下规定:

(1)散热器一般布置安装在外墙的窗台下,这样,沿散热器上升的对流热气流能够阻止和改善从外窗下降的冷气流和玻璃冷辐射的影响,使流经室内的空气比较暖和舒适。

(2)为防止冻裂散热器,两道外门之间不准设置散热器。在楼梯间或其他有冻结的场所,其散热器应由单独的立、支管供热,且不得装设调节阀。

(3)散热器应明装,布置简单。托儿所和幼儿园应暗装或加防护罩,以防烫伤儿童。

(4)在单管或双管热水采暖系统中,同一房间的两组散热器可以串联连接;储藏室、盥洗室、厕所和厨房等辅助用室及走廊的散热器,可同邻室串联连接。

(5)在楼梯间布置散热器时,考虑楼梯间热流上升的特点,应尽量在底层或按一定比例分布在下部各层。

如何合理布置散热器的位置、各个散热器的热量分配和流量分配以及将散热器内的热媒携带热量有效散入室内是节能的重要内容。

(六)热风采暖

热风采暖是一种利用空气加热器将室内或室外空气加热送入车间的一种采暖方式。一般指用暖风机、空气加热器将室内循环空气或从室外吸入的空气加热的采暖系统。它适用于建筑耗热量较大以及通风耗热量较大的车间,也适用于有防火防爆要求的车间。其优点是可分散或集中布置,热惰性小,升温快,散热量大,设备简单,投资效果好。

1. 分类

热风采暖的形式较多,有集中送风、管道送风、悬挂式暖风机和落地式暖风机等形式;有专为补偿建筑耗热采暖用的空气再循环暖风机,有为补偿排风及其耗热和建筑耗热用的进气加热系统,还有补偿开启大门通风耗热用的热空气幕。

热风采暖加热空气的方法可以是热水或蒸汽通过换热器换热后由风机将热风吹入室内,也可以是加热炉直接燃烧加热空气,前者称为热风机,后者称为热风炉。

2.一般规定

符合下列条件之一时,应采用热风采暖:

(1)能与机械送风系统合并时。

(2)利用循环空气采暖,技术,经济合理时。

(3)由于防火、防爆和卫生要求,必须采用全新风的热风采暖时。

3.集中送风的气流组织

集中送风的气流组织一般有平行送风和扇形送风两种,见图4-2,选用的原则主要取决于房间的大小和几何形状,因房间的形状和大小对送风的地点、射流的数目及布置、射流的初始速度、喷口的构造与尺寸等有关。

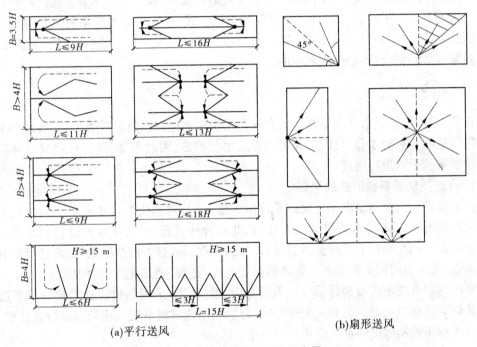

(a)平行送风　　　　　　　　　(b)扇形送风

图4-2　热风采暖气流组织布置

(七)合理选用采暖方式

1.采用合理的热媒和散热末端

实践证明,集中采暖系统采用热水作为热媒,不仅提高供暖质量,而且便于进行节能调节。

在公共建筑内的高大空间,提倡采用辐射供暖方式。公共建筑内的大堂、候车(机)厅、展厅等处的采暖,如果采用常规的对流采暖方式,室内沿高度方向会形成很大的温度梯度,不但建筑热损耗增大,而且人员活动区的温度往往偏低,很难保证设计温度。采用辐射供暖时,室内高度方向的温度梯度小,不仅可以创造比较理想的热舒适环境,又可以比对流采暖时减少 15% 左右的能耗。

2. 因地制宜地采取合理的采暖方式

总体上看,不同的采暖方式各有利弊。选择合理的采暖方式与技术,要因地制宜、视具体情况而定,不应一概而论。选择时要综合考虑的因素主要包括当地资源的配置情况、采暖用能需求的大小、节能环保指标的要求、经济性指标以及当地经济水平和居民收入水平等。

3. 合理发展电力驱动的热泵采暖方式

热泵技术近年来得到一定的发展,其动力多以电力为主。在许多城市冬季电力负荷比夏季低 10% ~ 30% ,并且在北京冬季天然气消耗量为夏季的 10 倍以上。因此,适当发展以电为动力的采暖,增加冬季电力负荷,减少天然气消耗,对改善整个能源结构有一定意义。

在有条件的地区,建议推广使用各种热泵技术。目前,各种热泵采暖空调多采用风机盘管末端,冬季吹热风,夏季吹冷风,导致冬季舒适性较差,成为推广热泵采暖的障碍。实际上可采用夏季利用地板(天花板)冷辐射的空调方式,冬季采用地板辐射采暖等其他末端方式,同样可利用低温热泵热源实现高舒适度采暖。开发和推广这些新型末端装置,与各种热泵方式相结合,将是今后发展的方向。

二、采暖系统形式

目前,室内低温热水供暖系统主要有散热器供暖和地面辐射供暖两大类,低温热水地板辐射供暖明显有利于分户计量,其系统形式也很确定,因此不加叙述,在此只是针对散热器供暖系统形式进行阐述。

(一)选择供暖系统形式的原则

住宅建筑和其他建筑由于计量点及计量方法不同,对系统形式要求也不同。在不影响计量的情况下,集中采暖系统管路宜按南、北向分环进行布置,并分别设置室温调控装置。通过温度调控阀调节热媒流量或供水温度,不仅具有显著的节能效果,而且可以有效地平衡南、北向房间因太阳辐射而导致的温度差异,克服“南热北冷”的问题。

室内供暖系统形式根据计量方法不同有很大的区别,采用热量表和热量分配表进行按户计量对供暖系统形式的要求完全相同。然而,室内供暖系统无论是否进行热计量,都应设计成利于控制温度的系统形式。

适合热计量的室内采暖系统形式大致分为两种:一种是沿用传统的垂直单管式或双管式系统,这种系统在每组散热器上安装热量分配表及建筑入口的总热表进行热量计量;另一种是适应按户设置热量表的单户独立系统的新形式,直接由每户的户用热表计量。

(二)采用热量表的供暖系统形式

热量表是测量供暖系统入户的流量和供、回水温度后进行计量热量的仪表,因此要求供暖系统设计成每一户单独布置成一个环路。对于户内的系统,采用何种形式则可由设计人员根据实际情况确定。《采暖通风与空气调节设计规范》(GB 50019—2003)中推荐,户内系统采用单管水平跨越式、双管水平并联式、上供下回式等系统形式。由设在楼梯间的供回水立管连接户内的系统,在每户入口处设热量表。

1. 单管水平式

单管水平式采暖系统分有跨越和无跨越两种形式,系统中户与户之间并联,供、回立管可设于楼梯间。户内水平管道靠墙水平明设布置或埋入地板找平层中,系统形式如图4-3所示。

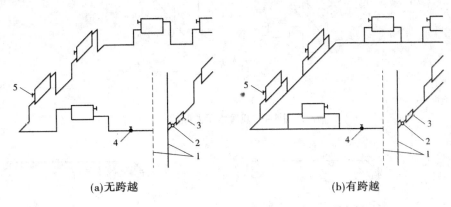

(a)无跨越　　　　　　　　　　　　　　　(b)有跨越

1—供回水立管; 2—调节阀;3—热量表;4—闸阀;5—放气阀

图4-3　单管水平式供暖系统

单管无跨越系统由于各组散热器为串联连接,不具有独立调节能力,因而不必要在每组散热器都设温控阀,该系统特点是室内水平串联散热器的数量有限,末端散热器的效率低,但是住户室内水平管路数量少。该方式适用于住宅面积小、房间分隔较少、对室温调节控制要求不高的场合。

单管跨越系统可用温控阀对每组散热器进行温度控制,但是由于各组散热器同样为串联连接,散热器独立调节能力不佳。

2. 双管水平式

双管水平式一般都采用并联式,其特点是系统具有较好的调节性,系统形式如图4-4所示。双管系统由于各组散热器为并联连接,可在每组散热器上均设温控阀,实现各组散热器温控阀的独立设定,室温调节控制灵活,热舒适性好。但是住户室内水平管数量较多,系统设计及水平散热器的流量分配计算相对复杂。该方式适用于住宅面积较大、房间分隔多以及室内热舒适性要求高的场合。

3. 上分式系统形式

上分式系统的优点是很好地解决了系统排气问题,并可在房间装修中将户内供水干管加以隐蔽,尤其是上供上回的系统可减少地面的管道过门出现的麻烦。缺点在于沿墙靠天花板或地板水平布置管路和立管不美观,系统形式如图4-5所示。

(三)合理选用采暖系统形式

采暖形式多种多样,建筑物应结合自身功能与现实情况,选择不同的采暖系统形式,以达到节能的目的。

(四)安装要求

1. 安装形式及位置

散热器提倡明装,若散热器暗装在装饰罩内,不但散热器的散热量会大幅度减少,而

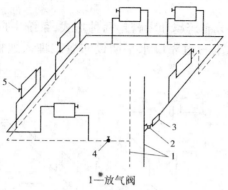

1—放气阀

图 4-4　双管水平并联式

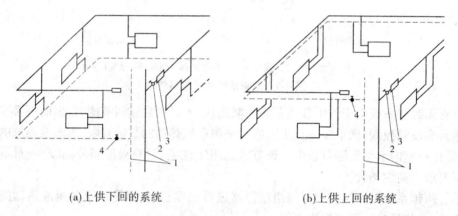

　　(a)上供下回的系统　　　　　　　　　(b)上供上回的系统

1—供回水立管;2—调节阀;3—热量表;4—闸阀;

图 4-5　上分式系统

且由于罩内空气温度远远高于室内空气温度,从而使罩内墙体的温差传热损失大大增加。因此,应避免这种错误做法。在需要暗装时装饰罩应有合理的气流通道、足够的通道面积,并方便维修。

　　散热器布置在外墙的窗台下,从散热器上升的对流热气流能阻止从玻璃窗下降的冷气流,使流经人活动区的空气比较暖和,给人以舒适的感觉;如果把散热器布置在内墙,流经人们经常停留地区的是较冷的空气,使人感到不舒适,也会增加墙壁积尘的可能;但是在分户热计量系统中为了有利于户内管道的布置,也可把散热器布置在内墙。

　　2.连接方式

　　散热器支管连接方式不同,散热器内的水流组织也不同,散热器表面温度场也不同,从而影响散热量。在室内温度,散热器进、出口水温相同的条件下,如图 4-6 所示,几种支管与散热器连接的传热系数的大小依次为 A > B > C > D > E,其差别与散热器类型有关,最大差别达 40%,可见合理选择连接方式会大量节省散热器。尤其在分户计量系统中有的设计只考虑管路布置的方便,而忽视了连接方式造成的浪费。

　　3.散热器的散热面积

　　应根据热负荷(扣除室内明装管道的散热量)计算确定散热器所需散热面积。计算

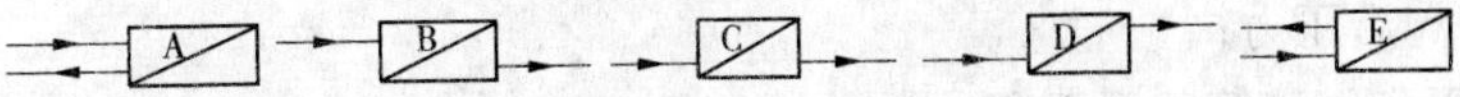

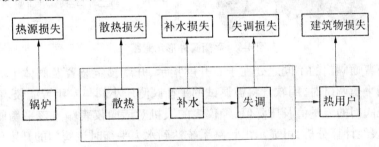

图4-6 散热器与支管连接方式

时不应盲目增加散热器的安装数量;盲目增加散热器数量,使室内过热,既不舒适又浪费能源,而且容易造成系统热力失调和水力失调,使系统不能正常供暖。

第二节 供热管网输配节能技术

供热管网输配技术就是将热源处的热能以流体为介质通过管网输送分配给各个热用户的技术。

管网水力平衡调节技术在我国起步很晚,始于1985年,并且进展缓慢,使得管网水力失调相当普遍,室外管网输送效率一直偏低。

供热管网的输配节能主要表现在管网系统要实现水力平衡;循环水泵选型应符合水输送系数规定值;管道保温符合规定值,室外管网的输送效率应不低于0.92。图4-7为供热管网各项损失及输送效率。

图4-7 供热管网各项损失及输送效率

一、热网的水力平衡

(一)水力平衡的概念和作用

供热管网的水力平衡用水力平衡度来表示,所谓水力平衡度,就是供热管网运行时各管段的实际流量与设计流量的比值。

(二)管网水力平衡技术

1.平衡阀原理

平衡阀属于调节阀范畴,它的工作原理是通过改变阀芯与阀座的间隙(即开度)来改变流经阀门的流动阻力,以达到调节流量的目的。按照流体力学观点看,平衡阀相当于一个局部阻力可以改变的节流元件,对不可压缩流体,由流量方程式可得:

$$G = \frac{A}{\sqrt{\xi}} \sqrt{\frac{2(P_1 - P_2)}{\rho}} \tag{4-1}$$

式中 G——流经平衡阀的流量;

ξ——平衡阀的阻力系数;

P_1——阀前压力；

P_2——阀后压力；

A——平衡阀接管截面面积；

ρ——流体的密度。

由式(4-1)可以看出,当 A 一定(即对某一型号的平衡阀),阀前后压降 $\Delta P = P_1 - P_2$ 不变时,流量 G 仅随平衡阀阻力系数 ξ 而变化, ξ 增大(阀门关小时), G 减小;反之, ξ 减小(阀门开大时), G 增大。平衡阀就是以改变阀芯的行程来改变阀门的阻力系数,达到调节流量的目的。平衡阀外形如图4-8所示。

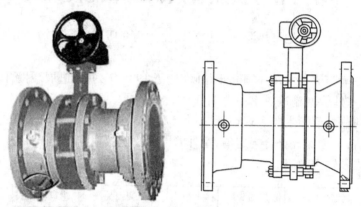

图4-8　平衡阀外形示意图

平衡阀与普通阀门的不同之处在于有开度指示、开度锁定装置及阀体上有两个测压小阀。在管网平衡调试时,用软管将被调试的平衡阀测压小阀与专用智能仪表连接,仪表能显示出流经阀门的流量值及压降值,经仪表的人机对话向仪表输入该平衡阀处要求的流量值后,仪表经计算分析,可显示出管路系统达到水力平衡时该阀门的开度值。

2. 平衡阀的特性

平衡阀具有直线形流量特性,清晰、精确的阀门开度指示,设有开度锁定装置。如果管网环路需要检修,仍可关闭平衡阀,待修复后开启阀门,但只能开启至开度达到原设定位置止。平衡阀的阀体上有两个测压小孔,在管网平衡调试时,用软管与专用智能仪表相连,由仪表显示出流量值及计算出该阀门在设计流量时的开度值。平衡阀耐压1.6 MPa,介质允许的温度范围为3~130 ℃。局部阻力系数是计算局部压力损失的一个重要参数,根据平衡阀实测流量计算出其全开时的局部阻力系数。

3. 平衡阀安装位置

管网系统中所有需要保证设计流量的环路中都应安装平衡阀,每一环路中只需安设一个平衡阀(或安设于供水管路,或安设于回水管路),可代替环路中一个截止阀(或闸阀)。

热电站或集中锅炉房向若干热力站供热水,为使各热力站获得要求的水量,宜在各热力站的一次环路侧回水管上安装平衡阀。为保证各二次环路水量为设计流量,热力站的各二次环路侧也宜安设平衡阀。

小区供热管网往往由一个锅炉房(或热力站)向若干栋建筑供热,由总管、若干条干管以及干管上与建筑入口相连的支管组成。由于每栋建筑距热源远近不同,一般又无有效设备来消除近环路剩余压头,使得流量分配不符合设计要求,近端过热,远端过冷。建议在每条干管及每栋建筑的入口处安装平衡阀,以保证小区中各干管及各栋建筑间流量的平衡,如图4-9所示。

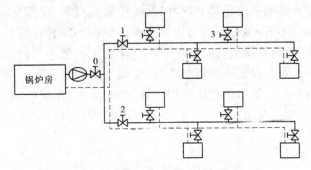

0—总管平衡阀;1、2—干管平衡阀;3—支管平衡阀

图4-9　小区供热管网系统平衡图

4.平衡阀选型原则

平衡阀是用于消除环路剩余压头、限定环路水流量的。为了合理地选择平衡阀的型号,在设计水系统时,仍要进行管网水力计算及环网平衡计算,按管径选取平衡阀的口径(型号);对于旧系统改造,由于资料不全并为方便施工安装,可按管径尺寸配用同样口径的平衡阀,直接以平衡阀取代原有的截止阀或闸阀,但需要作压降校核计算,以避免原有管径过于富裕使流经平衡阀时产生的压降过小,引起调试时由于压降过小而造成较大的误差。

5.专用智能仪表

专用智能仪表是平衡阀的配套仪表。仪表由两部分构成,即差压变送器和仪表主机。差压变送器选用体积小、精度高、反应快的半导体差压传感器,并配以联通阀和测压软管;仪表主机由微机芯片、A/D变换、电源、显示等部分组成。差压变送器和仪表主机之间用连接导线连接。平衡阀及其专用智能仪表外形如图4-10所示。

图4-10　平衡阀及其专用智能仪表外形

二、热网的保温

(一)保温厚度的确定

供热管道保温厚度应按现行国家标准《设备及管道绝热设计》(GB/T 8175—2008)中的计算公式确定。标准明确规定:为减少保温结构散热损失,保温材料层厚度应按"经济厚度"的方法计算。经济厚度是指在考虑管道保温结构的基建投资和管道散热损失的年运行费用两者因素后,折算得出在一定年限内其年费用为最小值时的保温厚度。年总费用是保温结构年总投资与保温年运行费之和,保温层厚度增加时,年热损失费用减少,但保温结构的总投资分摊到每年的费用则相应地增加;反之,保温层减薄,年热损失费用增大,保温结构总投资分摊费用减少。年总费用最小时所对应的最佳保温层厚度即为经济厚度,如图4-11所示。

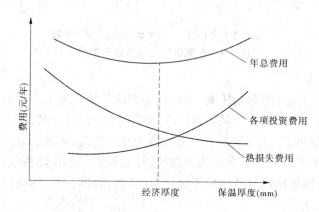

图4-11　保温管道年总费用与热损失、各项投资费用关系曲线简图

在《民用建筑节能设计标准(采暖居住建筑部分)》(JGJ 26—2010)、《公共建筑节能设计标准》(GB 50189—2005)中均对供热管道的保温厚度作了规定。推荐采用岩棉或矿棉管壳、玻璃棉管壳及聚氨酯硬质泡沫塑料保温管(直埋管)等三种保温管壳,均有较好的保温性能。敷设在室外和管沟内的保温管均应切实做好防水防潮层,避免因受潮增加散热损失,并在设计时要考虑管道保温厚度随管网供热面积增大而增加厚度等情况。

(二)管网保温效率分析

供热管网保温效率是供热管网输送过程中保温程度的指标,体现了保温结构的效果,理论上采用导热系数小的保温材料和增加厚度均可提高供热管网保温效率,但是由于前面提到的经济原因,并不是一味地增加厚度就是最好,应在年总费用的前提下考虑提高保温效率。

在相同保温结构时,供热管网保温效率还与供热管网的敷设方式有关。架空敷设方式的管道直接暴露在大气中,保温管道的热损失较大,管网保温效率较低,而采用地下敷设,尤其是直埋敷设方式,保温管道的热损失小,管网保温效率高。

管道经济保温厚度是从控制单位管长热损失角度而制定的,但在供热量一定的前提下,随着管道长度增加,管网总热损失也将增加。从合理利用能源和保证距热源最远点的供热质量来说,除应控制单位管长热损失外,还应控制管网输送时的总热损失,使输送效率提高到规定的水平。

三、热水供暖系统运行调节

供热系统的运行调节通常包括以下几种形式:

质调节——供热管网循环流量不变,改变热水管路供水温度;

量调节——供热管网供水温度不变,改变热水管路循环流量;

分阶段改变流量的质调节——在供暖期中按室外温度高低分成几个阶段,每个阶段供热管网循环流量不变,改变热水管路供水温度;

间歇调节——改变每天供暖小时数。

(一)质调节

集中质调节只需在热源处改变系统供水温度,运行管理简便,管网循环水量保持不变,因此热用户的循环水量保持不变,所以管网水力工况稳定。对于热电厂热水供热系统,由于管网供水温度随室外温度升高而降低,可以充分利用汽轮机的低压抽气,从而有利于提高热电厂的经济效益。但其本身也存在一定的不足之处,由于整个供暖期中的管网循环水量长期保持不变,所以消耗电能较多。同时,在室外温度较高时,如仍按质调节进行供热,往往难以满足所有用户的用热需求。

(二)量调节

供热管网进行供热量调节时,保持供水温度不变,在热源处随室外温度的变化改变管网循环水量的调节方式就是量调节。热源的集中量调节是根据室外气温变化调节供水流量,以满足用户对室温的要求。但这种调节方式由于系统水力工况发生变化,在实际运行中并不能对所供热的各个建筑物等比例进行流量变化,又由于流量减少降低回水温度,容易出现水力失调。因此,该调节方式应用较少。

(三)分阶段改变流量的质调节

分阶段改变流量的质调节需要在供暖期中按室外温度高低分成几个阶段,在室外温度较低的阶段保持较大的流量,而在室外温度较高的阶段保持较小的流量,在每一阶段内管网的循环水量总保持不变,按改变管网供水温度的质调节进行供热调节。这种调节方法是质调节和量调节的结合,分别吸收了两种调节方法的优点,又克服了两者的不足,因此该调节方式目前应用较普遍。

分阶段改变流量的质调节可以这样进行分析:

(1)可在整个供暖期分为 $\overline{G}=100\%$ 和 $\overline{G}=75\%$ 两个阶段改变循环流量,则理论上对应的循环水泵扬程 $\overline{h}_p$ 和运行电耗 $\overline{n}$ 见表4-2。

(2)如果分三个阶段,即 $\overline{G}=100\%$、$\overline{G}=80\%$ 和 $\overline{G}=60\%$ 改变循环流量,则此时理论上对应的循环水泵扬程和循环水泵电耗如表4-2所示。

表 4-2　热网调节流量 – 水泵扬程 – 运行电耗关系

流量 $\overline{G}$	水泵扬程 $\overline{h}_p$	运行电耗 $\overline{n}$
100%	100%	100%
80%	64%	51%
75%	56%	42%
60%	36%	22%

　　分阶段改变流量系统实际常用的方法是靠多台水泵并联组合来实现的。通过上面的分析可以看出,分阶段改变流量的质调节对于系统节能有着很大的优势,但究竟应该在何时改变流量,还应对系统负荷特性和经济性进行分析后得出科学的结论,不应一概而论。即对分阶段改变流量的质调节进行优化分析,进一步确定分阶段改变流量时的相应热负荷 Q(即应何时开始进行分阶段)以及采用多大的相对流量比 φ 值来制定供热调节曲线,从而使整个供暖期间的循环水泵的电能消耗为最小值。同时,还应满足使用要求,避免流量改变引起的供热系统的热力失调。

(四)间歇调节

　　在室外温度较高的供暖初期和末期,不改变供热管网的循环水量和供水温度,只减少每天供暖小时数,这种供热调节方式称为间歇调节。这种调节方式是锅炉房为热源的供热系统供暖初期和末期的一种辅助调节措施。

　　需要指出的是,间歇调节和目前国内广泛实行的现行间歇供暖制度有着根本的区别。间歇调节运行只是在供暖过程中减少系统供热量的一种方法,实质还是连续供暖范畴;而间歇采暖是指在室外温度达到采暖设计温度时,采用缩短供暖时间的方法。

　　在维持室内平均条件相同的前提下,间歇供暖与连续供暖的总耗热量是相同的,但耗煤量却不相等,因为间歇供暖时,锅炉在升温过程中,效率明显降低,因而间歇运行要比连续运行的效率低,另外间歇供暖还可能增加耗煤量。

四、热水循环水泵的耗电输热比

　　耗电输热比 HER 是指设计条件下输送单位热量的耗电量值。

　　供热管网循环水泵的耗电输热比应满足下列要求:

$$EHR = \frac{\varepsilon}{\sum Q} = \frac{tN}{24qA} \leqslant \frac{0.005\,6(14 + \alpha \sum L)}{\Delta t} \tag{4-2}$$

式中　　HER——耗电输热比;

　　　　$\sum Q$——全日系统供热量,kW·h;

　　　　ε——全日理论水泵输送耗电量,kW·h;

　　　　t——全日水泵运行时数,连续运行时 $t = 24$ h;

　　　　q——采暖设计热负荷指标,kW/m²;

　　　　A——系统的供热面积,m²;

Δt——设计供回水温差,对于一次网,$\Delta t = 45 \sim 50$ ℃,对于二次网,$\Delta t = 25$ ℃;

$\sum L$——室外管网主干线(包括供回水管)总长度,m。

α 的取值:当 $\sum L \leqslant 500$ m 时,$\alpha = 0.011\ 5$;当 500 m $< \sum L < 1\ 000$ m 时,$\alpha = 0.009\ 2$;当 $\sum L \geqslant 1\ 000$ m,$\alpha = 0.006\ 9$。

一次网和二次网按式(4-2)计算所得的 HER 值见表4-3。

表4-3 HER 计算值

管网主干线总长度	设计供回水温差 Δt(℃)		
$\sum L$(m)	50	15	25
1 000	0.002 5	0.002 8	0.005 0
2 000	0.003 1	0.003 45	0.006 2
3 000	0.003 9	0.004 3	0.007 8
4 000	0.004 7	0.005 2	0.009 3

五、热网管路热耗分析

图 4-12 为某城市实测数据的基础上研究分析给出的供热管网在各供热环节的热损失图。从图中可以看出,供热规模越大,供热环节越多,供热能耗和损失越大。分散采暖的能耗仅以建筑能耗为主,区域集中供热的能耗则有建筑耗热、不均匀热损失和室外管网热损失组成,而城市集中供热还包括高温热力管网损失。因此,集中供热应充分重视管网损失和不均匀损失。根据图 4-12 的数据,对于城市集中供热,建筑能耗占供热能耗的 66%,各项损失占 34%。如果仅改善了建筑围护结构保温水平,而管网保温和调节得不到相应的改善,不均匀热损失和各种管网损失就显得越来越突出,所占能耗比例将增大。因此,对于集中供热,必须减少管网热损失和不均匀热损失,提高供热管网的输送效率,达到节能指标。

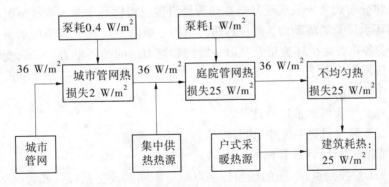

图 4-12 供热管网在各供热环节的热损失

六、分布式变频供热技术

（一）概述

供热系统循环水泵传统的设计方法是根据最不利用户选择热网循环水泵,并设置在热源处,用于克服热源、热网和热用户系统阻力。

（二）分布式变频泵供热系统

1. 分布式变频泵供热系统基本原理

分布式变频泵供热系统的基本原理是利用分布在用户端的循环泵取代用户端的调节阀,由原来在调节阀上消耗多余的资用压头改为用分布式变频泵提供必要的资用压头。在分布式变频泵供热系统中,热源循环泵只承担热源内部的循环动力。典型的分布式变频泵供热系统流程见图4-13。热源循环泵扬程只克服热源内部的阻力,流量为供扬程的计算要在整个供热系统水力计算的基础上进行,流量按该热力站一级侧的设计流量选取。二级循环泵的扬程、流量按用户的阻力及设计流量选取。气候补偿器根据采集的室内外温度、二级管网供回水温度通过变频控制柜控制一级循环泵的转速。

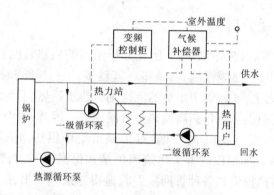

图4-13　分布式变频泵供热系统流程

2. 分布式变频泵的做法

集中供热分布式变频泵系统是指在热源处设置一级循环水泵,该水泵的扬程仅负责锅炉房内循环水量及循环动力,而在各热力站的一级网上设置二级循环水泵分布式变频泵,该泵负责各热力站循环流量及克服一级网和热力站的循环阻力。二级变频泵可安装在热力站一级网供水管上,也可安装在一级网回水管上。图4-14为分布式变频水泵系统在热力站中应用的示意图。

3. 分布式变频泵供热系统的设计

在分布式变频泵供热系统中,设计时应按以下步骤进行:

（1）管网系统设计,计算管网的阻力。

（2）选择压差控制点,不同的压差控制点对应不同的设备初投资和管网运行费用,应按技术经济分析进行选择。

（3）选择主循环泵,主循环泵的选择考虑两方面:①流量要求,应能提供管网的全部循环流量;②扬程要求,应满足热源到压差控制点间的管网阻力要求。

（4）分布式变频泵的选择。分布式变频泵负责各热力站循环流量及克服一级网和热

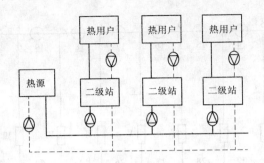

图 4-14　换热站一级网分布式变频水泵安装示意图

力站的循环阻力,因此分布式变频泵选择主要考虑满足该分支用户的阻力和流量。

4.分布式变频供热系统形式

根据热网中变频泵设置的位置不同,分布式变频泵供热系统分为以下六种形式,热用户变频加压泵供热系统,沿途供、回水变频加压泵供热系统,沿途供水变频加压泵供热系统,沿途供、回水变频加压泵与用户变频加压泵相结合的系统,沿途加压泵、热用户混水变频加压泵供热系统,沿途加压泵、热用户混水加压泵供热系统,如图4-15～图4-20所示。

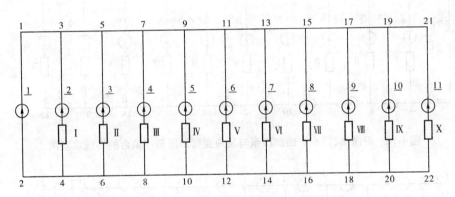

图 4-15　热用户变频加压泵供热系统示意图

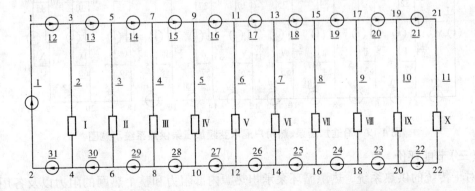

图 4-16　沿途供、回水变频加压泵供热系统示意图

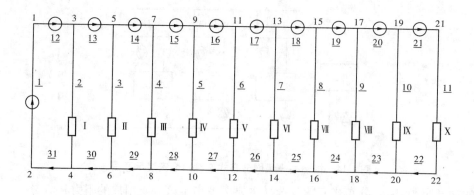

图 4-17　沿途供水变频加压泵供热系统示意图

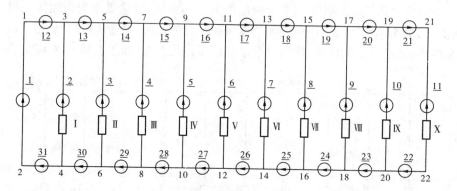

图 4-18　沿途供、回水变频加压泵与用户变频加压泵相结合的系统示意图

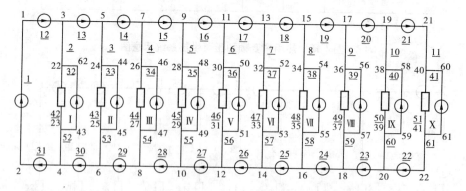

图 4-19　沿途加压泵、热用户混水变频加压泵供热系统示意图

（三）节能评价

对于传统的供热系统，热源循环泵承担热源内部阻力和整个热网的阻力以及各用户的资用压头。选择热源循环泵的设计条件一般是满足热网最远端用户的资用压头，除最远端用户外，大多数近端用户都采用调节阀消耗多余的资用压头。传统供热系统的水压图见图 4-21。图中 Δh_1、Δh_2、Δh_3 分别为用户 1、用户 2、用户 3 采用调节阀消耗的多余资

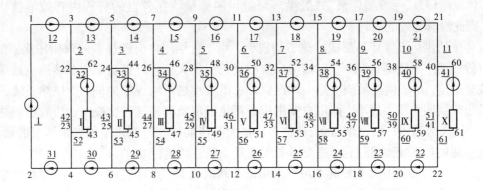

图 4-20　沿途加压泵、热用户混水加压泵供热系统示意图

用压头。分布式变频泵供热系统的水压图见图 4-22。

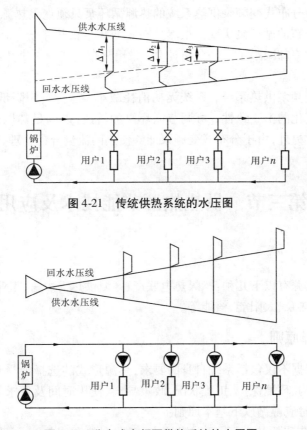

图 4-21　传统供热系统的水压图

图 4-22　分布式变频泵供热系统的水压图

比较图 4-21、图 4-22 可知，传统供热系统的循环泵根据最远、最不利用户选择，并设置在热源处，克服热源、热网和用户系统阻力。这种传统设计，在供热系统的近端用户形成了过多的资用压头。为了降低近端用户流量，必须设置调节阀，将多余的资用压头消耗掉。因此，传统供热系统中的无效电耗是相当可观的。采用分布式变频泵供热系统，热源循环泵、一级循环泵、二级循环泵提供的能量均在各自的行程内有效地被消耗掉，因此没有无效的电耗。

传统的供热系统还易形成冷热不均现象。由于近端用户出现过多的资用压头，在缺乏有效的调节手段的情况下，近端用户很难避免流量大于设计流量，这必然造成远端用户流量不足，形成供热系统冷热不均现象。在出现冷热不均现象的同时，供热系统的远端易出现供回水压差过小，即用户资用压头不足的现象。在这种情况下，为改善供热效果，须提高远端用户的资用压头，往往采用加大循环泵和(或)在末端增设加压泵的做法，但这易使供热系统流量超标，进而形成大流量小温差的运行方式。

传统供热系统中大多数近端用户采用调节阀消耗了多余的资用压头，热源循环泵提供的部分动力实际上被无功消耗。分布式变频泵供热系统采用分段接力循环的方式共同实现了供热介质的输送。虽然两种供热系统的一、二级管网阻力相等，但这两种方式循环泵所需的功率却不同。传统供热系统由于循环泵设置在热源处，提供的动力是按热网最大流量设计的。分布式变频泵供热系统的热源循环泵只须克服热源内部阻力，克服外网阻力依靠沿途分布的循环泵实现。虽然分布式变频泵供热系统采用了较多的循环泵，但各个循环泵的功率却减小了。经分析计算，采用分布式变频泵供热系统可节电 30% ~ 40%。

采用分布式变频泵供热系统，系统无功消耗减小，运行费用降低。在部分负荷时，由于各用户负荷变化的不一致性，可调节循环泵的转速，以满足热网运行需求，基本无阀门的节流损失。另外，由于分布式变频泵能够使热网流量分配合理，从而节约煤耗也是相当可观的。

第三节　供热热源节能技术及应用

一、供热热源

集中供热的热源有以下几种：燃煤热电联产、区域供热锅炉房、工业与城市余热、燃气机热电联产、地热热泵、太阳能、核能等。

二、热源选择原则

热源的选择依据不仅包括系统自身的要求，热源形式的选择会受到工程所在地区的能源价格、能源结构、环境保护、工程状况、政策导向、使用时间及要求等多种因素影响和制约，在选择论证时应遵循以下基本原则：

(1)热源应优先采用热电厂、区域锅炉房、工业余热和废热为主要热源，在城市集中供热范围内时，应优先采用城市热网提供的热源。

(2)有条件时宜采用冷、热、电联供系统。

(3)集中锅炉房的供热规模应根据燃料确定，采用燃气时供热规模不宜过大，采用燃煤时供热规模不宜过小。

(4)有燃气供应时，尤其是在实行分季计价、价格低廉的地区，可采用锅炉供热。

（5）具备多种能源的大型建筑可采用复合能源供热、供冷。

（6）夏热冬冷的地区、干燥缺水地区的中、小型建筑，可采用空气源热泵或地下埋管式地源热泵机组供热、供冷。

（7）当有天然水、江、河、湖、海和污水等资源可利用时，可采用水源热泵机组供热（冷）。

（8）在峰谷电价差较大的地区，利用低谷电价时段蓄热（冷）时显著经济效益时，可采用蓄热（冷）系统供热（冷）。

（9）有条件时应积极利用可再生能源，如太阳能、地热能等。

三、燃煤锅炉的运行节能

采取集中供热本身就是节能的一项重要措施。但是集中供热系统中仍存在如何节能增效的问题。目前，集中供热系统中是将一次能源在锅炉中转换为热能，热源站房是燃料直接消耗的场所，因此热源的节能在集中供热系统中占有极其重要的地位。

动力设备运行时的实际运行负荷 Q 与额定负荷 Q_0 之比，称为设备的负荷率 g。动力设备的负荷率－效率特性是设备的固有特性。根据动力设备的负荷率－效率特性，合理安排动力设备的运行，获得较高的平均运行效率，是动力设备运行节能的关键。

燃煤热水锅炉的效率与锅炉运行时的负荷率关系见图 4-23。由图 4-23 可知：①锅炉存在一个高效率区，一般情况下，$70\% \leqslant g \leqslant 100\%$ 为锅炉的高效率区。②锅炉存在允许运行负荷区和不允许运行负荷区。一般情况下，$60\% \leqslant g < 70\%$、$100\% < g \leqslant 105\%$ 为锅炉的允许运行负荷区。燃煤锅炉房在锅炉运行时，存在一个经济负荷区（见图 4-24），在这个区域内，单位供热量运行费用较低。锅炉房同时存在一个单位供热量运行费用允许运行负荷区和不允许运行负荷区。一般情况下，锅炉经济运行三个区的分界负荷率可以与锅炉高效率区分界负荷率取相同数值。

热水采暖系统的锅炉房要根据室外温度的变化调整供热量。节能运行的方法就是对锅炉的运行台数进行合理组合，使每台锅炉在经济负荷区运行。在室外温度较低时，应保证锅炉连续运行在经济负荷区。在采暖初、末期，如果采用连续运行的方式，将使锅炉负荷率偏低，使锅炉处于不允许运行负荷区。因此，在室外温度高于某一值后，要提高运行锅炉的负荷率，须将全天的供热量集中在某一段时间内运行（见图 4-25、图 4-26）。

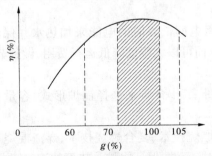

图 4-23　锅炉负荷率与锅炉效率关系

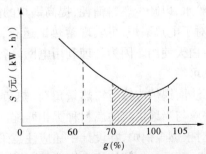

图 4-24　锅炉负荷率与单位供热量运行费用关系

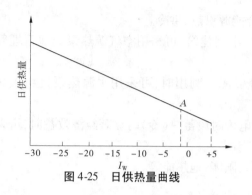

图 4-25　日供热量曲线

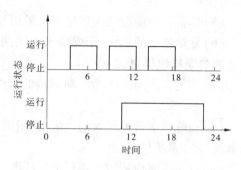

图 4-26　供热负荷较低时锅炉运行方式

此外,热源部分节能途径有:提高燃烧效率,增加热量回收,力争将采暖期锅炉平均运行效率达到 0.7;热源装机容量应与采暖计算热负荷相符;提高生产(或热力站)运行管理水平,提高运行量化管理。

减小锅炉的各项热损失,减少燃料消耗量,尽力提高可利用的有效热量,是提高锅炉能效的有效途径。充分利用锅炉自身产生的各种余热是提高锅炉能效的重要措施,余热的利用主要包括以下三个方面。

(一)燃料及炉膛的余热利用

从系统上考虑,为了避免锅炉在不稳定工况下以低效率运行,可以适当控制锅炉的停烧时间,充分利用燃料及炉膛的余热。当作为锅炉负荷的是高压高温与低压低温负荷混合一起时(譬如,工厂的生产工艺用热与采暖用热等),靠调节运行时间、充分利用余热是可行的。

(二)排污水的余热利用

对于蒸汽锅炉来说,在运行当中必须保持相当的排污量才能保证锅水品质和蒸汽质量。但这时锅炉所排出的是高温高压的锅水,含有从燃料中吸收的大量热量,如能将排污中的热量最大限度地回收利用,无疑是"废热"利用,这是一个能提高锅炉热量利用率、降低燃料成本、提高锅炉运行经济性的有效措施。

(三)烟气的余热利用

影响排烟热损失的主要原因是排烟温度和排烟容积。排烟温度越高,排烟热损失越大,为了减少排烟热损失,可以在排烟管路上设置烟气余热回收装置,利用烟气余热加热锅炉给水,以减少燃料消耗,提高锅炉的能效。

对于电热锅炉,可实现蓄热试运行,利用它将电网低谷时的电能来加热水并保温贮存,供白天使用。因为合理利用电网峰谷差价,从而可以大幅度降低运行费用,做到节能、安全、可靠。

此外,锅炉应按所需热量负荷、热负荷延续图、工作介质来选择锅炉形式、容量和台数,并应与当地供应的燃料种类相匹配。

对于燃煤锅炉,在设计中还应注意采用分层燃烧技术、复合燃烧技术、煤渣混烧等燃烧技术,并通过加装热管省煤器、改善锅炉系统的严密性、保证锅炉受热面的清洁,防止锅炉结垢、大中型锅炉采用计算机控制燃烧过程等措施提高锅炉效率。最后在锅炉房设置耗用燃料的计量装置和输出热量的计量装置,对燃烧系统、鼓风机和引风机、循环水泵等设备的运行采用节能调节技术,也是很有效的节能办法。

第四节　分户计量节能技术

分户计量的目的在于推进城镇供热体制改革,在保证供热质量、改革收费制度的同时,实现节能降耗。室温调控等节能控制技术是热计量的重要前提条件,也是体现热计量节能效果的基本手段。《中华人民共和国节约能源法》第三十八条规定:国家采取措施,对实行集中供热的建筑分步骤实行供热分户计量、按照用热量收费的制度。新建建筑或者对既有建筑进行节能改造,应当按照规定安装用热计量装置、室内温度调控装置和供热系统调控装置。

一、热计量方法

分户热计量从计量结算的角度来看分为两种方法:一种是采用楼栋热量表进行楼栋计量再按户分摊,另一种是采用户用热量表按户计量直接结算。

目前,按户分摊的方法有四种,即户用热量表法、热分配表分摊法、温度法、通断时间面积法。

(一)户用热量表法

户用热量表法是通过安装在每户的户用热量表进行用户热分摊的方式,需对入户系统的流量及供、回水温度进行测量,采用的仪表为热量表。要求每户的供暖系统单独形成一个环路。该方法的特点是:原理上准确,但价格较贵,安装复杂,并且在小温差时计量误差较大。采用户表作为分摊依据时,楼栋或者热力站需要确定一个热量结算点,由户表分摊总热量值。该方式与户用热量表直接计量结算的做法是不同的。采用户表直接结算的方式时,结算点确定在每户供暖系统上,设在楼栋或者热力站的热量表不可再作结算之用;如果公共区域有独立供暖系统,应考虑这部分热量由谁承担的问题。

(二)热分配表分摊法

热分配表分摊法是通过安装在每组散热器上的散热器热分配计(简称热分配计)进行用户热分摊的。通过散热器平均温度与室内温度差值的函数关系来确定散热器的散热量。该方法采用的仪表为热量分配表,常用的有蒸发式和电子式两种。

该方法是在集中供热系统中以一栋楼或一个单元作为一个热计量单位,在其热力入口处安装一块热量表,热用户的每组散热器上安装一块热分配表,就组成热量计量系统。热量表计量一栋楼或一个单元所有热用户的消耗总热量,热分配表测量每个热用户每组散热器散发热量的比例。每个采暖季节开始时,记录每块热分配表的初始数值;采暖季节结束后,记录每块热分配表的终数值。

该方法特点是:计量方便,价格低,如采用电子式热分配表进行传送后可在户外读值,且对原供暖系统改动小。

(三)温度法

温度法是在热力入口安装总热量表,用测量每户室内温度的方法来分摊确定收费,因此相同室温和相同面积的热用户应交相同的热费,体现了舒适条件相同的情况下,相同面积的用户交相同热费的原则。解决了房间位置不同耗热量不同及户间传热的计量问题。

温度法采暖热计量分配系统是利用测量的每户的室内温度作为基数,来对每栋建筑的总供热量进行分摊的。温度法采暖热计量分配系统如图 4-27 所示。

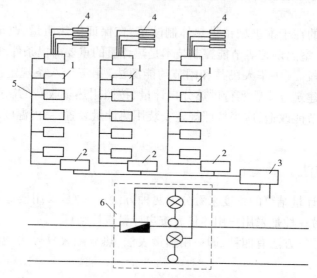

1—采集器;2—热量采集显示器;3—热量计算分配器;4—温度传感器;5—通信线路;6—热量表

图 4-27　温度法采暖热计量分配系统

采集器采集的室内温度经通信线路送到热量采集显示器。热量采集显示器接收来自采集器的信号,并将采集器送来的用户室温送至热量计算分配器。热量计算分配器接收采集显示器、热量表送来的信号后,按照规定的程序将热量进行分摊,分摊后的热量送至热量采集显示器和上一级(社区)通信系统。采集显示器接收来自热量计算分配器的信号,将每户分摊的热量(当量热量)进行显示。

(四)通断时间面积法

通断时间面积法是通过温控装置控制安装在每户供暖系统入口支管上的电动通断阀门,根据阀门的接通时间与每户的建筑面积进行用户热分摊的方式。

其实现原理是将热计量系统中的关键要素——"温度"和"流量"的关系转化为"用热时间"引入到热分摊技术中。通过控制室内温度和流量,结合用户的采暖时间和住房面积,利用热介质的温差及供热系统中流量比例相对稳定的条件,在满足室温舒适度的前提下,以通水时间为依据,对楼栋计量表的总热量值进行按户分摊。通断时间面积法热计量系统主要由楼宇总表、室温控制器、流量控制器、集中器、水力平衡阀、远程抄表管理系统等组成。

二、热计量仪表

目前,分户热计量所涉及的专用仪表主要有热量表和热分配表,其他的计量方法所需要的仪表大多是常规的仪表或是稍有改进的仪表。

(一)热量表

热量表由流量、温度传感器和积算器组成。仪表安装在系统的供水管上,并将温度传感器分别装在供、回水管路上。按积算器是否和流量在一起有一体和分体的区别(见图4-28)。热量表实质上是一台热水热量积算仪,热水供暖系统的小时供热量可由式(4-3)计算:

$$Q = M(i_g - i_h) = \rho V(i_g - i_h) \tag{4-3}$$

式中　Q——供热量,W;

i_g、i_h——供水和回水的焓,J/kg;

M——水的质量流量,kg/s;

ρ——水的密度,kg/m^3;

V——水的体积流量,m^3/s。

(a) 一体式户用热量表

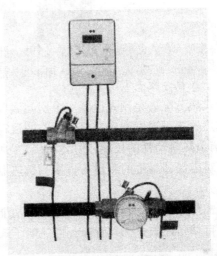
(b) 分体式户用热量表

图 4-28　热量表

(二) 热分配表

热分配表不属于直接计量式仪表,它必须配合热量表使用。特点是能够将热量表所计量的总热量分配到每个用户的各个房间。按照测量原理不同,热量分配表分为蒸发式和电子式两种。使用热分配表应注意安装位置和对应的散热器系数。

1. 蒸发式热分配表

蒸发式热分配表由一个石英玻璃管、刻度尺、导热板及外壳构成。石英玻璃管内装有蒸发液体,导热板固定在散热器上,盛有测量液体的玻璃管则放在密封容器内,比例尺刻在容器表面显示。蒸发式热分配表紧贴散热器安装,导热板将热量传递到液体管中,由于散热器持续散热,管中的液体会逐渐蒸发而减少,液面下降。沿着液体管标有刻度,可以读出蒸发量。当然液体蒸发量与散热量有关,所以只要在每户的全部散热器上安装热量分配表,每年在采暖期后进行一次年检(读数及更换新的计量管),获得该户热量分配表刻度值和总蒸发量),即可根据供热入口处的热表读值与各户分配表读值推算出各户耗热量。蒸发式热分配表如图4-29(a)所示。

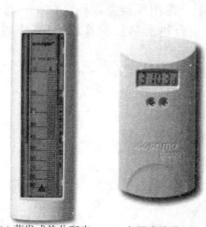

(a) 蒸发式热分配表　　　(b) 电子式热分配表

图 4-29　热分配表

2. 电子式热分配表

电子式热分配表是预先设置一个房间温度并固定在电子元件中,用传感器来测量安装点的散热器表面温度和房间温度之差的逐时值,也就是所谓的过热温度,再计量累计时间,得出衡量热量消耗的尺度,然后测量装置通过 A/D 转换器数字化,最后由计算单元得到结果。对散热器温度的测量有直接测散热器表面温度或将温度元件装在散热器供回水管路的区分。

电子式热分配表设有存储和液晶显示功能,可以带无线电信号输出,实现远程抄表,对将来的自动化控制系统具有兼容性。电子式热分配表如图 4-29(b)所示。

三、分户计量系统的形式

目前,我国满足分户计量的系统方案主要有以下三种(见图 4-30)。

(一)垂直单管加旁通管系统

我国的住宅形式目前基本上都是公寓式,已建成的建筑室内采暖系统主要是垂直单管串联系统,单管系统无法实现用户自行调节室内温度,目前改造的方法是将其做成单管加旁通跨越管的新单管系统。旁通管的管径通常比主管管径小一挡,与散热并联,在散热器一侧安装适用于单管系统的两通散热器恒温阀或是直接安装三通的散热器恒温阀。

新单管系统使用的散热器恒温阀要求流通能力大,不需要预设功能。两通形式的散热器恒温阀安装改造比三通形式要容易得多,价格也相对便宜。这种系统解决了垂直失调问题,并且室内温度可调节。

新单管系统的最基本单元由一组散热器、供回水管和旁通跨越远管组成,其水流分配、阻力情况、热力工况与原来的旧系统有很大的不同。特别是当其中的某些散热器恒温阀进行调节的时候,对立管流量、阻力会产生较大变化,目前较普遍的结论是采用在主管上安装自力式定流量阀。

(二)垂直双管系统

垂直双管系统的特点是具有良好的调节稳定性,供回水温差大,流量对散热的影响较大,温度容易控制,既有建筑供暖改造工作量较单管小,恒温阀需要预设定。

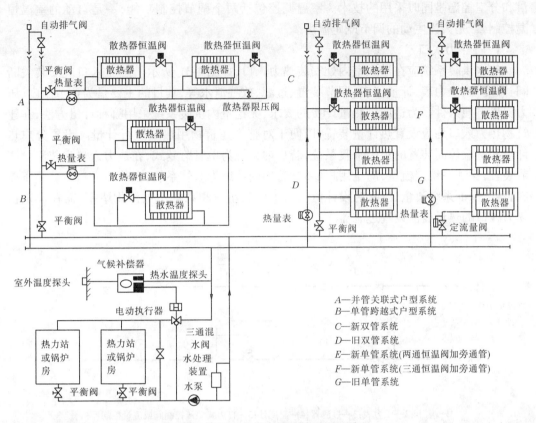

图 4-30 适合分户计量的采暖系统

双管系统温度控制技术在国外应用较为普遍,技术成熟,但是我国的采暖系统的阻力、压降、流速与国外的有很大差别。进口的散热器恒温阀、热表等设备的流通能力较小,必须考虑其压力损失,以免供热不足;一些试点在大规模的供热小区里改造几个单元为双管系统,造成新旧系统混供的局面,改造的新系统阻力高,以致流量不够,满足不了室温要求,温控也较难,故推广使用时还应加大研究分析工作。

(三)单户供暖系统

单户供暖系统彻底改变了传统的住宅采暖系统,在管道井内安装热量计和控制装置,各用户单独安装供暖管道系统,即在每个单元的楼梯间安装供暖的供回水主管,从供回水主管上引出各层每户的支管,主管采用垂直双管并联系统,水平支管采用单管串联或双管并联系统。温控方式采用散热器温控阀或是集中温控。

单户采暖系统可采用水平管道贴墙角铺设的方法,也可采用章鱼法地下敷设管道的方式。这种方法应用于新建建筑时,需要与建筑结构、装修专业配合,着重解决户内水平支管的走向,过门、排气等问题,同时需要解决好水力平衡问题,散热器造型计算问题等。

四、分室控温技术

分室控温技术控制室内温度是有效利用免费热量和行为节能的更加有效的节能措施,并且可以提高室内空气质量。因此,在供暖系统中比热计量更重要,一般说来分户计量和分室控温是同时采用的技术。室温调控包括两个调节控制功能,一是自动的室温恒温控制,二是人为主动的调节既定温度。

（一）热力入口

热水供暖系统应在进入室内处安装热力入口,如图 4-31 所示。热力入口应安装关断阀、温度计、压力表、计量仪表、调节装置、过滤、放气泄水等,其目的主要是为调节温度、压力提供方便条件。为适应供热量计费的要求,无论室内供暖系统采用哪种计量方法,在建筑物热力入口均应设置热计量装置,以便于对整个建筑物用热量进行计量。设置分户热计量和室温控制装置的集中采暖系统,若户内系统为单管跨越式,在热力入口安装流量调节装置,保证系统定流量,满足用户要求;若户内系统为双管系统,在热力入口安装差压控制装置,保证系统流量、压降为设计值。为了使热量表和系统不被污物堵塞,需在建筑物热力入口的热量表前设置过滤器。

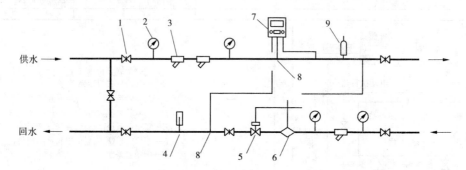

1—阀门 ;2—压力表;3—过滤器;4—温度计;5—自力式差压控制阀或流量控制器;
6—流量传感器;7—积分仪;8—温度测点;9—自动排气阀

图 4-31　建筑物热力入口

（二）散热器恒温控制阀

1.散热器温控阀

散热器恒温控制阀是由恒温控制器、流量调节阀以及一对连接件组成,如图 4-32 所示。恒温控制器的核心部件是传感单元,即温包。温包有内置式和外置式(远程式)两种,温度设定装置也有内置式和远程式两种形式,可以按照其窗口显示来设定所要求的控制温度,并加以控制。温包内充有感温介质,能感应环境温度。感温包根据感温介质不同,通常主要分为:

（1）蒸汽压力式,即利用液体升温蒸发和降温凝结为动力,推动阀门的开度。

（2）液体膨胀式,温包中充满具有较高膨胀系数的液体,常采用甲醇和甲苯、甘油等。依靠液体的热胀冷缩来执行温控。

（3）固体膨胀式,利用石蜡等胶状固体的胀缩作用。当室温升高时,感温介质吸收膨胀,关小阀门开度,减少散热器的水量,降低散热量,以控制室温;当室温降低时,感温介质放热收缩,阀芯被弹推回而使阀门开度加大,增加流经散热器的水量,恢复室温。

温控阀属于比例控制器,即根据室温与恒温阀设定值的偏差,比例地、平稳地打开或关闭阀门。阀门的开度保持在相当于需求负荷位置处,其供水量与室温保持稳定。相对

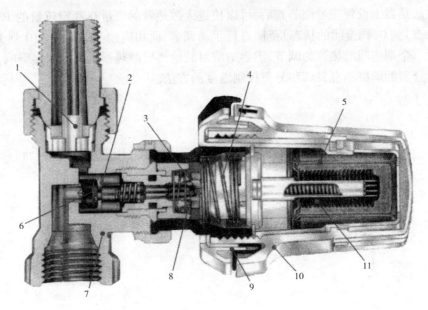

1—节流喷嘴;2—节流套;3—压力销;4—调整弹簧;5—恒温传感器;
6—阀芯;7—阀体;8—O 形密封环;9—限制钮;10—设定标尺;11—波纹管

图 4-32　温控阀构造

于某一设定值时恒温阀从全开到全关位置的室温变化范围,称为恒温阀的比例带,通常比例带为 0.5 ~ 2.0 ℃。恒温阀可以人为调节设定温度。

2.温控阀作用

散热器上安装温控阀可以自行调节室温,同时当室内有"自由热"时,恒温阀能自行调节进水量,保持室温恒定,不仅提高室内舒适度,更重要的是,当室内获得"自由热",又称"免费热",如阳光照射、室内热源——炊事、照明、电器及居民等散发的热量,而使室温有升高趋势时,温控阀会及时减少流经散热器的水量,不仅保持室温合适,同时达到节能目的。温控阀还确保了各房间的室温,避免了立管水量不平衡以及单管系统上下层室温不匀问题。

3.温控阀使用中应注意的问题

温控阀在单管系统中的应用先决条件是必须在每组散热器进出口管间安设跨越管;安装在装饰罩内的温控阀必须采用外置传感器,传感器应设在能正确反映房间温度的位置。

(三)手动三通阀

手动三通调节阀在供暖系统中使用也可达到控温的作用,而且价格低,在经济不允许的情况下也可采用,但控温效果明显不如自动温控阀。

三通调节阀结构上具备水流直通、旁通、部分旁通的特性。直通(阀全开状态)即流量全部进入散热器时,阀的局部阻力系数最小,可减少堵塞;旁通(阀全闭的状态)即流量不进入散热器而从跨越管段旁流时,阀的局部阻力系数大于直通时阀的阻力系数;部分旁通(阀中间状态)时,阀的局部阻力系数值应在上述两者之间,这也是三通阀的调节范围。

在散热器上设置三通调节阀后,可以使进入散热器的流量在额定流量的100%(阀全开的状态)到0(阀全闭的状态)范围进行手动调节,而相应使旁通流量从0到100%范围内变化。个别房间散热器的调节,不会造成对其他楼层散热器工况的间接影响,因此是一种相对合理的解决垂直失调和分室控制温度的方法。

第五章　通风空调节能技术

第一节　通风系统节能技术

一、通风系统的分类

通风系统的类别多种多样,按动力不同分为自然通风系统和机械通风系统。自然通风系统是依靠热压或风压为动力的通风系统;机械通风系统是依靠风机等通风设备提供动力的通风系统,机械通风系统一般由风机、风道、阀门、送排风口组成。按作用范围不同,分为局部通风系统、全面通风系统和事故通风系统,其中局部通风系统又分为局部送风系统和局部排风系统。

二、自然通风系统的节能技术

(一)建筑体形与建筑群的布局和设计

建筑群的布局对自然通风的影响效果很大。单体建筑在考虑得热与防止太阳过度辐射的同时,应该尽量使建筑的法线与夏季主导风向一致。对于建筑群体,若风沿着法线吹向建筑,会在背风面形成很大的旋涡区,对后排建筑的通风不利,所以在建筑设计中要综合考虑这两方面的利弊,根据风向投射角(风向与房屋外墙面法线的夹角)对室内风速的影响来决定合理的建筑间距,同时可以结合建筑群体布局的改变以达到缩小间距的目的。由于前栋建筑对后栋建筑通风的影响,因此在单体设计中还应该结合总体情况对建筑的体形,包括高度、进深、面宽乃至形状等进行一定的控制。

(二)围护结构开口的设计

建筑物开口的优化配置以及开口的尺寸、窗户的形式和开启方式、窗墙面积比等的合理设计,将直接影响着建筑物内部的空气流动以及通风效果。根据测定,当开口宽度为开间宽度的 $1/3 \sim 2/3$、开口大小为地板总面积的 $15\% \sim 25\%$ 时,通风效果最佳。开口的相对位置对气流路线起着决定作用:进风口与出风口相对错开布置,这样可以使气流在室内改变方向,室内气流更均匀,通风效果更好。

(三)注重穿堂风的组织

穿堂风是自然通风中效果最好的方式。所谓穿堂风,是指风从建筑迎风面的进风口吹入室内,穿过房间,从背风面的出风口流出。显然进风口和出风口之间的风压差越大,房屋内部空气流动阻力越小,通风越流畅。但房屋在通风方向的进深不能太大,否则就会通风不畅。

(四)在建筑设计中形成竖井空间

在建筑设计中竖井空间主要形式有纯开放空间和烟囱空间。目前,大量的建筑中设计有中庭,主要是对平面过大的建筑从采光的角度考虑;从通风角度考虑,可利用建筑中庭内的热压形成自然通风。烟囱空间又叫风塔,通常由垂直竖井和几个风口组成。可以采用在房间的排风口末端安装太阳能空气加热器,以对从风塔顶部进入的空气产生抽吸作用,该系统类似于风管供风系统。有的风塔由垂直竖井和风斗组成,在通风不畅的地区,可以利用高出屋面的风斗,把上部的气流引入建筑内部,来加速建筑内部的空气流通。风斗的开口应该朝向主导风向。在主导风向不固定的地区,则可以设计多个朝向的风斗,或者设计成可以随风向转动。

(五)屋顶的自然通风

通风隔热屋面通常有两种方式:在结构层上部设置架空隔热层和在结构层中间设置通风隔热层。在结构层上部设置架空隔热层是把通风层设置在屋面结构层上,利用中间的空气间层带走热量,达到屋面降温的目的,同时架空板还保护了屋面防水层。在结构层中间设置通风隔热层则是利用坡屋顶自身结构。

(六)双层玻璃幕墙围护结构

双层或三层幕墙是当今生态建筑中所普遍采用的一项先进技术,被誉为"会呼吸的皮肤"。它由内、外两道幕墙组成,其通风原理是在两层玻璃幕墙之间留一个空腔,空腔的两端有可以控制的进风口和出风口。冬季,关闭进、出风口,双层玻璃之间形成一个"阳光温室",提高围护结构表面的温度;夏季,打开进、出风口,利用烟囱效应在空腔内部实现自然通风,使玻璃之间的热空气不断地被排走,达到降温的目的。同时,为了更好地实现隔热,通道内一般设置有可调节的深色百叶。

双层玻璃幕墙在保持外形轻盈的同时,加强了围护结构的保温隔热性能和通风换气层的作用,比单层幕墙在采暖时节约42% ~52%能源,在制冷时节约38% ~60%能源。同时很好地解决了高层建筑中过高的风压和热压带来的风速过大造成的紊流不易控制的问题,降低了室内的噪声,也解决了夜间开窗通风的安全问题。

三、机械通风系统的节能技术

从理论上讲,运用自然通风不充分的地方,都可以采用机械通风方式进行弥补,以保证室内的空气质量。机械通风就是利用一台或者多台送、排风机,直接或通过管道系统将室内的污染空气排到室外,并将室外的新鲜空气送到室内。这种通风方法的优点在于能够对封闭的建筑空间进行连续不断的通风,而且通风速率是可以控制的。机械通风还有助于实现预先调节新风的空气品质,回收空气中的热量的目的。其缺点是初投资高,运行耗电,产生噪声,需要日常维护等。机械通风系统的节能技术是在满足生活或生产要求的前提下,采用合理的通风策略和通风方式,尽量减少风机的运行,以达到节能的目的。

(一)多元通风技术

多元通风(Hybrid Ventilation)又称为复合通风、混合模式通风,就是以自然通风和机械通风两种方式的切换或叠加组合来达到最大程度地利用室外气候环境条件、减少能耗、创造居室可以接受的热舒适条件。通风系统是为保证室内空气品质提供新风,还有些需额外为热调节和热舒适送风,而多元通风是通过控制系统实现最低能耗下的换气率和气流形式。设计良好的多元通风可以充分利用自然条件,随室外空气参数和室内负荷的变化而变化,又能与机械装置有效结合,实现最佳的室内空气品质和舒适性,以及最小的能耗。目前,多元通风系统已成功地应用于部分新建筑及既有建筑通风系统改建中,其在能源消耗和使用者满意度方面的优势使得多元通风的应用很有潜力。

(二)工位送风技术

工位送风是指将清洁干燥的空气直接送至人员工作、活动的位置,主要改善人员呼吸区内的空气品质,大部分室内负荷由背景通风承担。工位送风最常见的形式是在开放的办公室、会议室、报告厅、剧场、体育馆等区域内,通过桌面格栅、可移动风口、个人环境送风单元、工作位地板风口、座椅风口等向人员提供清洁空气,并结合地板送风、侧送风等形式承担室内负荷。

(三)夜间通风技术

在一些地区,夏季昼夜温差较大,白天环境温度过高,自然通风不能完全满足室内降温要求,而夜间气温又较低,自然通风则又显得绰绰有余,这种情况下可以考虑采用"夜间通风"的策略。夜间通风是利用蓄热材料作为建筑维护结构来延缓日照等因素对室内温度的影响,白天蓄热材料吸收大量因阳光长时间照射而产生的热量,抑制室温升高,夜间再利用自然通风换热使蓄热材料得到充分冷却,使室内气温波动减小,又保持了第二天蓄热材料的蓄热能力。因此,在夏季夜晚利用室外温度较低的冷空气对蓄热材料进行充分的通风降温,是改善夜间室内温度、发挥蓄热材料潜力的有效手段。

相变材料由于其单位体积贮能密度大、相变过程近似为一等温过程等优点,逐渐取代了普通围护结构,成为蓄热材料的首选。相变材料不仅可以通过提高相变温度加大对夜间环境冷源的利用程度,还可以扩大相变材料的接触面积来增加夜间通风蓄冷的传热面积,因而利用相变材料作为主要蓄热材料的夜间通风效果比采用普通建筑材料的要明显得多。

第二节　空气处理系统的节能技术

一、空气处理系统的类型

此处空气处理系统是指空气调节系统中的空气处理设备及其管路系统,向室内输送处理后的空气,其温度、湿度、洁净度均能满足室内人员舒适度和健康要求,或生产工艺要求。

(一)按空气处理设备的集中程度分类

按空气处理设备的集中程度分类,可以分为集中式系统、半集中式系统和分散式系统。

(1)集中式系统。主要空气处理设备,如风机、过滤器、加热器、冷却器、加湿器、减湿器和制冷机组等,都集中在空调机房内,处理后的空气由风管送到各空调房间里。这种系统处理空气量大,运行可靠,便于管理和维修,但机房占地面积大。

(2)半集中式系统。集中在空调机房的空气处理设备仅处理一部分空气,在分散的各空调房间内还有空气处理设备,对室内空气进行分散处理,诱导系统、风机盘管+独立新风系统就是常见的半集中式空调系统。

（3）分散式系统。空气处理设备全部分散在空调房间内，又称为局部式系统。分散式空调器将室内空气处理设备、室内风机等与冷热源与制冷剂输出系统集中在一个箱体内。

（二）按承担冷热负荷的介质分类

按承担冷热负荷的介质分类，可以分为全空气系统、全水系统、空气－水系统和制冷剂系统。

（1）全空气系统。空调房间的冷热负荷全部由经过处理的空气来承担。

（2）全水系统。空调房间的冷热负荷全部由水作为冷热介质来承担，不能解决房间的通风问题，一般不单独采用。无新风的风机盘管属于全水系统。

（3）空气－水系统。空调房间的冷热负荷由处理后的空气和作为冷热媒的水共同承担。风机盘管＋独立新风系统就是这种系统。

（4）制冷剂系统。空调房间的冷热负荷直接由制冷剂承担，分散式空调器属于制冷剂系统。

（三）按冷却介质的种类分类

按冷却介质的种类分类，可分为直接蒸发式系统和间接冷却式系统。

（1）直接蒸发式系统。制冷剂直接在冷却盘管内蒸发，吸取盘管外空气热量。它适用于空调负荷不大、空调房间比较集中的场合。

（2）间接冷却式系统。制冷剂在专用的蒸发器内蒸发吸热冷却冷冻水，冷冻水由水泵输送到专用的水冷式表面冷却器冷却空气。适用于空调负荷较大、房间分散或者自动控制要求较高的场合。

（四）按处理空气的来源分类

按处理空气的来源分类，可分为直流式系统、封闭式系统和混合式系统。

（1）直流式系统。又称为全新风系统，处理的空气全部为室外新风，送到各房间进行热湿交换后全部排放到室外，没有回风管。这种系统卫生条件好，能耗大，经济性差，用于有有害气体产生的车间、实验室等。

（2）封闭式系统。系统处理的空气全部再循环，不补充新风。系统能耗小，卫生条件差，用于地下建筑、无人库房及潜艇空调等。

（3）混合式系统。处理的空气由回风和新风混合而成，它兼有直流式系统和封闭式系统的优点，应用比较普遍，如宾馆、剧场等场所的空调系统。

二、空气处理系统节能技术

空调系统冷热源制取的冷量、热量通过冷热媒传递至空气处理系统，最终通过空气处理系统与被处理空气进行冷、热交换，空气处理系统的节能对建筑节能有根本性的影响。

（一）蒸发冷却空调节能技术

蒸发冷却空调节能技术利用水作为制冷剂取代传统制冷剂——氟利昂，有助于减少全球范围内的温室气体的排放，减少对大气臭氧层的破坏，并且有效地利用天然能源改善室内空气品质。蒸发冷却空调以其环保、节能及高能效比（COP, Coefficient of Performance)的特性已经被人们所重视,对可持续发展具有重要的现实意义。

蒸发冷却技术即利用不饱和的空气与水接触,利用水蒸发吸热的原理获得低温的冷水或冷风。蒸发冷却有直接蒸发冷却和间接蒸发冷却两种。利用循环水直接喷淋未饱和湿空气形成的增湿、降温等过程称为直接蒸发冷却(DEC,Direct Evaporation Cooling)。而利用 DEC 处理后的空气(二次空气)或水,通过换热器冷却另外一组空气(一次空气),其中一次空气不与水接触,其含湿量不变,这种等湿冷却过程称为间接蒸发冷却(IEC,Indirect Evaporation Cooling)。

(二)温湿度独立控制的空调系统

随着能源的日趋短缺和紧张,空调技术必须经历一场根本性的变革,温湿度独立控制的空调系统作为一种新的空调方式一定会得到越来越多的研究和推广应用。

温湿度独立控制空调系统在国外称为独立新风系统(DOAS,Dedicated Outdoor Air System),其主要特征是只将新风独立处理到较低的温度(7 ℃左右),让新风承担室内全部的湿负荷和部分或全部的显热负荷,其余的负荷由室内的干工况设备来承担。这样室内没有凝结水出现,无须凝结水盘和凝结水管路,除去了霉菌等细菌滋生的环境,改善了室内空气品质。与常规全空气系统相比,具有空气品质好(无回风污染)、安全、风道断面尺寸小、节约建筑空间、空调房间无凝结水等优点。

温湿度独立控制空调系统将传统采用的实用空调技术巧妙地融合在一起,使其焕发出新的、强大的生命力,从而带来了空调系统的一次革命,可以有效地解决最近几年在建筑物中出现的一系列问题,如传统空调方式热湿混合处理引起的能质不匹配和能量浪费问题、"9·11"事件引发的建筑物室内环境的安全性问题、ASHRAE 标准 62 新版公布引发的新风问题、室内高相对湿度引起的室内空气品质问题、辐射吊顶及置换通风等技术的应用推广问题等。美国将其确定为商业建筑中空调系统中有价值的 15 项节能措施之一。

温湿度独立控制空调系统由两部分组成:潜热处理系统和显热处理系统,其组成及工作原理如图 5-1 所示。图 5-1 所示的上半部分为潜热处理系统,下半部分为显热处理系统。

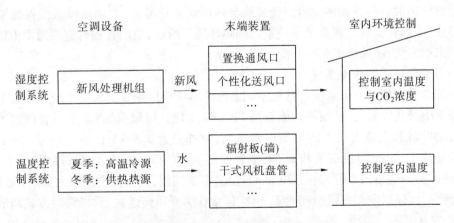

图 5-1　温湿度独立控制空调系统

处理潜热的系统由新风处理机组、送风末端装置组成,采用新风作为媒介,同时承担

去除室内 CO_2、异味,以保证室内空气品质的任务。制备出干燥的新风是处理潜热系统的关键环节,在处理潜热的系统中,由于不需要处理温度,使湿度的处理可能有新的高效节能方法,夏季实现对新风的降温除湿处理功能,冬季实现对新风的加热加湿处理功能。在温湿度独立控制空调系统中,新风可通过置换送风的方式从下侧或地面送出,也可采用个性化送风方式直接送入人体活动区。

高温冷源、余热消除末端装置组成了处理显热的空调系统,余热消除末端装置可以采用辐射板、干式风机盘管等多种形式,采用水作为输送媒介,其输送能耗仅是输送空气能耗的 $1/10 \sim 1/5$。对于夏季制冷,采用水作为输送媒介,由于除湿的任务由处理潜热的系统承担,显热系统的冷水供水温度不再是常规冷凝除湿空调系统中的 $7 \, ℃$,而是提高到 $18 \, ℃$ 左右,从而为天然冷源的使用提供了条件,即使采用机械制冷方式,制冷机的性能系数也有大幅度的提高,节能效果非常明显。同时,由于供水的温度高于室内空气的露点温度,因而末端装置不存在结露的危险。

温湿度独立控制空调系统中采用温度与湿度两套独立的空调控制系统分别控制、调节室内的温度与湿度,从而避免了常规系统中温湿度联合处理所带来的能源浪费和空气品质的降低;由新风来调节湿度,显热末端调节温度,可满足不同房间热湿比不断变化的要求,克服了常规空调系统中难以同时满足温湿度参数的要求,避免了室内湿度过高或过低的现象。

(三)毛细管平面辐射空调系统

传统的中央空调系统尽管经过不断改善,但是从本质上依然没有彻底解决系统自身所存在的问题和缺陷。如对流传导的吹风感问题、盘管送风的噪声问题以及低温运行的高能耗、能质不匹配问题等。这些问题的存在,不仅与当前人们对居住环境质量越来越高的要求相违背,而且高能耗问题也在当前能源短缺的情况下显得更突出,因此采用更节能、更先进的空调系统已经引起了业内人士的高度重视。毛细管平面辐射空调系统就代表着空调技术的根本性变革。

1. 毛细管平面辐射空调系统的组成

毛细管辐射空调方式将室内空气品质与热环境分开考虑,空调新风系统保证室内的空气品质,毛细管辐射空调系统维持室内的热环境。所以,毛细管辐射空调通常由辐射供冷供热末端系统、新风系统和冷热源三部分组成。

1)辐射供冷供热末端系统

毛细管平面辐射空调系统与常规空调系统的本质性区别是其末端系统——毛细管网组成的毛细管式辐射板,毛细管网原料是 PP - R(无规共聚聚丙烯)。毛细管网模拟自然界中植物叶脉和人体皮肤下的毛细血管机制,由外径为 $3.5 \sim 5.0 \, mm$(壁厚 $0.9 \, mm$ 左右)、长度为 $1 \sim 6 \, m$ 的毛细管构成,毛细管间距为 $15 \sim 30 \, mm$,一端与进水管(外径 $20 \, mm$)连接,另一端与出水管(外径 $20 \, mm$)连接,形成网栅,其三种产品形式如图5-2所示。毛细管网平面辐射空调集供暖制冷于一体,以水作为介质传递热量,以辐射方式调节室内温度。

2)新风系统

毛细管辐射空调通常采用独立新风系统。新风系统主要用来保证室内的空气品质及

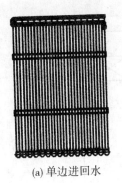 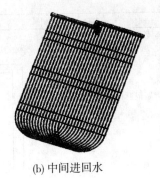 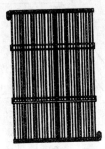

(a) 单边进回水　　　　　(b) 中间进回水　　　　　(c) 一边进水一边回水

图 5-2　毛细管式辐射板的类型

相对湿度,处理室内的湿负荷,通过调整送风参数,新风系统同样可以负担室内的部分显热负荷。

3) 冷热源

毛细管平面空调可以利用高温冷量和低温热量,实现低品质能量的利用,改变了传统空调方式能量利用存在的能质不匹配现象。相对较高的夏季供水温度和相对较低的冬季供水温度,可直接或间接利用各种工业余热、太阳能、地下水或其他低温能源,节约煤、油、气等有限的不可再生资源,并能减少废气、废物排放,减轻环境污染。

2. 毛细管平面辐射空调系统的工作原理

图 5-3 所示为下送上回式的送风方式的毛细管平面辐射空调系统工作原理。冷热源的冷热水送至毛细管辐射板与室内进行冷热量交换,实现夏季供冷、冬季供热。冬季可以利用工业废热等热源,夏季可以直接利用高温冷源直接供冷;新风首先进入除湿新风机组,被降温除湿或加热除湿后通过地板送风口送入室内,置换了热量与污染物后通过回风系统排至室外。

各房间温度可以单独设定、调节,湿度由新风系统控制在设计范围内。每个空调区域设置露点开关,作为防结露保护。当系统检测到湿度达到露点开关设定值时,自动关闭各区域的电动阀门。冷热源设备自带温度控制系统,控制机组的供水温度在设计状态。

3. 毛细管平面辐射空调系统的优点

毛细管平面辐射空调方式实现了温湿度独立控制。冬季取暖时,循环系统中的热水温度为 28 ~ 32 ℃;夏季制冷时,循环系统中的水温为 18 ~ 20 ℃,所以可直接或用热泵间接利用各种工业余热、太阳能、天然温泉水或其他低温能源,节约有限的不可再生资源,并能减少废气、废物排放,减轻环境污染。毛细管平面辐射空调单位面积供热和制冷效率均高于普通的混凝土埋管方式的辐射顶板,可实现快速制冷供热,克服了后者调节慢的矛盾。另外,由于交换面积大,室内温度非常均匀,能有效解决传统空调在大房间出现温度死角的问题。

1) 环境优雅

毛细管平面辐射空调是一种隐形空调,安装厚度一般小于 5 mm,充满水后质量为 $600 \sim 900 \text{ g/m}^2$,可以灵活地敷设在天花板、地面或墙壁上,安装极为方便,可以大大减少

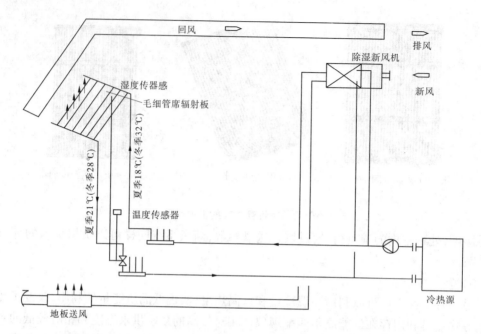

图 5-3　下送上回式的送风方式的毛细管平面辐射空调系统工作原理

室内空间占用和不必要造型的复杂性,从而确保室内整体装饰效果的完整性和美观性。

2)环境的舒适度提高

毛细管网栅系统主要是通过辐射方式将人体及室内冷热源进行热交换,这种静态制冷供热模式会营造出与自然环境相似的效果,人体在这种环境里感到自然、舒服,而且送风量少,风速低,人体无吹风感,室内无运转设备,故无噪声。

3)节能环保

在辐射换热作用下,人体的实感温度会比室内空气温度约低 1.6 ℃(供冷)或高 1.6 ℃(采暖),因此在相同的热感觉下与传统空调系统相比,采用毛细管平面辐射空调系统的室内设计温度在夏季约高 1.6 ℃,冬季约低 1.6 ℃,从而减少了计算负荷,节约能耗。由于辐射制冷具有冷效应快、受热缓慢的特点,围护结构、地面和环境中的设备表面吸收辐射冷量,形成天然冷体,可以平缓和转移冷负荷的波峰值出现的时间;使用较高温度的冷冻水可以提高制冷机的制冷系数,减少制冷机的耗能量与制冷设备的投资。采暖使用供水水温较低,所以可直接或间接地利用各种工业余热、太阳能、天然温泉水或其他低温能源,从而在最大限度上节省了能源消耗。系统封闭运行,不产生废水、废气污染。

三、空气处理设备的节能技术

(一)组合式空调机组的节能技术

组合式空调器(Modular Air Conditioning Unit)是一种由多种功能段组合而成的空调机组,根据冷热源的不同,可将组合式空调机分为冷冻水式和直接蒸发式两种类型,即采用冷冻水或热水作为冷热源的组合式空调机和采用直接蒸发的组合式空调机。组合式空调机一般都有三个以上的功能段所组成。如初效新风段、表冷挡水段、加热段、加湿段、二次回风段、风机段、消声段、中效过滤段、杀菌段以及热回收段等,可通过不同功能段的组合,实现不同的空气处理要求。组合式空调机对机组的漏风率、冷桥因子、箱体机械强度等都有较高要求。针对组合式空调机组的节能技术,主要围绕提高机组自身的运行效率、能效指标,以及空调系统的总效率几方面进行。

1.应用智能控制原理提高设备和系统的运行效率

随着自动化控制技术的发展,计算机技术和变频技术日趋完善,智能模糊控制技术已被成功引入和应用在空调机组控制领域。与传统的恒温差、恒压差 PID 调节控制方式不同,中央空调智能模糊控制系统将计算机技术、模糊控制技术、系统集成技术和变频调速技术集合应用于空调机组的系统控制,为用户提供了一个先进的智能化的空调机组运行管理技术平台,在保证空调服务质量的前提下实现了空气处理系统的高效节能运行,可使空调主机、水泵、风机节能效果显著。

2.应用新型空调机组节能产品提高机组节能指标

随着我国对于建筑节能重视程度加强,与之相关的产品也制定了相应能效限定值及节能评价值标准。应用新技术的低耗能产品不断出现,如低阻力且过滤效率高的静电过滤器、低噪声和高效率的空调风机、高传热效率的热交换器等。

3.应用先进的节能技术,整体提高空调系统的运行效率

随着国内外对空调系统的节能研究,与空调机组密切相关的节能技术应运而生,如变风量空调技术、低温送风技术、多分区空调节能技术等。其中多分区空调方式属于空调设计合理化的一种节能措施,特别适合用于具有不同负荷变化特点的多个分区的空调系统中。在整个空调系统中合理使用如变频技术、热交换技术等也是实现节能的关键。

4.进行围护结构节能设计减少空调系统能耗

由于标准、设计方法和设备不断更新完善,围护结构的节能设计对于减少空调系统能耗开始显现出重要的作用。在先进的国际标准的引导下,加快了我国围护结构节能的创新改革,减少漏风率、改善冷桥结构等技术和节能产品达到国际先进水平,提高了围护结构保温隔热的效果。

5.应用空气-空气热交换技术提高空调机组的节能指标

空气热回收设备有显热回收器和全热回收器两种。主要用于回收空调系统中排风的能量,并将其回收的能量直接传递给新风。在夏季,利用排风或回风温度低于新风温度的特点来降低新风的温湿度;在冬季则利用排风或回风与新风进行热交换来提高新风的温湿度。这类设备可单独设置在空调新排风系统中,也可作为组合式空调机组的一个功能段,一般可节省新风负荷量的70%左右。

(二)风机盘管的节能技术

风机盘管机组主要由低噪声电机、叶轮和换热盘管等组成,盘管内的冷热媒水由空调主机房集中供给,其基本工作原理是依靠风机的强制作用,使空气通过盘管表面时加热或冷却,强化了盘管与空气间的对流换热,能够迅速加热或冷却房间的空气,新风一般通过新风机组处理后送入室内,满足空调房间新风量的要求。

1.盘管非对称布置

运用空气流动理论和传热理论,改变传统的盘管对称布置的做法,将盘管向出风口方

向前移,使盘管在风盘箱体内成非对称布置,尽可能增大风机到盘管之间的空间距离,确保风机出风有较大的发散距离,实现均匀传热。

2. 风口设计

将风机盘管出风口上部的钣金结构由传统的垂直拐角设计为接近 45°的坡口结构,可以使空气在箱体内流动更加顺畅,有效地避免了涡流的产生,减小了空气阻力,并可降低噪声 1~2 dB。

3. 优化翅片及水路结构

盘管的性能决定了风机盘管输送冷热量的能力和对风量的影响。表冷器采用紫铜管套串铝翅片制成,铝翅片采用二次翻边 V 形亲水铝翅片,有效合理的片间距、有效的穿片长度保证了空气热交换的扰动性。换热器集水头采用球面结构,优化设计的水路结构等降低了机组水流阻力,使得换热器内部水流分布均匀合理,系统实现了最大效能换热。

4. 风量及冷量设计与运行

在风机盘管三挡风速设计上,高挡风速风量一般高出常规设计 20%~30%;在中挡风速风量上,与常规设计相持平;低挡风速上低于通常设计。刚开始运行时,盘管风速开到最大,使房间迅速降温;在负荷大时,风速调到中挡,使其提供满足室内需要的冷量,而在一天的大部分时间则可在低挡下低速运行,节约大量能耗,又可营造低噪声舒适的室内环境。

（三）新风换气机

新风换气机(见图 5-4)是根据在密闭的室内一侧送风另一侧引风,在室内形成新风流场的原理研制的。它依靠机械送风、排风,强制室内形成新风流动场。这种独立的室内空气循环系统,能在排除室内的污染空气的同时,输入新鲜空气,也可对输入室内的新风进行过滤、杀菌、加热、增氧等多项处理。

图 5-4　新风换气机

1. 新风换气机的设计使用原则

(1)确定新风路径。新风从空气较洁净区域进入,从污浊处排出。一般新鲜空气则从起居室、卧室等区域送入,污浊空气从浴室、卫生间及厨房排出。条件许可时尽量遵循下进上出的空气流动原理,即新鲜空气从较低的位置送入室内,室内废气从较高位置排出。新风进、出口尽量不在一个平面,以对立面为最佳。

(2)确定房间内最小新风量,以满足生活、生产所需的新鲜空气量。按照新风量的确定原则,在需要满足人员呼吸所需的新风量、补充燃烧设备燃烧所需的新风量以及保持室内正压所需的新风量三者之中取大值。

2. 新风换气机的优点

新风换气机是一种新型的通风排气设备,新风换气机把室内污浊的空气排放出去的同时将室外的新鲜空气输入室内。新风换气机与其他空气净化设备不同,新风换气机属于直流式的循环系统,为室内提供的空气全部是经过处理的新风。充足的新风量是解决室内空气品质最有效的方案,新风换气机不仅能向室内提供全新风,还能回收排风中大量的冷热量,有效节约了能源。

第三节 通风空调系统冷热源节能技术

通风空调系统的能耗在建筑总能耗中一直占有较大的比重,一般为40%～60%,而冷热源设备能耗占空调能耗的50%～60%。可见,空调冷热源的能源类型、利用方式和冷热源设备的运行调节对建筑能耗有着举足轻重的影响。本节将介绍有关冷热源的节能技术。

一、热电冷联供技术

热电冷联供是将制冷、制热及发电过程一体化的能源转换系统,是由热电联供发展而来的。热电设备利用煤、燃气等能源,通过锅炉或燃烧室燃烧,将产生的高品位蒸汽通过汽轮机发电,然后利用汽轮机抽汽或排汽,冬季向用户供热,夏季利用吸收式制冷机供冷,因此热电冷联供是热电联供技术与制冷技术的结合。

热电冷联供技术的最大的特点就是对不同品质的能量进行梯级利用,温度较高、具有较大可用能的热能被用来发电,而温度较低的低品位热能则被用来供热或是制冷。这样不仅提高了能源的利用效率,而且减少了氮化物和二氧化碳及二氧化硫等气体的排放,具有良好的经济效益和社会效益。

二、吸收式制冷技术

(一)工作原理及组成

吸收式制冷是依靠消耗热能为代价的制冷方式。吸收式制冷的工作介质为二元溶液,其中高沸点工质为吸收剂,低沸点工质为制冷剂,利用低沸点工质在高真空下蒸发吸热达到制冷的目的。最常用的吸收式制冷是以溴化锂为吸收剂、水为制冷剂的溴化锂吸收式制冷机,因而下面均以溴化锂吸收式制冷机为例介绍其工作原理及分类。

溴化锂吸收式制冷机的循环过程中,制冷剂——水在蒸发器内低温低压下吸热蒸发制冷,蒸发后的制冷剂水蒸气被溴化锂溶液所吸收,溶液变稀,这一过程是在吸收器中发生的;然后以热能为动力,将溶液加热使其水分分离出来,而溶液变浓,这一过程是在发生器中进行的。发生器中得到的蒸汽在冷凝器中凝结成水,经节流后再送至蒸发器中蒸发。如此循环达到连续制冷的目的。

为增强溴化锂吸收式制冷循环的制冷效果,还设有溶液热交换器。从吸收器出来的溴化锂稀溶液,由溶液泵升压经溶液热交换器,被从发生器出来的高温浓溶液加热,温度提高后,进入发生器。可见,溴化锂吸收式制冷机主要是由吸收器、发生器、冷凝器、蒸发器和溶液热交换器五大换热器组成。

（二）吸收式制冷机组的分类

溴化锂吸收式制冷机的分类方法很多。根据使用能源可分为蒸汽型、直燃型和热水型。

蒸汽型,使用蒸汽作为驱动能源;直燃型,一般以油、气等可燃物质为燃料,不仅能够制冷,而且可以供热及提供卫生热水;热水型,使用热水为热源的溴化锂机组。根据热源温度可分为单效热水型及双效热水型,单效型机组热水温度范围为 85～150 ℃,高于 150 ℃的热水可作为双效机组的热源。各种循环类型溴化锂吸收式制冷机的热源温度见表 5-1。

表 5-1　溴化锂吸收式制冷机的热源温度

项目	单效	双效	两级	三效
热源温度(℃)	90	150	70	200

根据工作循环方式可以分为制冷循环型和制冷与制热循环型。制冷循环型机组即通常所讲的冷水机组;制冷与制热循环型机组即冷热水机组,就是将溴化锂溶液锅炉直接与吸收式机组配套,组成直燃机组,进行制冷或制热循环。直燃机还可以根据制冷与采暖的方式分为制冷和采暖专用机,这种机型或用于制冷,或通过切换用于供热,能交替地以一种方式进行运转,而不能同时具备两种功能;同时制冷和制热型,这种机型在工作时可以同时完成制冷和制热循环,与制冷采暖专用机相比,差别在于此时制冷系统运转既可通过热水器供应热水,又可同时供应冷水。

太阳能型,由太阳能集热装置获取能量,用来加热溴化锂机组发生器内稀溶液,进行制冷循环。太阳能型分为两类:一类是利用太阳能集热装置直接加热发生器管内稀溶液;另一类是先加热循环水,而后将热水送入发生器内加热溶液,后者的加热形式与热水型机组相同。

三、热回收技术

中央空调的冷水机组在夏天制冷时,一般机组的排热是通过冷却塔将热量排出,夏天,利用热回收技术,结合蓄能技术,将该排出的低品位热量有效地利用起来,为用户提供生活热水,达到节约能源的目的。目前,酒店、医院、办公大楼的主要能耗是中央空调系统的耗电及热水锅炉的燃料消耗。利用中央空调的余热回收装置全部或部分取代锅炉供应热水,将会使中央空调系统能源得到有效的综合利用,从而使用户的综合能耗下降。

（一）热回收技术的类型

1. 部分热回收技术

部分热回收是将中央空调在冷凝(水冷或风冷)时排放到大气中的热量,采用一套高效的热交换装置对其进行回收,制成热水使用,如图 5-5 所示。由于回收的热量较大,它可以完全替代锅炉生产热水,节省大量的燃料。同时,减轻了制冷主机的冷凝负荷,可使制冷机耗电降低 10% ~20%。此外,冷却水泵的负荷也大大地降低了,冷却水泵的节电效果也非常明显,其节能率可提高到50% ~70%。

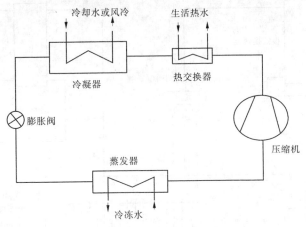

图 5-5　部分热回收原理

2. 全部热回收

全部热回收主要是将冷却水的排热全部利用,如图 5-6 所示。一般冷水机组的冷却水设计温度为出水 37 ℃、回水 32 ℃,属低品位热源,采用一般的热交换不能充分回收这部分热能,所以在设计时要考虑提高冷凝压力,或将冷却水与高温源热泵或其他辅助热源结合,充分回收这部分热量,这类系统结构简单、运行可靠。

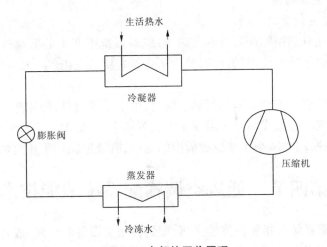

图 5-6　全部热回收原理

(二)热回收空调系统

如图 5-7 所示,冷水水源直接进入热水器吸收经过压缩后的高温高压的制冷剂释放出来的热量,一方面达到加热冷水的目的,另一方面可提高冷凝系统的效率。加热后的热水温度达 55 ~60 ℃,以备各项生活热水之用,因此该系统在夏季制冷时所产生的热水是完全免费的。

整个空调系统是以电能来驱动工作,而非电能来制热,因此该空调技术在节能方面的效果是相当显著的。

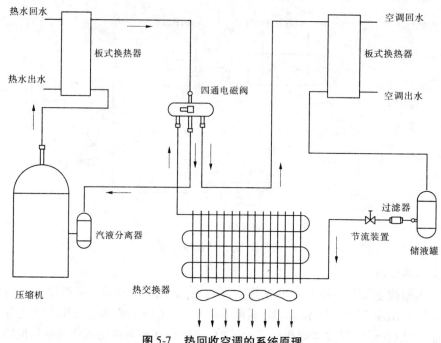

图5-7　热回收空调的系统原理

（三）热回收空调的特点

1. 节能、节省运行费用

热回收系统充分利用空调系统的废热,将空调系统中产生的低品位热量有效地利用起来,能效高,达到了节约能源的目的,减少了运行费用的支出。

2. 减排

热回收系统减少了排到环境的废热。同时,由于系统简单,使用热回收系统简化或者省去热水加热系统。分散式用户不需在家中设置热水器,集中式用户也取消冷却塔,简化了系统的运行管理,同时减小了建筑物周围的噪声,有效地保护了建筑物周围的环境。

第四节　通风空调输配系统节能技术

通风空调输配系统是指将流体输送、分配到各相关设备和空间,或者从各接受点将流体收集起来输送到指定区域的系统,它由管道、输配动力装置以及阀门附件等组成。常见的通风空调输配系统节能通过变流量输配系统来实现。变流量系统根据流体介质主要分为变水量系统、变风量系统和变制冷剂流量系统,其节能主要体现在减少输配过程中的能源消耗,即通过减少动力设备的运行台数或对设备进行性能调节。泵与风机最方便和常用的性能调节方式是变速调节,即通过调整转速来调节流量和压力等参数。本节将介绍泵与风机的变速调节技术,以及变水量、变风量和变制冷剂流量系统的组成与特点。

一、泵与风机的变速调节技术

泵与风机是空调系统中的重要设备,其能耗在空调系统能耗中占很大的比重。对泵与风机进行性能调节,也就是使系统能根据负荷变化运行,提高设备效率,降低运行能耗,而调节方式则是泵与风机节能的关键。

泵与风机的运行调节方式分为变速调节和非变速调节两大类。非变速调节方式,如节流调节,即离心泵采用阀门调节,离心风机采取风门或挡板调节,都带来较大的能量损失,因而通风空调输配系统节能的主要技术措施是对泵与风机采用变速调节技术。

二、变流量技术

在定流量空调水系统中,水泵的容量按照建筑物最大设计负荷(设计工况)选定,全年在固定的水流量下工作,或冬季、夏季分别用不同的水泵工作,但冬季、夏季的流量也保持不变。这种系统简单,操作方便,不需要复杂的自控设备。但由于季节、昼夜和建筑物使用功能的不同,实际空调负荷在一年绝大部分时间内远比设计负荷低,全年大部分时间在低温差、大流量情况下工作,浪费了水泵运行消耗的能量,而且增加了管路系统的冷热量损失。但因系统要满足最大设计负荷的需要,管径选择时也偏大,初投资也较高。

变流量系统的流量随负荷的变化而变化,在空调末端装置处使用二通调节阀。由于建筑物各个房间朝向不同,各部分冷负荷变化规律不同,峰值出现的时间也各不相同,且建筑物使用功能的差异,各房间使用时间不尽相同,故确定变流量水系统的水泵设计流量时,应考虑负荷系数和同时使用系数,按瞬时建筑物总设计负荷确定,见式(5-1):

$$G = \frac{n_1 n_2 Q}{c\rho\Delta t_{\mathrm{w}}} \tag{5-1}$$

式中　G——变流量系统水泵设计流量,$\mathrm{m^3/s}$;

n_1——建筑物设计工况下的负荷系数,与建筑物形状、使用功能等有关,一般取0.8~0.9;

n_2——同时使用系数,与建筑物功能和各房间使用时间等有关;

c——水的比热,$\mathrm{kJ/(kg \cdot ℃)}$;

ρ——水的密度,$\mathrm{kg/m^3}$;

Δt_{w}——供回水温差,℃。

大型空调冷冻水变流量系统在空调末端装置处用二通阀,依据室内恒温器的信号或送风温度信号控制二通阀门的开度,改变用户侧(负荷侧)的水流量,以达到变流量的目的。在冷源侧,通过冷水机组蒸发器的水流量是不能低于所需水量的额定值的,否则导致冷水温度过低,甚至有结冰危险,机组可能出现喘振。如有低温保护装置,则迫使机器停车,对于冷水机组来说,尤其是离心式冷水机组,机器再次启动需要相当长的时间间隔,故会出现冷量的较大波动,工作不稳定。所以,变流量冷源侧常采用多台制冷机、多台冷冻水泵,即一泵对一机的方式。每台水泵的水流量不变,水泵和相应的冷冻机组进行台数控制,控制冷源侧的供水温度。

（一）冷源侧定流量，负荷侧变流量的单级泵方式

单级泵变流量系统示意图如图 5-8 所示。冷源侧设多台冷水机组，负荷侧由室内恒温器调节二通阀进行控制，冷源侧和负荷侧之间的供回水管路上设旁通管。在旁通管上装压差调节器，控制旁通管上的二通阀。当用户负荷及负荷侧水流量减少时，供回水总管之间压差增大，通过调节器使旁通管上的二通调节阀开大，让一部分水旁流；反之，用户负荷及负荷侧水量增加时，供回水总管压差减小，调节器使旁通二通阀关小，旁通水量减小，从而保持冷水机组的水量不变，也使负荷侧供回水压差恒定。旁通水量的多少也同时影响回水温度的高低，并由回水温度调节冷冻机冷量，以保持一定的蒸发器供水温度。与此同时，供回水总管的压差变化控制冷冻水泵和冷水机组的运行台数，以使冷冻机在部分负荷下进行节能运行。

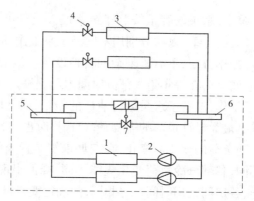

1—冷水机组；2—循环水泵；3—空调机或风机盘管；
4—二通阀；5—分水器；6—集水器；7—旁通调节阀

图 5-8　单级泵变流量系统示意图

（二）冷源侧定流量，负荷侧变流量的双级泵方式

这种系统的特点是除在负荷侧空气处理盘管或风机盘管处设二通控制阀外，在负荷侧和冷源侧分别布置水泵，并在负荷侧和冷源侧之间的供回水总管上设有旁通管。示意图如图 5-9 所示。冷源侧与冷水机组相对应的水泵称为一次泵（或称初级泵），并与冷水机组和旁通管组成一次环路；负荷侧水泵称为二次泵（或称次级泵），负荷侧末端设备、管路系统和旁通管构成二次环路。

1. 二次泵定流量方式

这种系统是在末端装置盘管处用二通调节阀，根据室内负荷变化，调节进入盘管的水量，二次泵采用定流量泵。用户水流量的改变是靠盘管二通阀关小、增加系统阻力、改变定流量水泵工作点的方法达到的。系统水流量的变化只能在较小的范围内。因为为了保证二通阀的控制能力，二通阀前后压差不能超过阀门的关闭压力（水流通过阀门处的动压和静压之和的最大值），否则将失去控制作用。为了避免这种现象的发生，二次泵出口处常设压力控制阀，用以消除水泵多余压头，防止二通阀前后出现过大压差，维持二通控制阀前后压差基本恒定。当流量减小时，压力控制阀自动关小，水泵多余的压头由出口控制阀消耗掉，因而造成了无谓的功率损耗。同时，随着系统流量的不断减小，水泵效率也

相应降低,轴功率增加,当流量小到一定程度
时,有可能使水泵进入喘振区,造成水泵工作
的不稳定。

2. 二次泵台数控制方式

用户末端装置盘管用二通调节阀,根据
用户侧供回水管压差控制多台并联二次泵,
进行台数控制。在旁通管上设有流量计和流
量开关。当二次泵系统流量减小时,一次泵
的水流量过剩,过剩流量从旁通管左边流向
右边;当过剩流量达到一台一次泵运行流量
时,流量计的触头动作,通过程序控制器,自
动关掉一台一次泵和冷水机组。当二次水系
统负荷增加流量不足时,一次水流量不足,就
有一部分水从旁通管自右边流向左边。当这
部分旁通流量达到一台一次泵运行流量时,
流量开关动作,将信号输入程序控制器启动
一台一次泵和冷水机组。

旁通管管径亦按一台冷水机组的水流量

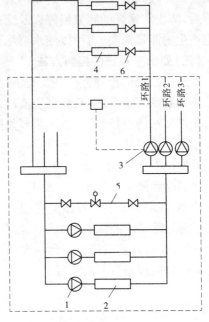

1——一次泵;2—冷水机组;3—二次泵;
4—风机盘管空调器或空调器;
5—旁通管;6—二次调节阀

图 5-9　双级泵变流量系统示意图

确定。为改善流量测量计幅度变化范围的特
性,旁通管应有 $0.3 \sim 1.0 \ mH_2O$ 的压力损失。
一次泵的水流量按其对应的冷水机组额定水流量确定,通过每台冷水机组的水流量固定
不变。一次泵的扬程仅用来克服一次环路内冷热源设备(蒸发器或水加热器)、管路、阀
门等部件的阻力,不包括负荷侧管路系统的阻力值。二次泵的水流量是按考虑了负荷系
数和同时作用系数后的设计工况水流量确定的,水泵扬程用来克服负荷侧二次环路内末
端装置或空调处理装置盘管、管路、阀门等部件的阻力。水泵台数的选择,应根据负荷侧
各区域流量的大小、阻力的差异、负荷参差作用的情况选用水泵的台数和型号,这与按最
大阻力选择水泵相比要节约运行费用。

3. 二次泵变速调节方式

用户末端装置盘管用二通调节阀,根据用户侧供回水管压差控制二次水泵的转速。
水泵的调速方法可用分级调速和无级调速两类。分级调速有双速或多速电机、机械变速
等方法,无级调速有直流电机(控制电源电压或励磁电流)、整流子电机(二次励磁控制)、
变频调速、可控硅串级变速、液力耦合器无级变速等。

4. 二次泵采用变速泵和定速泵并联的方式

如果负荷变化范围比较大,而且低负荷出现的时间多,为防止大水泵进入喘振区,减
少变速水泵的投资,可以采用变速泵和定速泵并联的方式。在低流量的工况下,定速泵不
工作,运行变速泵,随负荷的增加调高转速,增加流量,当流量超过变速泵额定流量时,启
动定速泵,变速泵降低转速,流量进一步增加时,可增加变速泵的转速。当系统流量减少
时,流量降低到变速泵额定流量以下时就停止定速泵的运行。整个调节过程中,变速泵可

以始终保持较高的效率,而定速泵的效率有增有减。同时,定速泵的启停应有一定的超前和滞后,防止定速泵的频繁启停以及变速泵在不稳定区工作。这种方式可以减少由阀门节流产生的能量损失,也可以使水泵尽可能在高效区工作。

(三)变水量系统的控制方法

变水量系统的控制方法主要有供回水压差控制、流量控制、温度控制与热量控制。上述的单级泵变流量系统、双级泵变流量系统中的二次泵定流量方式、二次泵变速调节方式均属于供回水压差控制法;二次泵台数控制方式与二次泵采用变速泵和定速泵并联方式则属于流量控制法。

温度控制法原理如图 5-10 所示,在冷水机组的供、回水总管上及冷水系统的回水总管上分别设置测温元件 T_1、T_2 及 T_3,T_2 与 T_3 必须装置在一次泵供、回水总管之间的旁通管的两侧,在此旁通管上设压差旁通调节阀。机组供水温度 T_1 是恒定的,T_2 及 T_3 的变化反映了旁通管中水的流向及流量。根据这些温度的变化值,编制控制程序,当 T_3 升高或降低一定值时,开启或停掉一台一次泵。为了避免泵及机组的启动过于频繁,温差范围的整定应相应接近一台泵的流量。

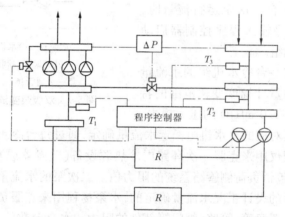

图 5-10　温度控制法原理

流量控制法及温度控制法的优点是装置较简单,价格较便宜。但温差控制法适应性较差,尤其是温差小时,误差大,对节能不利。流量控制法虽然能保证系统流量,但有时并不能很好地适应系统负荷的变化,这是由于盘管的传热量和流量不是线性关系。因此,给调节造成一定困难。如果希望得到较理想的调节和节能效果,可采用热量控制法。

热量控制法原理见图 5-11,实质是把流量控制法和温度控制法结合起来。在一次泵的供回水总管上设测温元件,输出温差信号,在一次泵的供水(或回水)总管上设流量测量元件,输出流量信号,温差、流量信号同时输入热量计算器进行运算,并与给定的产冷量比较、修正,得出实际的需冷量,然后发出指令,对泵和机组实行台数控制。这种控制器的主要部分是带微处理机的热量计算器。它具有运算、比较、修正、控制、程序选择、最佳启停、显示、报警、记录、打印等多种功能。不但控制、调节和节能效果好,而且使用方便。但构造较复杂,造价较高,需较高的管理和维修水平,可用于标准高的大型空调工程。

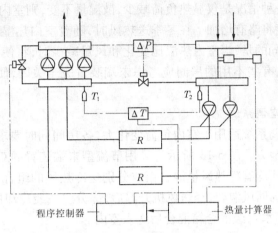

图 5-11　热量控制法原理

三、变风量技术

变风量空调系统（VAVS，Variable Air Volume System）是通过改变送风量或调节不同房间送风温度来控制不同空调区域温湿度的一种空调系统。变风量空调系统可根据空调负荷的变化及室内要求参数的改变，自动调节空调送风量（达到最小送风量时调节送风温度），以满足室内人员的舒适要求或其他工艺要求。同时，可根据实际送风量自动调节送风机的转速，最大限度地减少风机动力，节约能量。变风量空调系统由空气处理机组、新风、排风、送风、回风管道、变风量空调箱、房间温控器等组成，其中变风量空调箱是该系统的最重要部分。其系统形式一般分为单风道、双风道、风机动力式。

（一）变风量系统类型

1. 单风道变风量空调系统

单风道变风量空调系统适用于同时供冷或同时供暖、对室内相对湿度严格要求的地方，例如高层建筑的内区。图 5-12 为一典型的单风道变风量空调系统示意图。送入每个区或房间的送风量由变风量末端机组（VAV Terminal Unit）控制，每个变风量末端机组可带若干个送风口。

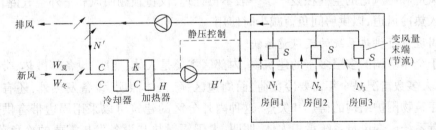

图 5-12　单风道变风量空调系统示意图

夏季部分负荷工况下，通过室内恒温器将减少送风量。这时室内相对湿度的变化将出现两种情况：一种是室内热、湿负荷成比例地减少，例如变动负荷仅仅是由于室内人员的进出而造成的（如多层多室的公共建筑），这时，室内热湿比不变，风量减少后，室内温湿度将保持不变;另一种情况是仅显热负荷减少,散湿量不变,则室内热湿比变小,当风量减少时,室内相对湿度将略有增加。在冬季送热风时,随着室内热湿负荷的变化,和夏季有相似的情况。所不同的是,当室内热湿比变化和风量减少时,将使室内相对湿度偏低。只要在系统运行期间,有些不用的房间应考虑末端装置完全关闭,使用全闭型的末端装置,以节省能量。

2. 双风道变风量空调系统

双风道变风量空调系统适用于室内负荷变化大,各房间同时要求供冷和供热或室内相对湿度要求严格的地方。图 5-13 所示为采用节流型末端装置的双风道变风量空调系统示意图。系统各房间均有冷热风量混合箱或分别送冷热风的组合型变风量末端装置。室外空气与经回风机的回风混合,经送风机升温后,部分空气经冷却器冷却(夏季),部分空气经加热器加热(冬季),经混合箱混合后送入室内。

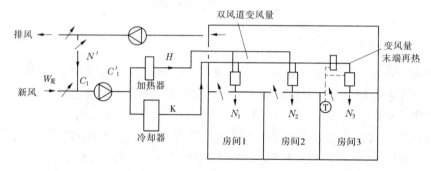

图 5-13　双风道变风量空调系统示意图

夏季当室内冷负荷减少时,则由室内恒温器控制冷风阀门减少冷风量,而不用热风(热风阀关闭),这与单风道变风量系统相似。当冷风量减少到预定的最小风量时,由于送风除湿能力低,室内相对湿度将偏高,如果这时开启热风阀,同时关小冷风阀,使之与冷风混合送入室内,以改变送风温度而保持送风量不变(最小送风量)。由于增加了热风、减少了冷风,提高了送风温度,从而使室内相对湿度有所改善,这是与单风道变风量系统不同的地方。

热风道和冷风道的空气在夏冬季一般不再处理,仅将顶棚回风和室外空气混合后,由风机送入热冷风道,以供房间负荷减少时使用。

3. 周边带有供热系统的变风量系统

对于全年空调的多层多室的建筑物,内部区主要是人体、照明、设备等散热,带来冷负荷需求,大多数情况是全年需要冷负荷,而周边区,除人体照明、设备发热外,还有太阳辐射热和建筑物围护结构的得热和失热,这种内外分区的建筑可以采用周边带有供热系统的变风量系统。变风量系统承担人体、照明、太阳辐射热和设备发热需要的冷负荷,而周边供热系统承担围护结构的传热损失,满足冬季供热要求。周边供热系统可以是热水采暖系统(散热器、对流器,踢脚板式辐射器等)、定风量变温度系统、诱导系统或风机盘管系统。水温或风温根据室外空气温度的变化进行集中调节。

周边供热系统的作用,不仅在冬季补偿围护结构传热损失,保持室温,而且在较冷的天气时,可防止冷气流沿窗下落,防止玻璃窗的结露,造成局部不舒适感。

除此以外,当有的房间需要供冷、有的房间需要供热时,也可以利用周边供热系统在夏季运行(如利用冷凝器的废热),就可以同时满足不同房间要求冷却或加热的需要。或当室内负荷过分减少时,利用周边供热系统保持变风量系统的最小风量和室内相对湿度。

4.与热回收系统结合的变风量空调系统

在现代化的高层建筑中,各房间之间往往同时需要冷却或加热,这就为整个大楼本身冷热源的综合利用以及热量的回收提供了十分有利的条件。例如,制冷系统循环过程中,可以把排至室外大气的热量重新被回收,并作为加热系统的热源而被利用。

图 5-14 所示为与热回收系统结合的变风量空调系统示意图。其内区全年需要供冷,用变风量空调系统来适应室内负荷变化的需要。而周边区在全年不同季节里可能需要加热或冷却。用四管制的风机盘管,冷水来自制冷系统的蒸发器,热水来自制冷系统双管束冷凝器的冷却水,把该热水送周边供暖。当供暖需要量大时,可利用辅助热源。另外,系统中利用了全热交换器,充分利用排风中的冷量或热量,进一步提高空调系统的经济性。

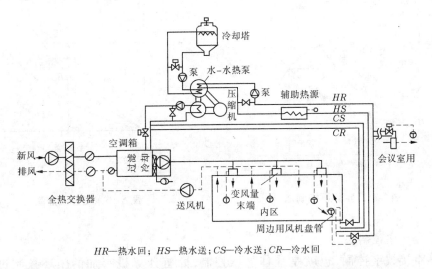

HR—热水回;HS—热水送;CS—冷水送;CR—冷水回

图 5-14 与热回收系统结合的变风量空调系统示意图

(二)变风量系统控制方法

常用的变风量系统控制方法可以分为定静压控制法、变静压控制法和直接数字控制法三种。

1.定静压控制法

定静压控制法是基于压力相关型控制原理的早期变风量控制方式。所谓定静压控制,是在送风系统管网的适当位置(常在离风机 2/3 处)设置静压传感器,在保持该点静压一定值的前提下,通过调节风机受电频率来改变空调系统的送风量。

如图 5-15 所示,当空调负荷减小、相应的空调系统风量需要减小时,部分房间或空调区域的变风量末端装置开度关小,此时系统末端局部阻力增加,管路综合阻力系数增加,管路特性曲线变陡,工况点由 A 变至 B,风量相应由 Q_2 减小至 Q_1。根据理论分析,对于定静压变风量系统,风机功率的减小率基本上等于风机风量的减小率。当风机风量全年平均在 60% 的负荷下运行时,风机功率节约不到 40%。定静压控制目前仍作为一种主要的控制方法在变风量系统中得到普遍采用。如果送风干管不是一条,则需设计多个静压传感器,通过比较,用静压要求最低的传感器控制风机,风管静压的设定值一般为 250 ~ 375 Pa。

2. 变静压控制法

变静压控制法是基于压力无关型控制原理的变风量控制方式。所谓变静压控制,就是在保持每个 VAV 末端的阀门开度在 85% ~ 100% 之间,即使在阀门尽可能全开和使风管中静压尽可能减小的前提下,通过调节风机转速来改变空调系统的送风量,其运行状况如图 5-16 所示。在这种控制方式下,由于阀门开度始终在 85% ~ 100% 之间,VAV 末端装置局部阻力系统变化很小(可能增加,也可能减小),管路阻抗也相应变化很小,管路特性曲线上升或下降幅度微小,当空调系统风量减小时,工况点 A 基本上沿管路综合阻力曲线变化到 B 点,此时 Q_2 减小至 Q_1,H_2 降低至 H_1。由于管路综合阻力系数的微小变化,系统实际运行工况点 B 点位置可能发生微小的振荡。

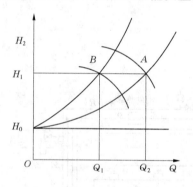

图 5-15　定静压控制法

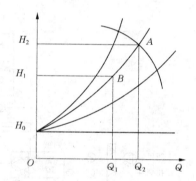

图 5-16　变静压控制法

3. 直接数字控制法

所谓直接数字控制,也就是最佳静压控制,即有计算机参加的闭环控制过程,如图 5-17所示。采用计算机的输出直接控制与中央集中监控相结合。

四、变制冷剂流量技术

变制冷剂流量系统(VRVS,Variable Refrigerant Volume System)是指制冷剂流量根据室内负荷的变化而变化的冷剂式空调系统,如图 5-18 所示。系统通过制冷压缩机的变频技术或采用双缸旋转式压缩机改变制冷剂的质量流量,调节室内温湿度。VRV 系统以其模块化结构组成灵活多变的系统,可以解决集中式空调系统存在的送风管道断面尺寸大、建筑物层高增加、机房面积加大、维护费用高等难题。变制冷剂流量系统由室外机、室内机、制冷剂管道及附件和自动控制系统等组成,可分为热回收、热泵型和单冷型三种形式的系统,控制方式主要有三种,变频控制、变容量控制和两种兼有的控制方式。

(一)工作原理

制冷剂通过室内侧换热器直接与室内空气换热,室内温度传感器根据室内空调负荷

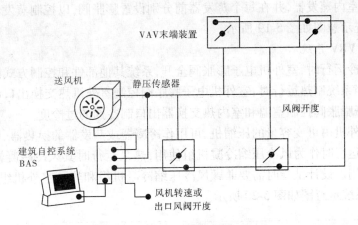

图 5-17　直接数字控制

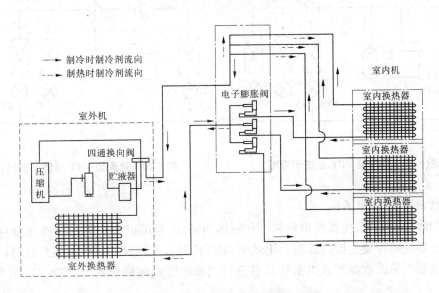

图 5-18　变制冷剂流量系统示意图

控制室内机制冷剂管道上的电子膨胀阀,通过感应室内回风温度、蒸发器进、出口处制冷剂的过热度,由控制器确定膨胀阀的开度,调节进入各室内机的流量,以适应不同室内温度的要求。室外机与环境空气直接换热,通过制冷剂压力的变化对室外机的压缩机进行控制,调节分为两个阶段:第一阶段是调节压缩机的容量,以适应冷负荷的变化;第二阶段是当冷负荷继续下降时,通过控制制冷剂旁通阀,使室外机的制冷剂循环流量减小,降低系统供冷量。

（二）变制冷剂流量系统的分类

根据 VRV 系统室内机、室外机的组成和工作特点,可分为单冷型、热泵型和热回收型三种形式。

1. 单冷型 VRV 系统

单冷型 VRV 系统的系统结构与普通单冷空调器基本相同,不同点仅在于在蒸发器侧并联设置多个室内蒸发器,并在每个蒸发器前分别设置膨胀阀,以控制蒸发器的状态。单冷型 VRV 系统示意图如图 5-19 所示。

2.热泵型 VRV 系统

当系统制冷运行时,室外机电子膨胀阀全开,系统其他部件和控制方式同单冷型多联式空调系统;当系统制热运行时,室外机电子膨胀阀控制室外机热交换出口制冷剂的过热度,室内机电子膨胀阀控制室温和室内热交换器出口制冷剂的过冷度。

热泵型室外机由可变容量的压缩机、可用作冷凝器或蒸发器的换热器、风扇和节流机构组成。制冷运行时作为风冷压缩冷凝机组使用,热泵运行时其风冷冷凝器作为冷却空气的蒸发器使用。设计试验时需要兼顾风冷压缩冷凝机组和热泵室外机组的工作要求。热泵型 VRV 系统示意图如图 5-20 所示。

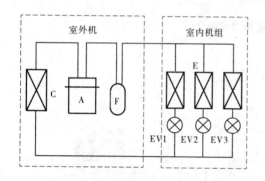

图 5-19　单冷型 VRV 系统示意图　　　　　图 5-20　热泵型 VRV 系统示意图

3.热回收型 VRV 系统

热回收型 VRV 系统具有单独制冷和制热功能,而且可以实现同时制冷与制热,可以利用制冷系统的冷凝热提高能源利用效率,对于同时需要供冷与供热的建筑物,具有极大的应用前景。热回收型多联机系统具有三管式和两管式两种形式,如图 5-21、图 5-22 所示。

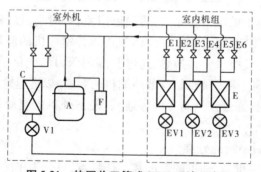

图 5-21　热回收三管式 VRV 系统示意图

三管式 VRV 系统的室外机与室内机之间由高压气体管、高压液体管和低压气体管三根管道组成。高压气体管将高温高压制冷剂蒸汽送入用于供热的室内机,制冷剂在室内机内放热冷凝,流入高压液体管,制冷剂再从高压液体管进入制冷运行的室内机中蒸发吸

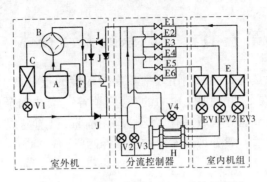

图 5-22　热回收两管式 VRV 系统示意图

热,通过低压气体管返回压缩机。室外热交换器则用于平衡各室内机的冷热负荷,视室内机的工作模式和冷、热负荷大小,既可以作为冷凝器使用,也可以作为蒸发器使用。

两管式 VRV 系统由室外机、分流控制器和室内机组成。分流控制器由气液分离器、电子膨胀阀、回热器、高低压气体转换阀组等组件组成。室外机与分流控制器之间由高压气体管和低压气体管两根管道相连。当需要同时供冷、供热运行时,通过控制室外热交换器风扇转速,使制冷剂蒸汽不全部冷凝,部分高温蒸汽引入分流控制器内并和液体在气液分离器中分离,蒸汽部分进入室内机供热,液体部分则和供热室内机中冷凝后的液体合流后进入室内机供冷,液态制冷剂吸热蒸发后,经回气管返回压缩机。

（三）变制冷剂流量系统的特点

（1）设备少,管路简单,节省建筑面积与空间。变制冷剂流量系统采用风冷方式,并将制冷剂直接送入室内,不需要冷冻水和冷却水系统,省去了循环水泵、冷却塔等设备及管道系统,而且不需要庞大的风管系统,减少了占用的建筑面积,可以降低楼层高度。室外机直接装设在室外或屋面上,不占用制冷机房,也不需要空调机房。

（2）布置灵活。室内机可以根据建筑物的用途、负荷、装饰风格等灵活选择。制冷剂配管很长,也可以有较大的高度差,布置安装灵活方便,可以满足各种建筑物的要求。

（3）具有显著的节能效益。变制冷剂流量系统的容量可以在 5% ~ 100% 之间调节,完全可以满足不同季节、不同负荷的要求,同时提高机组的运行经济性。制冷剂直接送入室内,无二次换热,提高了能源利用率。室内机可以单独控制,不需要空调的房间可以关闭室内机,减少了能源浪费。不同房间可以设置不同的温度,既提高了舒适度,又避免了集中控制造成的无效能源浪费。

（4）运行管理方便,维修简单。变制冷剂流量系统具有多种控制方式,室内机可选用有线或无线遥控器,也可以与楼宇自控系统联网,实现计算机统一管理。系统具有故障诊断功能,可以自动显示故障的类型和部位,方便迅速维修,不需要专人管理,提高了检修效率。

（5）初投资高,运行费用低。变制冷剂流量系统的初投资约比一般的集中式中央空调系统高 30% ,但运行费用约为风冷冷水机组系统的 70% ,可节约 30% 的运行费,而且其安装费、维修费和能源消耗均较低,根据测算,变制冷剂流量系统的总寿命成本仅为冷水机组系统的 86% 左右。

第五节　空调系统蓄冷技术

空调系统蓄冷技术是提高能源利用效率和保护环境的重要技术,可用于解决热能供给与需求失配的矛盾,在太阳能利用、电力的"移峰填谷"、废热和余热的回收利用以及工业与民用建筑和空调的节能等领域具有广泛的应用前景,目前已成为世界范围内的研究热点。空调系统蓄冷技术一般分为冰蓄冷和水蓄冷两类。

一、冰蓄冷技术

冰蓄冷是利用冰的相变潜热进行冷量的贮存,在用电低谷、电价较低或中央空调不需要工作时开始制冰,蓄存冷量,而在用电高峰、电价较高或中央空调需要工作时停止制冰,同时依靠冰的融化来制冷,从而完成能源利用在时间上的转移,节省运行费用,降低运行成本。

(一)冰蓄冷技术的原理

简言之,冰蓄冷技术是利用夜间电网多余的谷荷电力继续运转制冷机制冷,并通过介质将冷量贮存起来,在白天用电高峰时释放该冷量提供空调服务,从而缓解空调争用高峰电力的矛盾。目前,较为流行的蓄冷方式有三种,即水蓄冷、冰蓄冷、优态盐蓄冷。空调蓄冷系统合理利用峰谷电能,削峰填谷。在电力结构峰谷差距不断加大的今天,蓄冷系统将会带来空调系统的革命,在平衡电力消耗方面将起到不可估量的作用。

冰蓄冷空调系统是在空调负荷很低的时间制冷蓄冰,而在空调负荷高峰时化冰取冷,以此来全部或部分转移制冷设备的运行时间,并采用此办法规避用电高峰,让出空调用电份额给其他生产部门,以创造更多的财富。另外,利用夜间低价电,可降低运行费用,同时利用蓄冰技术,可减少制冷设备的装机容量,减少电力负荷,降低主机一次性投入。

(二)冰蓄冷空调系统的组成

冰蓄冷空调系统一般由制冷机组、蓄冷设备(或蓄水池)、辅助设备及设备之间的连接、调节控制装置等组成。具体的空调组成及工作示意图如图 5-23 所示。

(三)分类

根据制冰方式的不同,冰蓄冷可以分为静态制冰、动态制冰两大类。静态制冰,冰本身始终处于相对静止状态,这一类制冰方式包括冰盘管式、封装式等多种具体形式。动态制冰方式在制冰过程中有冰晶、冰浆生成,且处于运动状态。每一种制冰具体形式都有其自身的特点和适用的场合。

(四)运行方式

与常规空调系统不同,蓄冷系统可以通过制冷机组或蓄冷设备或两者同时为建筑物供冷,用以确定在某一给定时刻,多少负荷是由制冷机组提供,多少负荷是由蓄冷设备供给的方法,即为系统的运行策略。蓄冷系统在设计过程中必须制定一个合适的运行策略,确定具体的控制策略,并详细给出系统中的设备是应作调节还是周期性开停。对于部分蓄冷系统的运转策略,主要是解决每时段制冷设备之间的供冷负荷分配问题,以下为蓄冷系统通常选择的几种运行策略。

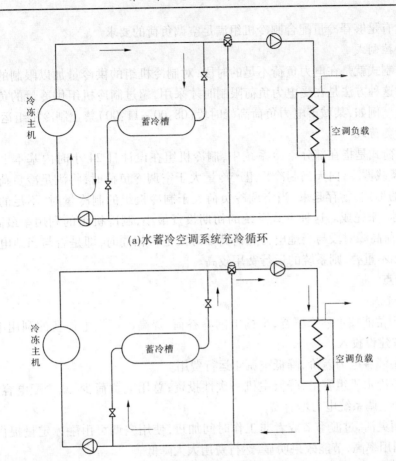

(a)水蓄冷空调系统充冷循环

(b)冰蓄冷空调系统放冷循环

图 5-23　蓄冷空调系统图

1. 制冷机组优先式

蓄冷系统采用制冷机组优先式运行策略是指制冷机组首先直接供冷,超过制冷机组供冷能力的负荷由蓄冷设备释冷提供。这种策略通常用于单位蓄冷量所需费用高于单位制冷机组产冷量所需费用,通过降低空调尖峰负荷值,可以大幅度节省系统的投资费用。

2. 蓄冷设备优先式

蓄冷设备优先式运行策略是指蓄冷设备优先释冷,超过释冷能力的负荷由制冷机组负责供冷。这种方式通常用于单位蓄冷量所需的费用低于单位制冷机组产冷量所需的费用。蓄冷设备优先式在控制上要比制冷机组优先式相对复杂些。在下一个蓄冷过程开始前,蓄冷设备应尽可能将蓄存的冷量全部释放完,即充分利用蓄冷设备的可利用蓄冷量,降低蓄冷系统的运行费用。另外,应避免蓄冷设备在释冷过程的前段时间将蓄存的大部分冷量释放,而在以后尖峰负荷时,制冷机组和蓄冷设备无法满足空调负荷需要的现象,因此应合理地控制蓄冷设备的剩余冷量,特别是对于设计日空调尖峰负荷出现在下午时段时非常重要。一般情况,蓄冷设备优先式运行策略要求蓄冷系统应预测出当日 24 小时空调负荷分布图,并确定出当日制冷机组在供冷过程中最小供冷量控制分布图,以保证蓄冷设备随时有足够释冷量配合制冷机组满足空调负荷的要求。

3. 负荷控制式

负荷控制式就是在电力负荷不足的时段，对制冷机组的供冷量加以限制的一种控制方法。通常这种方法是在受电力负荷限制时才采用，超过制冷机组供冷量的负荷可由蓄冷设备负责。例如，某城市电力负荷高峰时段(08:00~11:00)禁止制冷机组运行。

4. 均衡负荷式

均衡负荷式是指在部分蓄冷系统中，制冷机组在设计日 24 小时内基本上满负荷运行；在夜间满载蓄冷，白天当制冷机组产冷量大于空调冷负荷时，将满足冷负荷所剩余的冷量(用冰的形式)蓄存起来；当空调冷负荷大于制冷机组的制冷量时，不足的部分由蓄冷设备(融冰)来完成。这种方式系统的初期投资最小，制冷机组的利用率最高，但在设计日空调负荷高峰时段与当地电力负荷高峰时段是否相同时，即是否与当地电价低谷时段相重叠，如不重叠，则系统的运行费用较高。

(五)特点

1. 主要优点

(1)利用蓄能技术移峰填谷，平衡电网峰谷荷，提高电厂发电设备的利用率，降低运行成本，节省建设投入。

(2)利用峰谷电力差价，降低空调年运行费用。

(3)减少冷水机组容量，降低主机一次性投资；总用电负荷少，减少配电容量与配电设施费，减少空调系统电力增容费。

(4)使用灵活，过渡季节或者非工作时间加班，使用空调可由融冰定量提供，无须开主机，冷量利用率高，节能效果明显，运行费用大大降低。

(5)具有应急冷源，提高空调系统的可靠性。

(6)冷冻水温度可降到 1~4 ℃，可实现大温差低温送风，节省水、风系统的投资及能耗，相对湿度低，提高空调高品质，防止中央空调综合症。

2. 主要缺点

(1)对于冰蓄冷系统，其运行效率将降低。

(2)增加了蓄冷设备费用及其占用的空间。

(3)增加水管和风管的保温费用。

(4)冰蓄冷空调系统的制冷主机性能系数 COP 要下降。

二、水蓄冷技术

水蓄冷是利用水的显热实现冷量的贮存，通常利用 3~7 ℃的低温水进行蓄冷。一个设计合理的蓄冷系统应通过维持尽可能大的蓄水温差并防止冷水与热水的混合来获得最大的蓄冷效率。水蓄冷可直接与常规系统匹配，无需其他专门设备。

(一)水蓄冷系统的工作原理

图 5-24 为水蓄冷系统实际流程，它以空调用的冷水机组作为制冷设备，以保温槽作为蓄冷设备。空调主机在用电低谷时间将 5~7 ℃的冷水蓄存起来，空调时将蓄存的冷水抽出使用，由于是利用水的温差进行蓄冷，可直接与常规空调系统匹配，无需其他专门设

备。但这种系统只能贮存水的显热,不能贮存潜热,因此需要较大的蓄水槽,其蓄冷量通常超过日空调总需冷量的50%。

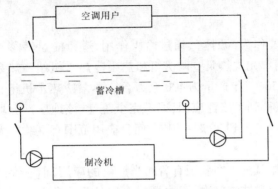

图 5-24　水蓄冷系统实际流程

(二)水蓄冷系统的组成

简单的水蓄冷制冷系统由制冷机组、蓄冷水槽、蓄冷水泵、板式换热器和放冷水泵组成。有的水蓄冷系统还可不配板式换热器。水蓄冷系统制冷机组与蓄冷装置的连接方式可采用并联方式和串联方式,在串联连接方式中,可采用主机上游串联方式与主机下游串联方式。

(三)水蓄冷系统的三种供冷方式

(1)供冷机单独供冷:制冷机按照原有方式运行。

(2)蓄冷槽单独供冷方式:利用夜间低谷电开启制冷机,制备冷冻水并贮存在蓄冷槽中。白天开启冷冻水泵即可完成供冷。

(3)制冷机与蓄冷槽联合使用:在每年极端炎热的有限时间,空调负荷很大时使用,白天由制冷机提供部分冷量、蓄冷槽提供部分冷量。

(四)特点

(1)平衡电网峰谷荷,缓解电厂建设,实现终端节能。

(2)节省新装用户的空调系统初投资。

(3)显著降低空调系统运行费用,经济性好。

(4)综合改善空调品质。

(5)减少机器检修,维修费用低,延长使用寿命。

第六节　热泵节能技术

建筑用能绝大多数用于温度较低的低品质热能,而在传统的建筑用能中,却常常以消耗商品质的燃料化学能来供给,因此传统的建筑用能方式存在着极大的不合理性。以再生能源替代建筑用能中传统的化石能源是建筑节能发展的必然趋势。

热泵技术为利用低温热能替代化石能源提供了有力的手段,不但满足了温度对口的节约用能原则,而且满足了保护生态环境的要求。能源问题是今后长期存在的问题,所以节能工作及热泵技术的应用与研究将会是建筑节能领域中永恒的研究课题。

一、分类

(一)空气源热泵

空气源热泵以空气作为"源体",通过冷媒作用,进行能量转移。目前的产品主要是家用热泵空调器、商用单元式热泵空调机组和热泵冷热水机组。热泵空调器已占到家用空调器销量的40%～50%,年产量为400余万台。热泵冷热水机组自20世纪90年代初开始,在夏热冬冷地区得到了广泛应用,据不完全统计,该地区部分城市中央空调冷热源采用热泵冷热水机组的已占到20%～30%,而且应用范围有继续扩大的趋势。

(二)水源热泵

虽然目前空气能热泵机组在我国有着相当广泛的应用,但它存在着热泵供热量随着室外气温的降低而减少和结霜问题,而水源热泵以地下水作为冷热"源体",在冬季利用热泵吸收其热量向建筑物供暖,在夏季热泵将吸收到的热量向其排放,实现对建筑物供冷,克服了空气源热泵的不足,而且运行可靠性又高,近年来国内应用有逐渐扩大的趋势。

(三)地源热泵

地源热泵是以大地为热源对建筑进行空调的技术,冬季通过热泵将大地中的低位热能提高对建筑供暖,同时蓄存冷量,以备夏用;夏季通过热泵将建筑物内的热量转移到地下对建筑进行降温,同时蓄存热量,以备冬用。由于其节能、环保、热稳定等特点,引起了世界各国的重视。欧美等发达国家地源热泵的利用已有几十年的历史,特别是供热方面已积累了大量设计、施工和运行方面的资料与数据。

(四)复合热泵

为了弥补单一热源热泵存在的局限性和充分利用低位能量,运用了各种复合热泵。如空气－空气热泵机组、空气－水热泵机组、水－水热泵机组、水－空气热泵机组、太阳能－空气双热源热泵系统、空气回热热泵、太阳能－水源热泵系统、热电水三联复合热泵、土壤－水源热泵系统等。

1. 太阳能－空气双热源热泵系统

太阳能－空气双热源热泵系统是在传统的空气热源热泵系统的基础上,利用太阳能热源而新开发的系统。它可以制冷、供热、供生活热水,是一种利用自然能源、无污染、适用性广、效率高的新型冷热源系统。

2. 土壤－水源热泵系统

土壤－水源热泵(下称土壤热泵)系统可利用低品位的土壤热能提供热水或向建筑物供暖。美国、德国及瑞典等北欧国家已有上万台此类热泵装置在运行,土壤热泵技术已趋成熟,并迅速地加以推广使用。

3. 太阳能－水源热泵空调系统

太阳能－水源热泵空调系统由三部分组成,即太阳能集热系统、水源热泵系统和热水供应系统。其系统是将建筑物的消防水池作为蓄水供应系统。以解决太阳能的间歇性和不稳定性。当环路水温高于35℃时,水源热泵空调系统同消防水池断开,冷却塔投入运行;当环路水温在15～35℃之间时,冷却塔停止运行,收集的太阳能用来加热生活用水;

当环路水温低于15 ℃时,环路与消防水池连通,太阳能水源热泵空调系统吸收太阳能,若仍有多余的太阳能,可继续加热生活用水。

热泵除上述四类外,还有喷射式热泵、吸收式热泵、工质变浓度容量调节式热泵及以CO_2为工质的热泵系统。

二、热泵的系统类型及工作原理

在自然界中,水总由高处流向低处,热量也总是从高温传向低温。但人们可以用水泵把水从低处提升到高处,从而实现水的由低处向高处流动,热泵同样可以把热量从低温传递到高温。所以,热泵实质上是一种热量提升装置,热泵的作用是从周围环境中吸取热量,并把它传递给被加热的对象(温度较高的物体),其工作原理与制冷机相同,都是按照逆卡诺循环工作的。

(一)地源热泵

地源热泵(也称地热泵)是利用地下常温土壤和地下水相对稳定的特性,通过深埋于建筑物周围的管路系统或地下水,采用热泵原理,通过少量的高位电能输入,实现低位热能向高位热能转移与建筑物完成热交换的一种技术。

1. 地源热泵的系统组成及工作原理

地源热泵系统主要由地表浅层地能采集系统、水源热泵机组、室内采暖空调系统和控制系统四部分组成,系统示意图见图5-25。

(1)浅层地能采集系统。是指通过水循环或含有防冻剂的水溶液循环将岩土体或地下水、地表水中的热量或冷量采集出来并输送给水源热泵机组的换热系统,通常分为地埋管换热系统、地下水换热系统和地表水换热系统。

(2)水源热泵机组。主要有水/水热泵和水/空气热泵两种。

(3)室内采暖空调系统。主要有风机盘管系统、地板辐射采暖系统等。热泵与地能之间换热介质为水,与建筑物采暖空调末端换热介质可以是水或空气。

地源热泵系统通过输入少量的电能,最大限度地利用地表浅层能量,实现由低温位向高温位或由高温位向低温位的转换。即在冬季,把地下的热量"取"出来,经过热泵进一步换热后为室内供暖,同时将冷能传输到地下;在夏季,把地下的冷能"取"出来,经过热泵进一步制冷后供室内使用,同时将热能释放到地下。

2. 地源热泵的特点

1)清洁可再生能源技术

地源热泵是利用了地球表面浅层地热资源(通常小于400 m)作为冷热源,进行能量转换的供暖空调系统。地浅层的地热资源是指地表土壤、地下水或河流、湖泊中吸收太阳能、地热能而蕴藏的低温位热能。地表浅层是一个巨大的太阳能集热器,收集了47%的太阳能量,比人类每年利用能量的500倍还多。

2)经济有效的节能技术

地能或者地表浅层地热资源的温度一年四季相对稳定,冬季比环境空气温度高,夏季比环境空气温度低,是很好的热泵热源和空调冷源,这种特性使得地源热泵比传统空调系统运行效率要高40%,因此要节能和节省运行费用40%左右。另外,地能温度相对稳定,

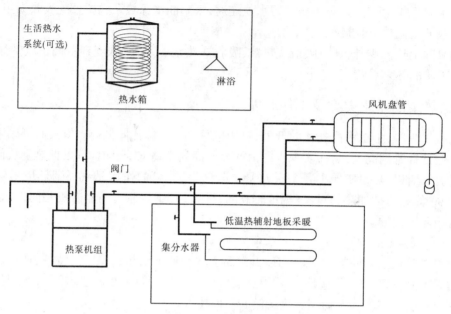

图 5-25　地源热泵系统示意图

使热泵机组运行更可靠、稳定。

3) 环境效益显著

地源热泵的污染物排放,与空气源热泵相比,相当于减少 40% 以上,与电供暖相比,相当于减少 70% 以上。地源热泵在运行中只是从土壤或水中吸热和排热,没有任何污染,没有燃烧,没有排烟,也没有废物,不需要堆放燃料废物的场地。

4) 一机多用,应用广泛

地源热泵可供暖、空调还可供生活热水,一机多用,一套地源热泵系统可以代替原来的锅炉和空调两套系统。地源热泵的应用受到地区、国家政策和燃料价格的影响。若采用地下水的利用方式,会受到当地地下水资源的制约。

（二）水源热泵

水源热泵是一种利用地下浅层地热资源的既可供热又可制冷的高效节能空调系统。

1. 组成以及工作原理

水源热泵机组由压缩机、冷凝器、节流阀、蒸发器、制冷剂、载冷剂、制冷管路、电气控制元件等主要部件组成。它们之间用管道依次连接,形成一个封闭系统,制冷剂在系统内循环流动,不断地发生状态变化,并与外界进行能量交换,从而达到制冷的目的。

它的主要工作过程是:压缩机吸入蒸发器内产生的低温低压制冷剂蒸气,保持蒸发器内的低压状态,创造了蒸发器内制冷剂液体不断地在低温下吸收载冷剂热量而沸腾的条件;吸入的蒸气经过压缩,其温度、压力升高,创造了制冷剂被液化的条件;高温高压蒸气排入冷凝器后,在压力保持不变的情况下,被冷却介质(水)冷却,放出热量,温度降低,并进一步凝结成液体,从冷凝器排出;高压制冷剂液体经过节流阀时,因受阻而使压力下降,导致部分制冷剂液体汽化,吸收汽化潜热,使其本身的温度也相应降低,成为低温低压下的湿蒸气,进入蒸发器;在蒸发器中,制冷剂液体在压力不变的情况下,吸收载冷剂(水)

的热量(即制取冷量)而汽化,形成的低压低温蒸气又被压缩机吸走,如此周而复始的往复循环。具体如图 5-26 所示。

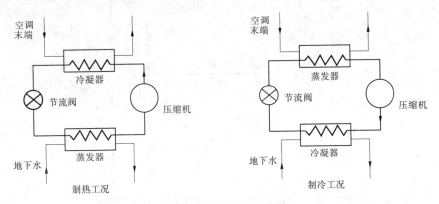

图 5-26　水源热泵工作原理

　　夏季工况如图 5-27 所示,制冷时,井水为机组的排热源,制冷剂在蒸发器内吸热蒸发,制取 7 ℃冷水,送入房间使用,制冷剂再经压缩机压缩成高温高压的过热蒸气,进入冷凝器,由井水带走热量并排至井中。

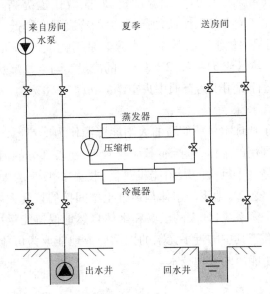

图 5-27　夏季工况

　　冬季工况如图 5-28 所示,制热时,井水为机组的吸热源。制冷剂在蒸发器内吸取井水的热量蒸发,井水回灌井内。制冷剂再经压缩机压缩成高温高压的过热蒸气,进入冷凝器,加热循环水,制取 45 ~ 50 ℃(最高可达 65 ℃)的热水。

　　2. 水源热泵的特点

　　1)高效节能

　　水源热泵是目前空调系统中能效比(COP 值)最高的制冷、制热方式,理论计算可达到 7,实际运行为 4 ~ 6。水源热泵机组可利用的水体温度冬季为 12 ~ 22 ℃,水体温度比

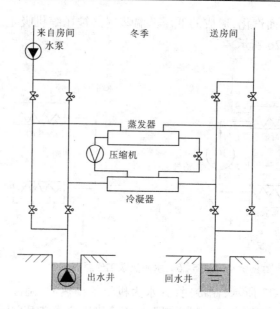

图 5-28　冬季工况

环境空气温度高,所以热泵循环的蒸发温度提高,能效比也提高。而夏季水体温度为 18~35 ℃,水体温度比环境空气温度低,所以制冷的冷凝温度降低,使得冷却效果好于风冷式和冷却塔式,从而提高机组运行效率。水源热泵消耗 1 kW·h 的电量,用户可以得到 4.3~5.0 kW·h 的热量或 5.4~6.2 kW·h 的冷量。与空气源热泵相比,其运行效率要高出 20%~60%,运行费用仅为普通中央空调的 40%~60%。

2)可再生能源利用技术

水源热泵是利用了地球水体所储藏的太阳能资源作为冷热源,进行能量转换的供暖空调系统。其中可以利用的水体,包括地下水或河流、地表部分的河流和湖泊以及海洋。地表土壤和水体不仅是一个巨大的太阳能集热器,收集了 47% 的太阳辐射能量,比人类每年利用能量的 500 倍还多(地下的水体是通过土壤间接的接受太阳辐射能量),而且是一个巨大的动态能量平衡系统,地表的土壤和水体自然地保持能量接受和发散的相对的均衡。这使得利用贮存于其中的近乎无限的太阳能或地能成为可能。所以说,水源热泵利用的是清洁的可再生能源的一种技术。

3)节水省地

以地表水为冷热源,向其放出热量或吸收热量,不消耗水资源,不会对其造成污染;省去了锅炉房及附属煤场、储油房、冷却塔等设施,机房面积远小于常规空调系统,节省建筑空间,也有利于建筑的美观。

4)环保效益显著

水源热泵机组供热时省去了燃煤、燃气、燃油等锅炉房系统,无燃烧过程,避免了排烟、排污等污染;供冷时省去了冷却水塔,避免了冷却塔的噪声、霉菌污染及水耗。所以,水源热泵机组运行无任何污染,无燃烧、无排烟,不产生废渣、废水、废气和烟尘,不会产生城市"热岛效应",对环境非常友好,是理想的绿色环保产品。

5) 一机多用, 应用范围广

水源热泵系统可供暖、空调, 还可供生活热水, 一机多用, 一套系统可以替换原来的锅炉加空调的两套装置或系统。特别是对于同时有供热和供冷要求的建筑物, 水源热泵有着明显的优点, 不仅节省了大量能源, 而且用一套设备可以同时满足供热和供冷的要求, 减少了设备的初投资。其总投资额仅为传统空调系统的 60%, 并且安装容易, 安装工作量比传统空调系统小, 安装工期短, 更改安装也容易。

水源热泵可应用于宾馆、商场、办公楼、学校等建筑, 小型的水源热泵更适合于别墅、住宅小区的采暖、供冷。

6) 运行稳定可靠, 维护方便

水体的温度一年四季相对稳定, 其波动的范围远远小于空气的变动, 水体温度较恒定的特性, 使得热泵机组运行更可靠、稳定, 也保证了系统的高效性和经济性; 采用全电脑控制, 自动程度高。由于系统简单、机组部件少, 运行稳定, 因此维护费用低, 使用寿命长。

第六章　可再生能源在建筑中的应用

可再生能源利用涉及的知识面比较广泛,通过本章的学习,应掌握在建筑中应用可再生能源技术的形式和与建筑结合利用的关键问题及需考虑的因素。可再生能源在建筑中应用设计应结合地区的气候特点、地理条件、能源状况以及建筑群所在环境情况综合考虑建筑布局、建筑朝向、建筑间距及建筑体形等诸多因素,充分利用太阳能、风能、地热能等可再生能源为建筑物供热、供冷。

第一节　可再生能源的类型

能源是指能提供能量的自然资源,它可以直接或间接地提供人们所需要的电能、热能、机械能、光能、声能等。各种可利用的能源资源包括煤炭、石油、天然气、水能、风能、核能、太阳能、地热能、海洋能、生物质能等。按照能否反复使用,能源可分为:①不可再生能源,即只能一次性使用,用完后不可再生的能源,它包括所有化石能源和核能。②可再生能源,即可以反复使用,不断再生,不会耗尽的能源。可再生能源是指自然界中可以不断利用、循环再生的一次能源,例如太阳能、风能、水能、生物质能、海洋能、潮汐能、地热能等。为了与传统的可再生能源相区别,人们称现代可再生能源为"新型可再生能源"(New and Renewable Energy)或"可持续能源"(Sustainable Energy),意思是强调运用现代科学技术开发自然能源,或者表明开发可再生能源应该建立在高新技术的基础之上,以达到安全、高效实用的目的。

一、太阳能

太阳能是指太阳辐射所负载的能量,一般以阳光照射到地面的辐射总量来计量,包括太阳的直接辐射和天空散射辐射的总和。太阳能的转换和利用方式有光 - 热转换、光 - 电转换和光 - 化学转换。接收或聚集太阳能使之转换为热能,然后用于生产和生活,这是太阳能热利用的最基本方式。

太阳能资源具有以下特点:

(1)广泛性。太阳能资源取之不尽,用之不竭,是任何地区、任何个人都能分享的一种自然能源。这对于经济不发达地区、能源匮乏地区更显示出它的优越性。即使对于经济高度发达的国家来说,太阳能也日益受到人们的重视。

(2)无污染性。煤炭、石油等能源的开采对环境污染严重,而太阳能却有以上各种能源无可相比的清洁性。利用太阳能可以大大减少环境污染,并给人一种安静感和自然感。

(3)稀薄性及间歇性。太阳能作为一种能源,由于过于"稀薄",而且一年内,太阳的位置无时不在变化,太阳在天空的活动范围约占整个天空的40%,加上昼夜交替,云雾阴雨,要想经济有效地收集并储藏足够的供工业和生活使用的太阳能,就需要有一定的科技措施。

二、风能

风能是太阳能的一种新的转化形式,由于太阳辐射造成地球表面温度不均匀,引起各地温差和气压不同,导致空气运动而产生的能量。风能属于一种自然资源,具有总储量大、可以再生、分布广泛、不需运输、对环境没有污染、不破坏生态平衡等诸多特点,但在利用上也存在着能量密度低、随机变化大、难以贮存等诸多问题,风能的大小取决于风速和空气的密度。在中国北方地区和东南沿海地区的一些岛屿,风能资源非常丰富。利用风力机可将风能转换成电力、制热以及风帆助航等。

三、水能(小水电)

水的流动可以产生能量,通过捕获水流动的能量来发电,称为水力发电。所谓小水电,通常是指容量在 1.2 万 kW 以下的小水电站及与其相配套的电网的统称。

四、生物质能

生物质能是可再生能源的重要组成部分,主要包括自然界可用作能源用途的各种植物、人畜排泄物以及城乡有机废物转化成的能源,如薪柴、沼气、生物柴油、燃料乙醇、林业加工废弃物、农作物秸秆、城市有机垃圾、工农业有机废水和其他野生植物和动物粪便等。从其来源分析,生物质能是绿色植物通过叶绿素将太阳能转化为化学能贮存在生物质内部的能量。

生物质能的利用方式主要有直接燃烧、热－化学转换以及生物－化学转换 3 种不同途径。生物质的直接燃烧在今后相当长的时间内仍将是中国农村生物质能利用的主要方式,生物质的热－化学转换是指在一定温度和条件下使生物质汽化、炭化、热解和催化液化,以生产气态燃料、液态燃料和化学物质的技术;生物质的生物－化学转换包括有生物质－沼气转换和生物质－乙醇转换等,沼气转换是有机物质在厌氧环境中,通过微生物发酵产生一种以甲烷为主要成分的可燃性混合气体即沼气,乙醇转换是利用糖质、淀粉和纤维素等不同原料经发酵制成乙醇。

五、地热能

作为贮存在地下岩石和流体中的地热能资源,它可以用来发电,也可以为建筑物供热和制冷。地热能资源按赋存形式可分为水热型(又分为干蒸汽型、湿蒸汽型和热水型)、地压型、干热岩型和岩浆型 4 大类。按温度高低可分为高温型(大于 150 ℃)、中温型(90 ~ 149 ℃)和低温型(小于 89 ℃)3 大类。地热能的利用方式主要有地热能发电和地热能直接利用两大类。

不同品质的地热能,作用也是不同的。液体温度为 200 ~ 400 ℃的地热能主要用于发电和综合利用,150 ~ 200 ℃的地热能主要用于发电、工业热加工、工业干燥和制冷,100 ~ 150 ℃的地热能主要用于采暖、工业干燥、脱水加工、回收盐类和双循环发电,50 ~ 100 ℃度的地热能主要用于温室、采暖、家用热水、工业干燥和制冷,20 ~ 50 ℃的地热能主要用于洗浴、养殖、种植和医疗等。

六、海洋能

海洋能是指蕴藏在蓝色大海中的可再生能源,它包括潮汐能、波浪能、潮流能、海流能、海水温度差能和海水盐度差能等不同的能源形态。海洋通过各种物理过程接收、贮存和散发能量,这些能量以潮汐、波浪、温度差、海流等多种形式存在于海洋之中。

海洋能按贮存能量的形式可分为机械能、热能和化学能。潮汐能、波浪能、海流能、潮流能为机械能,海水温差能为热能,海水盐度差能为化学能。所有这些形式的海洋能都可以用来发电。

七、氢能和燃料电池

氢能是世界新能源和可再生能源领域产业中正在积极开发的一种二次能源。2 个氢原子与 1 个氧原子相结合便构成了一个水分子。氢气在氧气中易燃烧释放热量,然后氢分子便和氧分子起化学反应并生成了水。由于氢分子和氧分子结合不会产生二氧化碳、二氧化硫、烟尘等大气污染物,所以氢能被看做是未来最理想的清洁能源,有“未来石油”最佳替代能源之称。

国际上的氢能制备原料主要来源于矿物和化石燃料、生物质和水,氢的制取工艺主要有电解制氢、热解制氢、光化制氢、放射能水解制氢、等离子电化学方法制氢和生物方法制氢等。氢能不但清洁干净,利用效率高,而且其转换形式多样,也可以制成以其为燃料的燃料电池。在 21 世纪,氢能将会成为一种重要的二次能源,燃料电池也必将成为一种最具有产业竞争力的全新的发电方式。

第二节　太阳能在建筑中的应用

太阳能与常规能源相比是清洁的可再生的自然能源,在建筑上具有很大的利用潜力。对太阳能的热利用和光利用可以减少采暖、空调和照明所使用的常规能耗,也可减轻因电力生产所造成的环境负荷。因此,世界各国通常都把太阳能的利用作为建筑节能的有效手段。

太阳能在建筑中利用包括太阳能热水系统、太阳能制冷空调系统、被动式太阳能建筑、主动式太阳能建筑等。

一、太阳能热水系统

太阳能热水系统是利用“温室效应”原理,将太阳辐射能转变为热能,并将热量传递给工作介质从而获得热水的供热水系统。太阳能热水系统由太阳集热器、贮热水箱、泵、循环管道、辅助热源、控制系统和相关附件组成。

（一）太阳集热器

集热器是太阳能集热系统的核心部件,其性能的好坏直接影响整个集热系统运行的质量。目前,常见的太阳集热器主要有以下几个类型。

1. 平板型太阳集热器

平板型太阳集热器的工作原理是让阳光透过透光盖板,照射在表面涂有高太阳能吸收率的涂层的吸收板上,吸收板吸收太阳辐射能量后温度升高,一方面将热量传递给集热器内的工质,使工质温度升高,作为载热体输出有用能量;另一方面也向四周散热。盖板则起允许可见光线透过,而红外射线不能透过的作用,也就是所谓的"温室效应",使工质能带着更多的热量而提高集热器效率。平板型太阳集热器构造如图 6-1 所示。

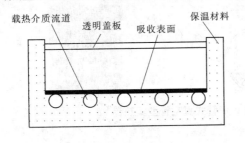

图 6-1　平板型太阳集热器构造

2. 全玻璃真空管太阳集热器

全玻璃真空管太阳集热管由内、外两根同心圆玻璃管构成,具有高吸收率和低发射率的选择性吸收膜沉积在内管外表面上构成吸热体,内、外管夹层之间抽成真空,其形状像一个细长的暖水瓶胆,它采用单端开口,将内、外管口予以环形熔封;另一端是密闭半球形圆头,由弹簧卡支撑,可以自由伸缩,以缓冲内管热胀冷缩引起的应力。弹簧卡上装有消气剂,当它蒸散后能吸收真空运行时产生的气体,保持管内真空度。全玻璃真空管太阳集热器构造如图 6-2 所示。

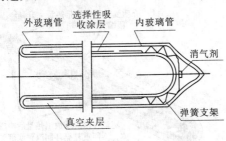

图 6-2　全玻璃真空管太阳集热器构造

其工作原理是:太阳光能透过外玻璃管射到内管外表面吸热体上转换为热能,然后加热内玻璃管内的传热流体,由于夹层之间被抽真空,有效地降低了向周围环境散失的热损失,使集热效率得以提高。

3. 金属 - 玻璃结构真空管型太阳集热器

全玻璃真空太阳集热管的材质为玻璃,放置在室外被损坏的概率较大,在运行过程中,若有一根损坏,整个系统就要停止工作。为解决此问题,在全玻璃真空太阳集热管的基础上,开发了两种金属 - 玻璃结构的真空管,即热管直接插入真空管内和应用 U 形金属管吸收板插入真空管内的两类集热管。这两种类型的真空集热管,既未改变全玻璃真空太阳集热管结构,又提高了产品运行的可靠性。

1)U 形管式真空管型太阳集热器

　　U 形管式真空管型太阳集热器按插入管内的吸热板形状不同,有平板翼片和圆柱形翼片两种。金属翼片与 U 形管焊接在一起,吸收的翼片表面沉积选择性涂料,管内抽真空。管子(一般是铜管)与玻璃熔封或 U 形管采用与保温堵盖的结合方式引出集热管外,作为传热工质(一般为水)的入、出口端,如图6-3 所示。

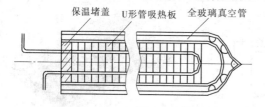

图6-3　全玻璃 U 形管式真空管型集热器

2)热管式真空管型太阳集热器

　　热管式真空管型太阳集热器根据吸收板的不同,可分为两类:热管 – 平板翼片结构和热管 – 圆筒翼片结构。

　　热管式真空管型太阳集热器(见图6-4)主要由热管、吸热板、真空管三部分组成。其工作原理是:太阳光透过玻璃照射到吸收板上,吸收板吸收的热量使热管内的工质汽化,被汽化的工质升到热管冷凝端,放出汽化潜热后冷凝成液体,同时加热水箱或联箱中的水,工质又在重力作用下流回热管下端,如此重复工作,不断地将吸收的辐射能传递给需要加热的介质(水)。这种单方向传热的特点是热管性能决定的。为了确保热管的正常工作,热管真空管与地面倾角应大于 10°。

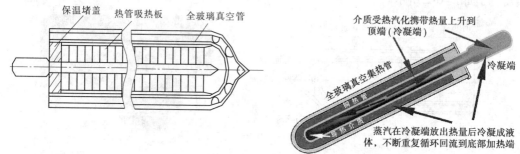

图6-4　全玻璃热管式真空管型太阳集热器

　　工程实际中,确定集热器类型应根据太阳热水系统在一年中的运行时间、运行期内最低环境温度等因素确定(见表6-1),可以按照《太阳能热水系统设计、安装及工程验收技术规范》(GB/T 18713—2002)推荐的方式选用。

表6-1　集热器类型选用

运行条件		集热器类型		
		平板型	全玻璃真空管型	热管式真空管型
运行期内最低环境温度	高于 0 ℃	可用	可用	可用
	低于 0 ℃	不可用	可用	可用

注:1. 采取防冻措施后可用;
　　2. 如不采用防冻措施,应注意最低环境温度值及阴天持续时间。

(二)集热器的连接形式

工程中应用的太阳集热器数量很多,一般若干集热器先连接成一个集热器组,集热器组之间再通过一定的方式连接成一个集热器系统。如何连接太阳集热器对太阳能集热系统的防冻、排空、水力平衡和减少阻力都起着重要作用。

一般来说,集热器连接成集热器组的方式有三种:串联、并联和串－并联(见图6-5),串－并联也称为混连。对于自然循环的太阳能热水系统,集热器不能串联,否则因循环流动阻力大,系统难以循环,只能采用并联方式,且每个集热器组集热器数目不宜超过16个或总面积不宜超过32 m²;对于非自然循环系统,集热器可采用并联方式或串－并联方式连接,但一般情况下,推荐采用并联方式连接,当采用串联连接时,串联的集热器数目也不宜超过3个。

通过以上方式连接起来的集热器称为集热器组。多个集热器组连接起来形成太阳能集热系统。为保证各集热器组的水力平衡,各集热器组之间的连接推荐采用同程连接,当不得不采用异程连接时,在每个集热器组的支路上应增加平衡阀来调节流量平衡,如图6-6所示。集热器组之间采用并联方式连接,各集热器组包括集热器数应该相同,自然循环系统全部集热器数量不宜超过24个或总面积不宜超过48 m²。

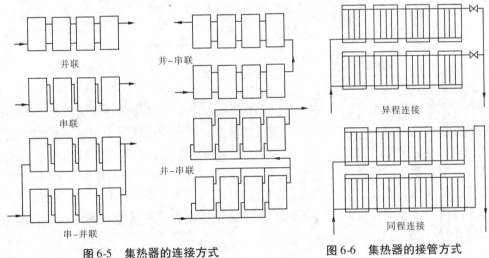

图6-5　集热器的连接方式　　　图6-6　集热器的接管方式

(三)太阳能热水系统主要运行方式

太阳能热水系统的分类方式很多,例如,按照太阳能集热系统与太阳能热水供应系统关系划分为直接系统(也称一次循环系统)和间接系统(也称二次循环系统),按有无辅助热源划分为有辅助热源系统和无辅助热源系统,按热水供应范围划分为集中供热水系统和分散供热水系统,按太阳能集热系统运行方式划分为自然循环系统、直流式系统和强制循环系统。以下介绍按照太阳能集热系统运行方式划分方式。

1.自然循环系统

自然循环系统是利用太阳能使系统内传热工质在集热器与储热水箱之间或集热器与换热器之间自然循环加热的系统。系统循环的动力为传热工质温差引起的密度差,导致热虹吸作用。由于间接式系统的阻力较大,热虹吸作用往往不能提供足够的压头,自然循环系统一般为直接式系统。

通常采用的自然循环系统一般可分为自然循环系统和自然循环定温放水系统(见图6-7、图6-8)。在自然循环系统中,贮热水箱中的水在热虹吸作用下通过集热器被不断加热,并由自来水的压力顶至热用户使用。自然循环定温放水系统多设一个可以放在集热器下部的供热水箱,原有贮水箱体积可以大大缩小,当贮热水箱中水温达到设定值时,利用自来水压力降贮热水箱中的热水顶到供热水箱中待用。自然循环定温放水系统安装和布置较自然循环系统容易,但造价有所提高。自然循环系统可以采用非承压的太阳能集热器,其造价较低。由于自然循环系统的贮水箱必须高于集热器提供的热虹吸动力,这种系统在建筑结合设计中贮水箱位置不好布置,使用较少。

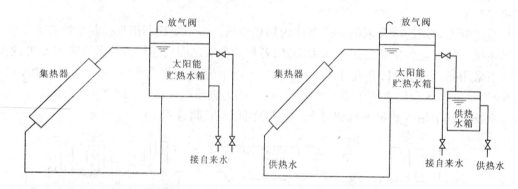

图6-7　自然循环系统　　　　　　图6-8　自然循环定温放水系统

2. 直流式系统

直流式系统是利用控制器使传热工质在自来水压力或其他附加动力作用下,直接流过集热器加热的系统,如图6-9所示。直流式系统一般采用变流量定温放水控制方式,当集热系统出水温度达到设定温度时,水阀打开,集热系统中的热水流入热水贮水箱中;当集热系统出水温度低于设定温度时,水阀处于关闭状态,补充的冷水停留在集热系统中吸收太阳能被加热。直流式系统只能是直接式系统,可采用非承压集热器,集热器系统造价低。在国内的中小型建筑中使用较多;由于存在生活用水可能被污染、集热器易结垢和防冻问题,国外很少使用。

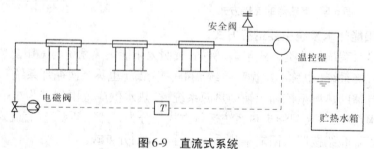

图6-9　直流式系统

3. 强制循环系统

强制循环系统是利用温差控制器和循环水泵使系统根据集热系统得热强制循环传热工质加热的系统。系统由水泵驱动强制循环,强制循环系统的形式较多,主要有直接式和间接式两种。直接式系统主要可分为单水箱方式(见图6-10)和双水箱方式(见图6-11),

一般采用变流量定温放水的控制方式或温差循环控制方式;间接式系统主要也可分为单水箱方式和双水箱方式,控制方式以温差循环控制为主。强制循环系统是与建筑结合的太阳能热水系统的发展方向,在工程实践中应用广泛。

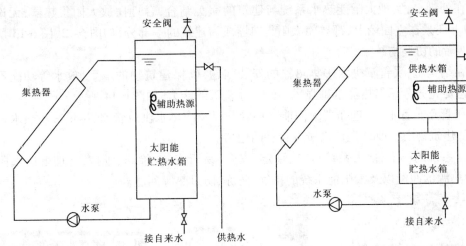

图 6-10　强制循环直接式单水箱系统　　　　图 6-11　强制循环直接式双水箱系统

4.太阳能热水系统的选用

太阳能热水系统设计应遵循节水、节能、经济使用、安全简便、便于计量的原则。根据建筑物形式、辅助热源种类和热水需求等条件,宜按表 6-2 选择太阳能热水系统。

表 6-2　太阳能热水系统设计选用

建筑物类型			居住建筑			公共建筑		
			低层	多层	高层	医院、宾馆	游泳馆	公共浴室
太阳能热水系统类型	集热与供热水范围	集中供热水系统	●	●	●	●	●	●
		集中－分散供热水系统	●	●	—	—	—	—
		分散供热水系统	●	—	—	—	—	—
	系统运行方式	自然循环系统	●	●	●	●	●	●
		强制循环系统	●	●	●	●	●	●
		直流式系统	—	●	●	●	●	●
	集热器内传热工质	直接系统	●	●	●	●	●	●
		间接系统	●	●	●	●	●	—
	辅助能源安装位置	内置加热系统	●	●	●	●	—	—
		外置加热系统	●	●	●	●	●	●
	辅助能源启动方式	全日自动启动系统	●	●	●	●	—	—
		定时自动启动系统	●	●	●	●	●	—
		按需手动启动系统	●	●	●	●	●	●

注:表中"●"为可选用项目。

(四)太阳能热水系统的建筑一体化

1.太阳能热水系统与建筑结合的基本含义

太阳能与建筑结合已成为经济和社会可持续发展的必然趋势。近年来,国内外太阳能界和建筑界都在强调太阳能与建筑结合,在我国各种文献资料中,有时采用"结合",有时采用"整合",有时采用"一体化",其实这些词汇都跟英语单词"integration"有相同的含义,其至少包括以下基本含义:

(1)在外观上,实现太阳能热水系统与建筑的完美结合,合理摆放太阳集热器,无论是在屋顶上还是在立面墙上,都要使太阳集热器成为建筑的一部分,如图 6-12、图 6-13 所示,实现两者的协调与统一。

(2)在结构上,妥善解决太阳集热器的安装问题,确保建筑物的承重、放水等功能不受影响,还要充分考虑集热器抵御强风、暴雪、冰雹等的能力,如图 6-14 所示。

(3)在管路布置上,合理布置太阳能循环管路以及冷热水供应管路,尽量减小热水管路的长度,建筑物中都要事先留出所有管路的通口。

(4)在系统运行上,要求系统可靠、稳定、安全,易于安装、检修、维护,合理解决太阳能与辅助热源的匹配以及太阳能系统的排气、防冻、防过热等问题。

图 6-12 太阳能集热器与南向阳台一体化　　图 6-13 太阳能集热器雨篷一体化　　图 6-14 太阳能集热器嵌入式安装在坡屋面

2. 建筑中太阳能热水系统的一般规定

1)太阳能热水系统设计应纳入建筑给水排水设计

民用建筑将太阳能热水系统作为建筑配套设备,其实质是对建筑物的热水供应系统在能源利用上选择太阳能和辅助常规能源相结合的方式,因而建筑中的太阳能热水系统的设计应由暖通和给水排水专业人员在太阳能专业人员的配合下进行,并应符合国家现行的有关建筑给水排水设计规范要求。另外,有关太阳能集热器的位置、色泽、安装倾角及数量等应与建筑师配合设计,从而使太阳能热水系统设计真正纳入到建筑设计中去。

2)太阳能热水系统应与建筑物整体及周围环境相协调

民用建筑中的太阳能热水系统应根据建筑物使用功能、地理位置、气候条件和安装条件等综合因素,适当选择太阳能集热器的类型、色泽和安装位置,使太阳能热水系统与建筑物整体及周围环境相协调,满足安全、适用、经济、美观等的要求,并便于安装、清洁、维护和局部更换。

3)太阳能集热器的规格宜与建筑模数相协调

过去由于太阳能产业与建筑产业的沟通不够,造成现有不少太阳能热水器产品尺寸规格不满足建筑设计的要求,因而应加强两个产业之间的交流与合作,提倡太阳能集热器的规格与建筑模数相协调。

4)太阳能集热器等部件应与建筑功能和建筑造型一并设计

对于安装在民用建筑中的太阳能热水系统,其太阳能集热器、支架、储水箱、连接管线等主要部件无论是安装在建筑屋面、阳台、墙面上还是安装在其他部位,都应从全局出发,与建筑功能和建筑造型一并设计。

二、太阳能制冷空调系统

太阳能转换成热能后,可以利用这部分热能提供制冷空调。太阳能空调的最大特点在于季节适应性好:一方面,夏季太阳辐射能很强,在炎热的天气迫切需要空调;另一方面,由于夏季太阳辐射能量增加,使依靠太阳能驱动的空调系统可以产生更多的冷量。这就是说,太阳能空调系统的制冷能力是随着太阳辐射的增加而增大的,正好与夏季空调用能相匹配。

按照消耗热能补偿过程进行分类,太阳能制冷空调系统主要有以下三种类型:太阳能吸收式制冷空调系统、太阳能吸附式制冷空调系统和太阳能除湿式制冷空调系统。

(一)太阳能吸收式制冷空调系统

吸收式制冷是利用两种沸点不同的物质组成的二元混合物。混合物在同一压强下有不同的沸点,其中高沸点的组分称为吸收剂,低沸点的组分称为制冷剂,因此被称为制冷剂－吸收剂工质对。常用的工质对两种有:一种是氨－水工质对,通常用于工艺制冷;另一种是溴化锂－水工质对,通常用于空调制冷。

吸收式制冷就是利用太阳能集热器将水加热,为吸收式制冷机的发生器提供所需的热量,从而使吸收式制冷机正常运行。太阳能吸收式空调系统(见图 6-15)主要包括太阳能集热器、吸收式制冷机、末端装置、辅助热源(燃油、燃气炉)、储水箱和自动控制等几部分,系统可实现夏季制冷、冬季采暖、全年提供生活热水等多项功能。

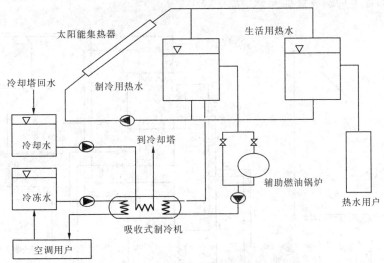

图 6-15　太阳能吸收式空调系统示意图

用于太阳能吸收式空调系统的太阳能集热器,既可采用真空管集热器,也可采用平板型集热器,前者可提供的热水温度较后者高。理论分析与试验结果都表明,热媒水的温度越高,制冷机的性能系数(亦称 COP)越高,制冷系统的效率也就越高。

从吸收式制冷循环角度看,主要有单级、两级和三级发生器以及单效、双效、三效、单效/两级等复合式循环。目前,应用较多的是太阳能驱动的单效溴化锂吸收式制冷系统。表6-3给出了不同级发生器太阳能溴化锂吸收式制冷系统比较。

表6-3　单级、两级和三级太阳能溴化锂吸收式制冷系统的比较(每千瓦时制冷功率)

类型	COP 典型值	热源温度 (℃)	集热器类型	所需加热功率 (kW)	所需集热器面积 (m²)
单级	0.70	85	平板或真空管	1.43	7.48
两级	1.20	130	真空管/CPC	0.83	5.074
三级	1.70	220	聚光型	0.59	4.49

(二)太阳能吸附式制冷空调系统

太阳能固体吸附式制冷是利用吸附制冷原理,以太阳能作为热源,采用的工质对通常为活性炭－甲醇、分子筛－水、硅胶－水及氯化钙－氨等。利用太阳能集热器将吸附床加热用于脱附制冷剂,通过加热脱附—冷凝—吸附—蒸发等几个环节实现制冷。

上海交通大学成功研制硅胶－水吸附冷水机组,其容量为8.5 kW,可以采用60~85℃热水驱动,获得10℃冷冻水。该制冷机与普通真空管太阳能集热器结合即可形成高效的太阳能吸附制冷系统,正常夏季典型工况可获得8 h以上的空调制冷输出。图6-16是上海建筑科学研究院生态办公示范楼的15 kW太阳能吸附式空调系统,试验数据表明,相对于吸附床耗热量的平均制冷性能系数(系统COP)为0.35;相对于日总太阳辐射量的平均制冷性能系数(太阳COP)为0.15;在全天8 h运行期间,太阳能吸附式空调系统相对于耗电量的日平均制冷性能系数(电力COP)为8.19。

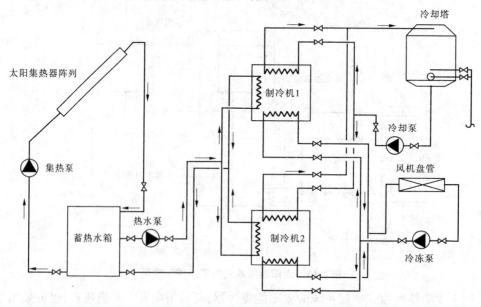

图6-16　太阳能吸附式空调系统

(三)太阳能除湿式制冷空调系统

除湿空调系统首先利用干燥剂吸附空气中的水分,经热交换器进行降温,再经蒸发冷却器,以进一步迅速、有效地冷却空气,从而达到调节室内温度与湿度的目的。

从形式上看,除湿式制冷的原理跟吸附式制冷的原理似乎有些相近,都是由吸附原理来实现降温制冷的。但是,除湿式制冷是利用干燥剂(亦称为除湿剂)来吸附空气中的水蒸气以降低空气的湿度进而实现降温制冷的,而吸附式制冷则是利用吸附剂来吸附制冷剂以实现降温制冷的。

除湿式制冷系统有多种形式。若按工作介质划分,有固体干燥剂除湿系统和液体干燥剂除湿系统;若按制冷循环方式划分,有开式循环系统和闭式循环系统。

干燥剂除湿冷却系统属于热驱动的开式制冷,一般由干燥剂除湿、空气冷却、再生空气加热和热回收等几类主要设备组成。其中,干燥剂有固体和液体,固定床和回转床之分;空气冷却有水冷、直接蒸发冷却和间接蒸发冷却之分;再生用热源来自锅炉、直燃、太阳能等。干燥剂系统与利用闭式制冷机的空调系统相比,具有除湿能力强、有利于改善室内空气品质、处理空气不需再热、工作在常压、适宜于中小规模太阳能热利用系统。固体转轮除湿系统已普遍用于连续除湿的场合,两股不同的气流分别流经旋转的除湿转轮,处理侧空气流经转轮时,空气通过吸附作用而去湿,这并不改变干燥剂的物理性质;再生侧空气被加热后用来再生干燥剂。G. A. Florides 等提出一种利用空气集热器的太阳能转轮除湿系统,如图 6-17 所示。

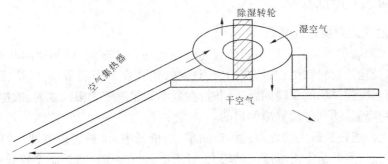

图 6-17　太阳能(空气)转轮除湿系统

陈君燕等利用真空管太阳能集热器作为热源来加热再生侧空气,设计建造了太阳能转轮除湿复合空调系统,其中的太阳能液体除湿系统如图 6-18 所示。将液体除湿系统与常规制冷机结合,构成复合系统,可以实现显热、潜热分别处理,不仅可使压缩机电耗降低,而且可使常规制冷子系统结构尺寸减小。在热湿气候地区,用作商业建筑的空调系统具有很强的经济性和实用性。

液体除湿空调系统具有节能、清洁、易操作、处理空气量大、除湿溶液的再生温度低等优点,很适合用太阳能和其他低湿热源作为其驱动热源,具有较好的发展前景。太阳能液体除湿空调系统利用湿空气与除湿剂中的水蒸气分压差来进行除湿和再生。它能直接吸收空气中的水蒸气,可避免压缩式空调系统为了降低空气湿度,而首先必须将空气降温到露点以下,从而造成系统效率的降低。其次,该系统用水做工作流体,消除了对环境的破坏,而且以太阳能为主要能源,耗电很少。该系统同样可以单独控制处理空气的温度和湿度,实现热、湿分别处理。在较大通风量和高湿地区,该系统仍有较高的效率。太阳能液体除湿系统通常采用除湿塔作为除湿部件,利用太阳能集热器进行溶液浓缩,其系统如图 6-19 所示,它表示带有直接蒸发冷却器的太阳能液体除湿空调系统。

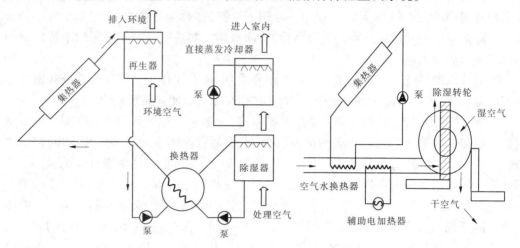

图 6-18　太阳能液体除湿系统　　　　　图 6-19　太阳能(水)转轮除湿系统

三、被动式太阳能建筑

(一)被动式太阳能建筑概念

被动式太阳能建筑是通过建筑朝向和周围环境的合理布置,内部空间和外部形体的巧妙处理,以及建筑材料和结构、构造的恰当选择,使其在冬季能采集、保持、贮存和分配太阳能,从而解决建筑物的采暖问题。同时,在夏季又能遮蔽太阳能辐射,散逸室内热量,从而使建筑物降温,达到冬暖夏凉的目的。

被动式太阳能建筑最大的优点是构造简单,造价低廉,维护管理方便。但是,被动式太阳房也有缺点,主要是室内温度波动较大,舒适度差,在夜晚、室外温度较低或连续阴天时需要辅助热源来维持室温。

(二)被动式太阳能建筑设计

被动式太阳能建筑最简单、最基本的工作原理是:让阳光穿过建筑物的南向玻璃(集热面)进入室内,经储热体(如砖、土坯、石头等)吸收太阳能而转化为热量,并将建筑物主要房间妥善布置,紧靠南向集热面和储热体,从而使其被间接加热。这里,主要利用了"温室效应"的原理,即玻璃具有透过"短波太阳辐射"而不透过"长波红外热辐射"的特殊性质。一旦太阳能能通过玻璃,并被材料所吸收,则由这些材料再次发出的热辐射,就不会再通过玻璃再返回到室外,而被限制在房间内部加以利用。不需要另外附加太阳能采暖机械设备系统(集热器、管道等),整个建筑物本身就是一个太阳能集热系统。因此,太阳能采暖房需从三个方面考虑,即集热、蓄热和保温。

1. 能量的集取、蓄积与保持

在被动式太阳能建筑设计和建造中,集热、蓄热、保温是被动式太阳能采暖房建设的三要素,缺一不可。为了获取最大的太阳能收益,并把它保持在建筑物内,恰当的朝向、合适的位置与布局和充分的保温以及合理的蓄热结构都是非常重要的。

1）朝向的选择与被动式太阳房的外形

在采暖季节,设计合理的被动式太阳能建筑南向房屋受到的直射阳光一定是最多的,而在夏季直射入室内的阳光又是最少的。在被动式太阳能建筑中,只有充分利用南向窗、墙等围护结构获得太阳能才能达到被动式采暖的目的与效果。对于因场地所限,导致朝向不尽合理的被动式太阳能建筑,可以采用天窗、通风天窗、通风顶、南向锯齿形屋面以及太阳能烟囱等建筑构造,实现自然通风以及自然采光,改善建筑内部的光环境和热环境。太阳能建筑的外形对保温隔热有一定的影响,太阳能建筑的形体包括两方面内容,首先建筑应对阳光不产生自身的遮挡;其次体形系数要小,通过围护结构表面散失出去的热量也越少。因此,太阳能建筑的最佳形态是沿东西向伸展的矩形平面,并且立面应简单,避免立面上的凹凸。

2）良好的保温构造与合理的蓄热

合理的保温构造设计、新型的保温材料、保温装置和节能门窗的合理利用都能使热量得到良好的保持,因此太阳能建筑的外围护结构都应有较好的保温。

设置专门的蓄热墙体还可得到相对稳定的热环境,提高热舒适性。首先,为了充分利用围护结构的蓄热能力,保温层最好是敷设在外围护结构外表面;其次,将保温层置于围护结构的中间,即做成夹芯结构。应避免将保温层置于外围护结构内表面。

3）设置保护区

为了充分利用冬季宝贵的太阳能,尽量加大南向日照面积,缩小东、西、北立面的面积,争取较多的集热量,减少热量流失。为了保证建筑北侧房间的室内温度,常把车库和贮藏室等附在北面,从而可减少北墙的散热,这些房间称为太阳能建筑的保护区。

4）充分利用太阳能,合理布置房间

可以根据不同用途的房间在一天中的不同使用时间来布置房间。采光集热面一般布置在正南向,如果根据房间的功能分东南、西南采光,不仅扩大建筑冬季的受热面,并且有利于根据不同房间的使用时间来控制室温,充分利用太阳能。如将卫生间、楼梯、厨房和入口等辅助房间摆在北面,可为使用频繁的起居室、卧室提供一个缓冲隔离空间。在入口处设置门斗作为气闸,以减少冷风渗透。

2．通风降温

1）太阳能强化自然通风

太阳能强化自然通风是基于热压通风的原理实现被动式冷却的,从而在一定程度上改善室内热环境。工作原理是利用太阳辐射能量产生热压,诱导空气流动,将热能转化为空气运动的动能,形成烟囱效应强化自然通风。也就是在夏季,南墙下风口和北墙上风口开启,并打开南墙玻璃板上通向室外的排气窗,利用空气夹层的"热烟囱"作用,将室内热空气抽出,补充室外冷空气,降低室内温度,如图6-20所示。研究表明,太阳能烟囱的自然通风量随太阳辐射强度的升高而升高,

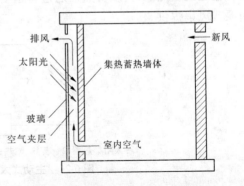

图6-20　太阳能强化自然通风原理

随太阳能烟囱长度的增加而增加,但是太阳能集热效率却在降低。在建筑结构合理的情况下,多个短的太阳能烟囱并联的自然通风效果强于长的太阳能烟囱。

2)改善进风温度

在炎热的夏季,自然通风的气流通道作用就是尽量减少室外热量传入室内,同时使室内热量尽快散发出去。设计时要协调好室内外气流通道的方位,即进风口要求置于顺风背阳、低气温位置。

3)降低冷负荷

降低冷负荷的有效措施是建筑遮阳,这是最为立竿见影的有效方法。通过阻断直射阳光透过玻璃进入室内,防止阳光过分照射和加热建筑围护结构,防止直射阳光造成的强烈眩光。建筑遮阳现代遮阳技术正朝多功能、智能化和艺术化发展。

4)利用"生物气候"减少温度波动

绿色植物冬枯夏盛,可调节建筑物四周的微气候,同时调节着不同季节南向窗的进光量,植被夏季起到绿色遮阳作用。室内的植物将部分太阳能转化为生物能,减少了室温的波动。在室外种植树木,也能起到挡住夏季辐射,而在冬季不影响太阳光照射到房屋内的作用。我国南方城市近年来通过屋顶绿化、种植屋面,利用植物绿叶遮挡太阳辐射热,使太阳光通过光合作用,热能转化为植物能,有效地控制了夏季房间内表面温度,从而减少了室内的温度波动。

四、主动式太阳能建筑

(一)主动式太阳能建筑定义

采用高效太阳能集热器以及机械动力系统来完成采暖或降温过程,系统运转中需要消耗一定电能,这样的系统称为主动式太阳能系统,采用此系统设计的建筑称为主动式太阳能建筑。

主动式太阳能建筑是指利用常规能源驱动太阳能集热器以及贮热器装置组成的强制循环太阳能系统,向房间供暖的一种建筑形式,如图6-21所示。该系统的集热器与蓄热器相互分开。太阳能在集热器中转化为热能。随着水或空气等流体工质的流动而从集热器被输送到蓄热器,再从蓄热器通过管道与散热设备输送到室内利用。工质流动的动力由泵或风扇提供。

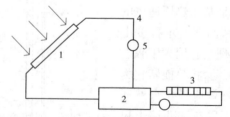

1—太阳集热器;2—蓄热、贮热;3—散热;4—管道;5—水泵或风机

图6-21　主动式太阳能采暖系统示意图

(二)主动式太阳能建筑运行原理

靠常规能源(泵、鼓风机)运行的系统,由集热器、蓄热器、收集回路、分配回路组成,

通过平板集热器,以水为介质收集太阳热。吸热升温的水,贮存于地下水柜内,柜外围以石块,通过石块将空气加热后送至室内,用以供暖。如将蓄热器埋于地层深处,把夏季过剩的热能贮存起来,可供其他季节使用。主动式太阳能系统按传热介质又可分为空气循环系统、水循环系统和水气混合系统。主动式太阳能建筑的一般结构主要包括太阳能集热器、贮热水箱、减压阀、循环水泵、水管、辅助加热装置、热用户和热计量设备等部分,如图6-21所示。主动式太阳能采暖又可分为直接式和间接式。所谓直接式,就是由太阳集热器加热的热水或空气直接被用来供暖;所谓间接式,就是集热器加热的热水通过热泵提高温度后再供暖。由于集热温度越高,集热器的效率就越低,因此一般采用地板采暖或风机盘管。这两种方式要求热源的温度比较低,为50 ℃左右,集热器具有较高的效率。

(三)主动式太阳能建筑的新型技术措施

随着科技的发展,国内外在太阳能的利用方面开展了多方面的研究,以下新型技术措施克服或大部分克服了上述缺点,使主动式太阳能建筑的优势更加明显。

1.热管集热器热管

热管集热器热管是1964年前后才付诸使用的具有很高热传输性能的元件,它集沸腾与凝结于一体。一般热管是由管壳、管芯(起毛细管作用的多孔结构物)和工作液组成的一个封闭系统。当在一端加热时,管内的液体蒸发,过量的蒸汽在管的另一端冷凝,冷凝液借助在毛细芯截面中的毛细力返回到加热端。在某些太阳能采暖应用中,冷凝液的返回能够通过重力流动来实现。由于热管内的蒸发、冷凝过程几乎是在等温、等压下进行的,所以热管能在非常小的温差下从内部传递热量,对重力辅助热管,假如冷凝段在下而加热段在上,则工质液体回流中断。因此,热管具有控制热流方向的“热二极管”的作用。热管式集热器与传统集热器比较,具有以下优点:

(1)用热管传输热量,可避免普通集热器存在的集热管冬天晚间结冰问题。

(2)由于重力辅助热管的“热二极管”的作用,热量只能从吸热板向换热器输送,能防止晚上或阴天时的倒流散热。

(3)热容小,启动性能好。

另外,还有热管式真空管平板型集热器,它兼有热管式平板型集热器与玻璃真空管平板型集热器的优点。热管式真空管平板型集热器由于热管外表面涂有选择性吸收涂层,而且真空绝热,因此热损失小,在高的工作温度下仍有较高的集热效率。热管选用合适的工质(如R11)使集热器温度超过工质的临界温度后,热管的传热就停止,这就防止了集热器在无负荷情况下带来的高温问题,利于整个采暖期使用。

2.相变材料蓄热

由太阳能集热器得到的热收益为Q,需要的热负荷为L。当$Q>L$时,多余的热能可贮存在贮热装置内;当$Q<L$时,不足的能量可由贮热装置供应一部分,其余部分则由辅助能源补足。相变材料在从固态转变为液态的过程中贮存热量,在相反过程中释放热量。当热蓄进相变蓄热器时,热传入蓄热器使相变材料熔化;当热从蓄热器释放时,相变材料凝固。相变蓄热比显热蓄热器更紧凑,这使得安装蓄热器时有较大的灵活性,并可以减少保温要求。使用液体传热介质的太阳能采暖系统需要附加一个换热器,热由相变材料传到流过的水中被释放出来,然后热水再通过散热器加热空气。

3. 辅助热源

当太阳能收集较少或温度过低时,使用辅助热源起补充作用。当连续阴天和阳光不充足时,就只能依靠辅助热源保证采暖系统正常运转。近年来,西北地区电力充足且费用低廉,政府鼓励用电采暖,这种方式最为简便,又无烟尘,既不会污染环境,也不会污染集热器表面而减少太阳能的收集,且体积小、效率高。结合西安地区目前实际情况,可用天然气作为辅助热源。

4. 自动控制系统

自动控制系统是使用仪表来控制系统的正常工作。在收集回路中的自动控制可采用差动控制,使用两个温度传感器和一个差动控制器。其中一个温度传感器(热敏电阻或热电偶)安装在集热器板接近传热介质出口处,另一个温度传感器安装在贮热器接近收集回路回流出口。当第一个传感器温度大于第二个,并达到预定的限度时,差动控制器就开启。相反,当贮热器出口温度与集热器出口温度相等时就关闭。采暖回路是指采暖房间中热媒的循环回路。自动控制一般使用两个温度传感器和一个差动控制器。其中一个是温度传感器置于贮热器采暖回路出口附近,当贮热器温度很高并达到一定的数值时,辅助加热器关闭;另一个温度传感器安装在采暖回路的回水管道中。当第一个传感器读出的温度低于第二个时,差动控制器操作阀门,切断贮热器与系统的联系,使其脱离循环,这时由辅助加热器供暖。

5. 太阳能热泵采暖系统

太阳能热泵采暖系统是利用集热器进行太阳能低温集热,然后通过热泵,将热量传递到温度为 35 ~ 50 ℃ 的采暖热媒中去。冬季太阳辐射量较小,环境温度很低,使用热泵则可以直接收集太阳能进行采暖。将太阳能集热器作为热泵系统中的蒸发器,换热器作为冷凝器。这样就可以得到较高温度的采暖热媒。太阳能热泵采暖系统主要特点是花费少量电能就可以得到几倍于电能的热量,同时可以有效地利用低温热源,减少集热面积。这是太阳能采暖的一种有效手段。若与夏季制冷相结合,应用于空调,它的优点更为突出。美国、德国、日本等国家对太阳能热泵采暖系统的研究很重视,不少太阳房应用这种技术。如美国丹佛公共学院北院建筑面积为 30 000 m²,采用太阳能热泵系统,可提供约 80% 的采暖所需热量。

任何新生事物要想逐步取代在社会中已经占统治地位的传统事物,都要经过曲折上升的进化过程,主动式太阳能建筑的发展也存在同样的规律。先进的技术永远是推动建筑发展的最大动力,随着太阳能技术与建筑设计理念的不断演化,主动式太阳能建筑在建筑领域必将展现出强大的生命力。

五、光伏建筑一体化

太阳能与建筑一体化不是简单地将太阳能与建筑"相加",而是要通过建筑的建造技术与太阳能的利用技术的集成,整合出一个崭新的现代化的节能建筑。简言之,太阳能与建筑一体化就是太阳能与建筑的结合应用。建筑应该从开始设计的时候,就要将太阳能系统包含的所有内容作为建筑不可或缺的设计元素加以考虑,巧妙地将太阳能系统的各个部件融入建筑设计的相关专业内容中,使太阳能系统成为建筑组成不可分割的一部分,而不是让太阳能成为建筑的附加构件。

光伏建筑一体化（BIPV）系统是应用太阳能发电的一种新概念，简单的讲，就是将太阳能光伏发电方阵安装在建筑的围护结构外表面来提供电力。该系统可以有效地利用建筑外表面，无须额外用地或者增加其他设施，节约外饰材料（玻璃幕墙等），外观更有魅力，缓解电力需求，降低夏季空调负荷，改善室内热环境等。

光伏建筑一体化系统是目前世界上大规模利用光伏技术发电的重要市场，一些发达国家都在将光伏建筑一体化系统作为重点项目积极推进。近年来，国外推行在用电密集的城镇建筑物上安装光伏系统，并采用与公共电网并网的形式，极大地推动了光伏并网系统的发展，光伏与建筑一体化已经占居了太阳能发电量的较大比例。光伏并网发电和建筑一体化的发展，标志着光伏发电由边远地区向城市过渡，由补充能源向替代能源过渡，人类社会向可持续发展的能源体系过渡。太阳能光伏发电将作为最具可持续发展特征的能源技术进入能源结构，其比例将愈来愈大，并成为能源主体构成之一。

（一）太阳能光伏系统建筑一体化的优势

从建筑学、光伏技术和经济效益的观点来看，光伏发电技术和建筑学相结合的光伏建筑一体化有如下优点：

（1）节省用地。安装便利联网系统的光伏阵列，一般安装在闲置的屋顶或墙面上，无须额外用地或增建其他设施，适用于人口密集的地方。这对于土地昂贵的城市建筑尤其重要。由于光伏电池的组件化，光伏阵列安装起来很简便，而且可以任意选择发电容量。

（2）节省投资。供电可靠原地发电、就地用电，在一定距离范围内可以节省电站送电网的投资。对于联网用户系统，光伏阵列所发电力既可供给本建筑物负载使用，也可送入电网。在阴雨天、夜晚或光强很小的时候，负载可由电网供电。夏季，处于日照时，大量制冷设备的使用，形成电网用电高峰，而这时也是光伏阵列发电最多的时候，系统除保证自身建筑用电外，还可以向电网供电，从而缓解高峰电力需求。光伏阵列和公共电网共同给负载供应电力，增加了供电的可靠性。

（3）节省能源。由于光伏阵列安装在屋顶和墙壁等外围护结构上，吸收太阳能转化为电能，大大地降低了室外综合温度，减少了墙体得热和室内空调冷负荷，既节省了能源，又保证了室内的空气品质，避免了由于使用常规化石燃料发电导致的空气污染和废渣污染。

（4）规模增效。在建筑外围护结构上安装光伏阵列，用光伏器件代替部分建材，可以促进光伏部件的大规模生产，进而能够进一步降低光伏部件的市场价格。随着应用面的扩大，光伏组件的生产规模也随之增大，则可从规模效益上降低光伏组件的成本，有利于光伏产品的推广应用，市场潜力巨大。

（二）光伏系统的基本组成

基本的太阳能发电系统由太阳能光伏板、充电控制器、逆变器和蓄电池构成，下面对各部分的功能做简单的介绍。

1. 太阳能光伏组件

太阳能光伏板的作用是将太阳辐射能直接转换成电能，供负载使用或存贮于蓄电池内备用。太阳能光伏板一般分为单晶硅电池光伏板、多晶硅电池光伏板和非晶硅电池光伏板，如图6-22所示。这些光伏板因为组成的不同，具有不同的外观和发电效率，它们的

特点如下:

(1)单晶硅电池光伏板:表面规则稳定,通常为黑色。电池形状为 10 ~ 15 cm 的方形或圆形单元,效率为 14% ~ 17%。

(2)多晶硅电池光伏板:结构清晰,通常呈蓝色,晶状结构形成美丽的图案。电池的尺寸可任意裁剪,无固定的大小单元,效率为 12% ~ 14%。

(3)非晶硅电池光伏板:具有透光性,透光度为 5% ~ 75%,当然,随着透光性的增加,光电池的转化效率会随着下降,运用到建筑上的最理想的透光度为 25%,效率为 5% ~ 7%。

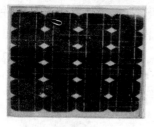  

(a) 单晶硅电池光伏板　　　　(b) 多晶硅电池光伏板　　　　(c) 非晶硅电池光伏板

图 6-22　太阳能光伏板示意图

建筑师可以根据建筑设计的需要来加以选择。一般根据用户需要,将若干太阳能光伏板按一定方式连接,组成太阳能电池方阵,再配上适当的支架及接线盒组成。

2. 充电控制器

不同类型的光伏发电系统中,充电控制器不尽相同,其功能多少及复杂程度差别很大,这需根据系统的要求及重要程度来确定。充电控制器主要由电子元件、仪表、继电器、开关等组成。在太阳能光伏发电系统中,充电控制器的基本作用是为蓄电池提供最佳的充电电流和电压,快速、平稳、高效地为蓄电池充电,并在充电过程中减少损耗,尽量延长蓄电池的使用寿命;同时保护蓄电池,避免过充电和过放电现象的发生。如果用户使用直流负载,通过充电控制器还能为负载提供稳定的直流电(由于天气的原因,太阳电池方阵发出的直流电的电压和电流不是很稳定)。

3. 逆变器

逆变器的作用是将太阳能电池方阵和蓄电池提供的低压直流电逆变成 220 V 交流电,供给交流负载使用。

4. 蓄电池组

蓄电池组是将太阳能光伏方阵发出直流电贮藏起来,供负载使用。在光伏发电系统中,蓄电池处于浮充放电状态,夏天日照量大,除供给负载用电外,还对蓄电池充电;在冬天日照量少,这部分贮存的电能逐步放出。白天太阳能电池方阵给蓄电池充电(同时方阵还能给负载用电),晚上负载用电全部由蓄电池供给。因此,要求蓄电池的自放电要小,而且充电效率要高,还要考虑价格和使用是否方便等因素。常用的蓄电池有铅酸蓄电池和硅胶蓄电池,要求较高的场合也有价格比较昂贵的镍镉蓄电池。

(三)光伏与建筑相结合的形式

光伏与建筑的结合有两种方式。一种是建筑与光伏系统相结合,把封装好的光伏组件平板或曲面板安装在居民住宅或建筑物的屋顶上,建筑物作为光伏阵列载体,起支撑作用,然后光伏阵列再与逆变器、蓄电池、控制器、负载等装置相连,建筑与光伏系统相结合是一种常用的光伏建筑一体化形式,特别是与建筑屋面的结合。另一种是建筑与光伏组件相结合,建筑与光伏组件相结合是光伏建筑一体化的一种高级形式,它对光伏组件的要求较高,光伏组件不仅要满足光伏发电的功能要求,而且要兼顾建筑的基本功能要求。一般的建筑物外围护表面采用涂料、装饰瓷砖或幕墙玻璃,目的是保护和装饰建筑物。如果用光伏组件代替部分建材,即用光伏组件来做建筑物的屋顶、外墙和窗户,这样既可用作建材也可用以发电,可谓物尽其美。

1. 建筑与光伏系统的结合

与建筑相结合的光伏系统,可以作为独立电源供电或者以并网的方式供电。当光伏建筑一体化系统参与并网时,可以不需要蓄电池,但需要与电网连入的装置,而并网发电是当今光伏应用的新趋势。将光伏组件安装在建筑物的屋顶或外墙,引出端经过控制器及逆变器与公共电网相连接,需要由光伏阵列及电网并联向用户供电,这就组成了户用并网光伏系统。由于其不需要蓄电池,造价大大降低,除发电外,还具有调峰、环保和代替某些建材的功能,是光伏发电步入商业应用并逐步发展成为基本电源之一的重要方式。

光伏系统与建筑相结合的形式主要包括与建筑屋顶相结合以及与建筑墙体相结合等方式,下面分别进行介绍。

1) 光伏系统与建筑屋顶相结合

将建筑屋顶作为光伏阵列的安装位置有其特有的优势:日照条件好,不易受到遮挡,可以充分接收太阳辐射,光伏系统可以紧贴建筑屋顶结构安装,减少风力的不利影响。并且,太阳光伏组件可替代保温隔热层遮挡屋面。此外,与建筑屋顶一体化的大面积光伏组件由于综合使用材料,不但节约了成本,单位面积上的太阳能转换设施的价格也可以大大降低,有效地利用了屋面的复合功能。光伏系统与建筑屋顶相结合如图6-23所示。

2) 光伏系统与建筑墙体相结合

对于多、高层建筑来说,建筑外墙是与太阳光接触面积最大的外表面。为了合理地利用墙面收集太阳能,可采用各种墙体构造和材料。将光伏系统布置于建筑墙体上不仅可以利用太阳能产生电力,满足建筑的需求,而且能有效降低建筑墙体的温度,从而降低建筑物室内空调冷负荷。光伏系统与建筑墙体相结合如图6-24所示。

图6-23　光伏系统与建筑屋顶相结合

图6-24　光伏系统与建筑墙体相结合

2. 建筑与光伏组件的结合

建筑与光伏组件的结合是指将光伏组件与建筑材料集成化,光伏组件以一种建筑材料的形式出现,光伏阵列成为建筑不可分割的一部分,如光伏玻璃幕墙、光伏瓦和光伏遮阳装置等。

把光伏组件用作建材必须具备建材所要求的几项条件,如坚固耐用、保温隔热、防水防潮、适当强度和刚度等性能。用光伏组件代替部分建材,在将来随着应用面的扩大,光伏组件的生产规模也随之增大,则可从规模效益上降低光伏组件的成本,有利于光伏产品的推广应用,所以存在着巨大的潜在市场。

近几年,随着全球光伏产业的迅猛发展,薄膜光伏电池市场前景看好,技术日臻成熟,光伏转换效率和稳定性不断提高。薄膜光伏电池的一个重要优点是适合做成与建筑物结合的光伏发电组件:双层玻璃封装刚性的薄膜光伏电池组件,可以根据需要,制作成不同的透光率,可以部分代替玻璃幕墙,而不锈钢和聚合物衬底的柔性薄膜光伏电池适用于建筑屋顶等需要造型的部分。一方面它具有漂亮的外观,能够发电;另一方面,用于薄膜光伏电池的透明导电薄膜能很好地阻挡外部红外射线的进入和内部热能的散失,将成为建筑与光伏组件结合的主要方向之一。

从光伏方阵与建筑墙面、屋顶等结合来看,主要为屋顶光伏电站和墙面光伏电站。而从光伏组件与建筑的集成来讲,主要有光电幕墙、光电采光顶、光电遮阳板等形式。目前,光伏建筑一体化主要有如下几种形式(见表6-4)。

表6-4　光伏建筑一体化的主要形式

序号	BIPV 形式	光伏组件	建筑要求	类型
1	光电采光顶(天窗)	光伏玻璃组件	建筑效果、结构强度、采光、遮风挡雨	集成
2	光电屋顶	光伏屋面瓦	建筑效果、结构强度、遮风挡雨	集成
3	光电幕墙(透明幕墙)	光伏玻璃组件(透明)	建筑效果、结构强度、采光、遮风挡雨	集成
4	光电幕墙(非透明幕墙)	光伏玻璃组件(非透明)	建筑效果、结构强度、遮风挡雨	集成
5	光电遮阳板(有采光要求)	光伏玻璃组件(透明)	建筑效果、结构强度、采光	集成
6	光电遮阳板(无采光要求)	光伏玻璃组件(非透明)	建筑效果、结构强度	集成
7	屋顶光伏方阵	普通光伏组件	建筑效果	结合
8	墙面光伏方阵	普通光伏组件	建筑效果	结合

1)光伏组件与玻璃幕墙相结合

将光伏组件同玻璃幕墙集成化的光伏玻璃幕墙,将光伏技术融入了玻璃幕墙,突破了传统玻璃幕墙单一的围护功能,把以前被当作有害因素而屏蔽在建筑物表面的太阳光,转化为能被人们利用的电能,同时这种复合材料不多占用建筑面积,而且优美的外观具有特殊的装饰效果,更赋予建筑物鲜明的现代科技和时代特色,已经成为光伏建筑一体化应用的一道亮丽风景线。

2）光伏组件与遮阳装置相结合

将光伏系统与遮阳装置构成多功能建筑构件，一物多用，既可以有效利用空间为建筑物提供遮挡，又可以提供能源，在美学与功能两方面都达到了完美的统一。

3）光伏组件与屋顶瓦板相结合

光伏组件与屋顶相结合的光伏系统：太阳能瓦。太阳能瓦是太阳能光伏电池与屋顶瓦板结合形成一体化的产品，这一材料的创新之处在于，使太阳能与建筑达到真正意义上的一体化，该系统直接铺在屋面上，不需要在屋顶上安装支架，太阳能瓦由光伏模块组成，光伏模块的形状、尺寸、铺装时的构造方法都与平板式的大片屋面瓦一样。

第三节　风能在建筑中的应用

一、概述

建筑中风能的利用主要有三个方面：风能转化机械能直接利用、风力发电与自然通风。

风能转化机械能直接利用的方式一直在应用，是利用提水机组将风能转换成机械能进行提水，用于农田灌溉、海水制盐、水产养殖、滩涂改造、人畜饮水和草场改良等。建筑中风力通风机是在自然风作用下，给建筑物内部换气通风。

目前，安装风力发电机组的地区多位于旷野、沙漠或近海等区域，发出的电能经能源公司输送到市中心。随着现代化和城市化的发展，一方面，城市的建筑越来越多，越来越高，建筑环境中的风能越来越大；另一方面，城市和建筑所需消耗的能源越来越多，环境危机、电力紧缺问题日益严重，开发新的可再生清洁能源势在必行，这使得研究建筑环境中的风能发电利用技术成为必要和可能。与传统的风能利用形式相比，建筑环境中的风能利用具有免予输送的优点，所产生的电能可以直接用于建筑本身，为绿色建筑的发展提供了一种新思路。国内外科技人员围绕这一新思路进行了许多研究和工程尝试，并取得了初步成果。

另一个利用风能的方式就是自然通风，让室内的空气流通，同时在夏天的时候，可以带走室内的热量，有助于降温。这种方式我们平时生活中经常在使用，也就不会很机械地想到这也是一种风能利用方式。因为自然通风比利用电器设备通风产生的效果好，同时，电器设备还会消耗电量，间接产生污染。

二、风力发电

（一）建筑环境中的风能利用

在风力资源丰富地区，探讨在建筑密集的城区或者利用建筑物的集结作用进行风力发电和风能利用，成为目前国际上的前沿课题。在建筑环境中发展风力发电有免予输送的优点，把风能和太阳能与建筑结合成一体，可以发展绿色建筑或零能耗建筑。目前国内外的研究主要是以建筑物作为风力强化和收集的载体，将风力透平与建筑物有机地结合成一体,进行风力发电。

由于城市建筑物的干扰,风速局部减弱、同时局部增强和紊流加剧的特点,如何利用流体动力学的基本原理和计算流体动力学(CFD)技术,分析模拟建筑环境中的空气流动及相关的流体动力学问题,建立空气动力学集中器,得到最佳的气流组织,找到合适的风能—机械能转换装置的部位,是风能在建筑中利用的关键所在。

1. 三种基本的空气动力学集中器

利用流体动力学的基本原理和计算流体动力学(CFD)技术,分析模拟建筑环境中的空气流动及相关的流体动力学问题。拟定利用 CFD 探讨市区或建筑物的风能利用问题。根据市区由于建筑物的干扰,风速低和紊流加剧的特点,建立空气动力学集中器,目前可借鉴三种:Diffuser 型、Flat Plat 型和 Bluff Body 型,如图 6-25 所示。采用权威 CFD 模拟软件来数值分析各种集中器的流体流动性能,以探讨最佳的风能场。采用有效的湍流模型,以三种基本的建筑形式为基础,设计不同形状的建筑物,分析建筑物内空气流动的基本状况,定量给出场内的速度分布、压力分布、风能场分布。试图找出对应最佳的风能场的建筑物结构外型,促使风力发电的可能性得以实现。

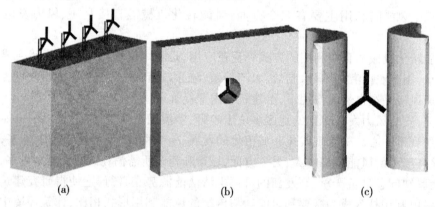

图 6-25　风力集中器 Diffuser 型、Flat Plat 型和 Bluff Body 型

2. 城市楼群风的风能利用

在建筑环境中利用风能,目前研究较多的主要是两种方式:①在建筑物顶上放置风机,利用屋顶上较大的风速进行风力发电;②将建筑物设计为风力集中器形式,利用风在吹过建筑物时的风力集结效应,将风能加强,进行风力发电。

目前的研究只是考虑对单个建筑物的风能利用,而大城市中高层、超高层建筑鳞次栉比,而且布局比较集中,对建筑风环境影响很大。因此,在进行城市规划和设计时应充分考虑,尽量减少城市风灾害。同时,也可以考虑利用在高层建筑群中较大的风能,如在两座高层建筑物之间的夹道、高层建筑两侧等,风速大的位置可放置风力发电机,变害为宝。这些风力发电机除向周围建筑物供电外,还可以用于城市的照明亮化,比如可以做成路灯形式的,为路灯照明提供电力,也可以放置在广告牌上,与周围环境十分协调。

(二)风能与建筑一体化设计实例介绍

1. 英国建筑的风能利用

为了能够利用高层建筑的独特优势充分利用风能,英国的建筑师们计划在伦敦的一些高层建筑上安装如图 6-26 中这样的三片装的风力涡轮,每个涡轮的直径为 9 m,通过高空获取的风能来供给大厦内的用电。英国著名环保组织"地球之友"发起人马蒂·威廉历时 5 年,将其位于伦敦的一套普通复式楼改建成当今"最环保住宅"。该住宅安装了太阳能电池面板和风力涡轮机等节能设施。住宅迎风的院墙前矗立着一个扇形涡轮发电机,随着叶片的转动,不时将风能转化为电能。

图 6-26　高层建筑上安装三片装的风力涡轮

2. 以色列家庭风能发电

为减少对进口石油的依赖和保护环境,推动使用可再生能源,以色列基础设施部近期决定,拟在全国范围内大力推广家庭风能发电机计划,该计划鼓励家庭在其屋顶安装小型风能发电机,所发电力在满足家庭日常用电需求外,富余部分可出售给以色列电力公司。以色列政府已责成有关部门着手研究制定家庭风能发电的有关标准和价格。另外,因大容量的风能发电机所需空间较大,此次以色列政府推广的风能发电机多数为发电能力在 1 ~ 5 kW 之间的中小型发电机。

第四节　生物质能在建筑中的应用

一、生物质能的种类

(一)生物质能的概述

生物质是指通过光合作用而形成的各种有机体,包括所有的动植物和微生物。而所谓生物质能(Biomass Energy),就是太阳能以化学能形式贮存在生物质中的能量形式,即以生物质为载体的能量。它直接或间接地来源于绿色植物的光合作用,可转化为常规的固态、液态和气态燃料,取之不尽,用之不竭,是一种可再生能源,也是唯一一种可再生的碳源。生物质能的原始能量来源于太阳,所以从广义上讲,生物质能是太阳能的一种表现形式,蕴藏在植物、动物和微生物等可以生长的有机物中。有机物中除矿物燃料外的所有来源于动植物的能源物质均属于生物质能,通常包括木材、森林废弃物、农业废弃物、水生植物、油料植物、城市和工业有机废弃物、动物粪便等。地球每年经光合作用产生的物质有 1 730 亿 t,其中蕴含的能量相当于全世界能源消耗总量的 10 ~ 20 倍,但目前的利用率不到 3%。

生物质能利用技术就是采用高新能量转化技术把存储于生物质的太阳能转化为可以直接利用的燃料、电能、热能等物质能源形式,转化过程中基本不会引起环境污染或破坏。生物质能利用技术包括生物质汽化制燃气、生物质汽化发电、沼气发酵技术制沼气、生物质发酵制醇类燃料、"石油"植物生产燃料油等。

(二)生物质能的分类

依据来源的不同,可以将适合于能源利用的生物质分为林业资源、农业资源、城市固体废物、畜禽粪便和能源植物等。

1. 林业资源

林业生物质资源是指森林生长和林业生产过程提供的生物质能源,包括薪炭林、在森林抚育和间伐作业中的零散木材、残留的树枝、树叶和木屑等;木材采运和加工过程中的枝丫、锯末、木屑、梢头、板皮和截头等;林业副产品的废弃物,如果壳和果核等。

2. 农业资源

农业生物质能资源是指农业作物(包括能源作物);农业生产过程中的废弃物,如农作物收获时残留在农田内的农作物秸秆(玉米秸、高粱秸、麦秸、稻草、豆秸和棉秆等);农业加工业的废弃物,如农业生产过程中剩余的稻壳等。能源植物泛指各种用以提供能源的植物,通常包括草本能源作物、油料作物、制取碳氢化合物植物和水生植物等几类。

3. 城市固体废物

城市固体废物主要由城镇居民生活垃圾,商业、服务业垃圾和少量建筑业垃圾等固体废物构成。其组成成分比较复杂,受当地居民的平均生活水平、能源消费结构、城镇建设、自然条件、传统习惯以及季节变化等因素影响。

城镇生活垃圾主要是由居民生活垃圾,商业、服务业垃圾和少量建筑垃圾等废弃物所构成的混合物,成分比较复杂,其构成主要受居民生活水平、能源结构、城市建设、绿化面积以及季节变化的影响。中国大城市的垃圾构成已呈现向现代化城市过渡的趋势,有以下特点:一是垃圾中有机物含量接近 1/3 甚至更高,二是食品类废弃物是有机物的主要组成部分,三是易降解有机物含量高。目前,中国城镇垃圾热值在 4.18 MJ/kg(1 000 kcal/kg)左右。

4. 畜禽粪便

畜禽粪便是畜禽排泄物的总称,它是其他形态生物质(主要是粮食、农作物秸秆和牧草等)的转化形式,包括畜禽排出的粪便、尿及其与垫草的混合物。

禽畜粪便也是一种重要的生物质能源。除在牧区有少量的直接燃烧外,禽畜粪便主要是作为沼气的发酵原料。

在粪便资源中,大中型养殖场的粪便是更便于集中开发、规模化利用的。我国目前大中型牛、猪、鸡场 6 000 多家,每天排出粪尿及冲洗污水 80 多万 t,全国每年粪便污水资源量 1.6 亿 t,折合 1 157.5 万 t 标煤。

5. 能源植物

能源植物种类较多,如制糖作物、水生植物、油料植物等。如将制糖作物转化成乙醇将可成为一种极富潜力的生物能。制糖作物最大的优点在于可直接发酵,变成乙醇。利用一些水生藻类,主要包括海洋生的马尾藻、巨藻、海带等,淡水生的布袋草、浮萍、小球藻等水生植物转化成燃料,也是增加能源供应的方法之一。目前,国内外正在研究和已经研究利用的油料植物主要有苦配巴、续随子、绿玉树、三角戟、三叶橡胶树、麻疯树、汉加树、白乳木、油桐、小桐子、光皮树、油楠、藿霍巴树、乌柏、油橄榄等。

此外,还有光合成微生物(如硫细菌、非硫细菌等)以及生活污水等。一般城市污水含有 0.02% ~ 0.03% 固体与 99% 以上的水分,下水道污泥有望成为厌氧消化槽的主要原料。

总之,生物质资源不仅储量丰富,而且可以再生。据估计,作为植物生物质的最主要成分——木质素和纤维素每年以约 $1\ 640 \times 10^8$ t 的速度不断再生,如以能量换算,相当于目前石油年产量的 15 ~ 20 倍。如果这部分能量能得到利用,人类就相当于拥有了一个取之不尽、用之不竭的资源宝库,而且由于生物质来源于 CO_2(光合作用),燃烧后产生 CO_2,但不会增加大气中的 CO_2 的含量。因此,生物质与矿物质燃料相比更为清洁,是未来世界理想的清洁能源。

二、生物质能的应用

生物质能开发潜力巨大,目前主要研究领域有农村对沼气的利用、城市垃圾焚烧热电联产、能源作物种植。

人类对生物质能的利用包括直接用作燃料的农作物的秸秆、薪柴等;间接作为燃料的农林废弃物、动物粪便、垃圾及藻类等,在沼气池中利用微生物发酵,将产生的沼气进行过滤,提高纯度,并通过管道将沼气输送到每个住户家中,可以用来代替天然气、电等能源,满足平时的生活需要,同时环保,降低废物的排放,或采用热解法制造液体和气体燃料,也可制造生物炭。生物质能是世界上最为广泛的可再生能源。生物质能的利用主要有直接燃烧、热化学转换和生物化学转换等途径。

(一)燃池供暖技术

1.燃池供暖概念

燃池是一种十多年前在我国东北部分地区兴起的冬季采暖设施。由当地传统民居中的“炕”演化而来,常见于农村中小学校平房式的教室中。燃池的主体是位于采暖建筑地面下的一个燃烧空间。它以植物残碎的根、茎、叶及锯末等为燃料,通过限制供氧及淋水加湿技术,使燃料处于厌氧阴燃状态,产生的热量通过顶板的传导、辐射,为上面的房间供暖。

从形态构成上来看,燃池通常包括位于地板下的池体燃烧空间、顶部散热板、进(出)料口、排烟道、注水管、通风口等六个部分。池体燃烧空间位于供暖房间地板的下方,平面形状呈长方形、正方形、圆形都可,面积一般为供暖房间室内面积的 1/6,池深在 1.2 ~ 1.4 m 为宜。燃池的四壁通常用砖来砌筑,顶板可以由钢筋混凝土整体浇筑或钢筋混凝土预制板搭建。

2.燃池供暖原理

尽管燃池起源于“炕”,但也与“炕”存在着一些明显的区别。炕是突出于地面的寝具,加热炕的燃料是快速地、充分地燃烧,通常是利用炊事烟气的余热;而燃池隐形于地下,其正常燃烧过程是阴燃。阴燃是一种燃料在缺氧状态下的、无火焰的、低速的燃烧过程。阴燃的优点是燃烧缓慢,可以延长一次投料的燃烧时间(甚至可以长达一个月以上),从而节省燃料并简化人工操作。用来控制燃池内阴燃速度的措施包括两方面:限制供氧以及淋水加湿。通过启闭通风口可以调节燃池内的氧气浓度,从而控制燃烧速度。燃池内的注水管引自自来水管,淋水加湿可以防止燃料过快过量燃烧。燃池供暖的操作流程如下:冬季来临时由进(出)料口向燃池内送入燃料,然后用力将其挤压密实并充满池体空间,燃料越密实,池体空间盛料越多,燃烧时间就越长,而且燃料间隙里的空气越少,阴燃的速度也越容易得到控制。燃料点燃后可以根据室内的温度要求对进气口的进气量和注水管的喷水量进行调节。

3. 燃池供暖优势

与火炉、水介质暖气等其他采暖方式相比,燃池的优势在于:

(1)技术的简单性。燃池的原理和构成类似于东北传统民居中的"炕",设备简单,技术原始,造价便宜,易于推广。

(2)运行的经济性。几乎所有的植物秸秆及其碎末都可作为燃池的燃料,这些燃料在农村可以就地取材,来源广泛,成本低廉,燃池在这方面比火炉、火炕和暖气更具优势,而燃烧后的灰烬同样可以作为农业肥料。

(3)采暖的舒适性。俗话说:寒从脚下生。温暖的地板通常可以减少人体的辐射散热,因而燃池比火炉、暖气或空调等方式采暖的室内温度更均匀,让人感觉更舒适。

(4)室内的清洁性。燃池不像火炉或者"炕"那样占据室内空间,相对能提高空间利用效率,也不会产生室内的灰尘污染,非常洁净。

(5)工艺的适应性。燃池之所以在东北地区的中小学校中最为多见,是因为学校为节省费用需要间歇供暖,即白天使用,夜间关闭。水介质暖气在寒冷的夜晚会因为低温下水的冻涨作用而毁坏管道设备。燃池昼夜阴燃,不怕冻涨,而且一次填充燃料管理得当可连续供热一个月以上,特别适合当地的农村中小学校采用。

4. 燃池的局限

1)构造方面的瑕疵

由于燃池燃烧时内部充满了烟气且气压较高,如果顶部散热板、进(出)料口盖板、排烟道等部分密封不好,除可能引起池内燃烧速度加快,使室内温度控制失调外,更有可能造成烟气泄漏,导致室内空气污染,甚至一氧化碳中毒。

2)适用范围的局限

燃池适用范围的局限性主要在于它需要一个较大的池体空间,因而燃池通常仅仅能满足单层建筑的供暖,这对于日趋楼房化的中小学校校舍建筑非常不适应,因而新建的多层教学楼都不采用燃池供暖。同时,燃池也无法替代住宅中炊事和采暖功能合一的火炕,因燃池阴燃产热的功率十分有限(根据有关资料,成年人体在常态下的放热强度大约为80 W,在教室中众多的学生是重要的热源,而住宅中无此优势),很少被采暖需求最多的住宅采用。

(二)沼气池技术

沼气池技术是利用生物质在一定条件下,经过微生物的发酵作用而生成的以甲烷为主的可燃气体,用来解决农民的炊事、发电照明等问题的技术。农村能源紧张,人畜粪便和垃圾的管理与处理是我国农村环保工作的两大难题。农户的生活燃料一般以柴草和秸秆为主,条件稍好的地方也有用煤作为主要燃料。由于炉灶落后,燃烧不完全,导致厨房尘土飞扬。建筑设计中充分考虑这些废弃的生物质,利用沼气池技术产生沼气,使生物质能源得到充分的利用,又改善了农村的环境卫生。

目前,农村使用的普遍的沼气装置图如图 6-27 所示,主要由三部分组成,分别是发酵装置、净化装置、应用装置。

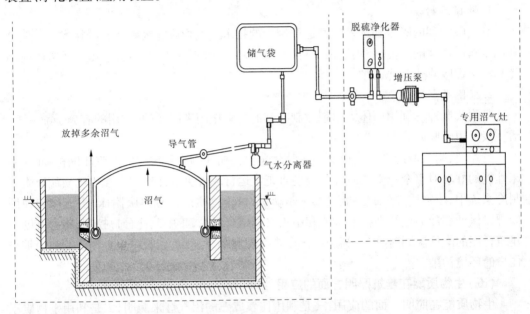

图 6-27　沼气池装置图

沼气的具体生产技术如下:

(1)技术组成:包括反应器设计、流程安排和操作条件控制。反应器的设计要根据物料的性状来确定。对于固体颗粒较少的废液,可选用高速反应器处理;对于固体颗粒较多的废液,可进行简单的预处理,稀释后即可进行生物处理;对于较难生物降解的废弃物,可采用多级消化的方式进行处理。

(2)生产过程:按一定配料比配好的原料从进料管输送到发酵间,在微生物的作用和温度 25 ~ 40 ℃的条件下,发酵生成沼气,沼气在储气间维持常压,根据需要打开气阀输送到用户,料液和料渣根据生产需要从出料管抽出使用。

(3)可再生能源与建筑的关系。农村生态建筑不仅是建立一套独立的建筑,以满足农民居住和存放物品的空间要求,而且要将建筑与环境、资源、能源以及人的活动紧密地融为一体。建筑与可再生能源生产和利用过程构成了链循环,沼池生产的沼气供住宅建筑人群生活、生产使用,沼液和沼渣可用作肥料或禽畜饲料,肥料生产的作物和饲养的禽畜可供人们作食物,其废物又作为沼池原料生产沼气,构成了生态循环。由于生产沼气的原料是农业的废弃物,容易产生废气污染,因此在建筑设计时必须要统筹兼顾,整体布局,做到在充分利用好可再生能源的同时,又可以实现生态建筑设计的基本要求。

（三）液化技术

生物质液化技术原理：生物质热解液化是生物质在完全缺氧或有限氧供给的条件下热降解为液体生物油、可燃气体和固体生物质炭三个组成部分的过程。生物质热解液化是在中温（500～600 ℃）、高加热速率（104～105 ℃/s）和极短气体停留时间（约2 s）的条件下，将生物质直接热解，产物经快速冷却，可使中间液态产物分子在进一步断裂生成气体之前冷凝，得到高产量的生物质液体油。

（四）生物质能在建筑制冷方面的应用

1.吸收式制冷

利用吸收剂的吸收和蒸发特性进行制冷的技术是生物质能吸收式制冷技术。一般是利用生物质产生的热能，驱动溶液进行制冷。根据吸收剂的不同，可分为氨－水吸收式制冷和溴化锂吸收式制冷两种。

2.吸附式制冷

吸附式制冷是利用固体吸附剂对制冷剂的吸附作用来制冷的，常用的有分子筛－水、活性炭－甲醇吸附式制冷。

特点：吸附式制冷系统是以吸附床替代蒸汽压缩式制冷系统中的蒸汽压缩机，而吸附床性能的好坏对整个吸附式制冷系统能否正常运行起着决定性作用。在生物质能吸附式制冷系统中，生物质产生的热能是其热驱动源，以生物质能来加热吸附床，电能作为辅助能源以保证制冷的连续性。如果能和中央空调结合起来，集中制冷分户控制，将会有助于建筑耗能的降低。同时，可以利用汽化形式实现远距离工作，克服固化生物质能利用带来住户的环境污染。

（五）生物质能在建筑照明方面的应用

生物质能在照明方面的应用：一是利用比较成熟的沼气灯来照明，二是利用生物质压块或沼气进行生物质发电来提供建筑照明用能。在实际中，我国生物质发电也主要是以生物质压块和沼气为燃料来产生能量，通过改进的发电机组进行发电的。

通过以上分析知道，如果能够充分将生物质能利用到建筑耗能上或作为建筑耗能的辅助功能方式，也会在一定程度上大大降低建筑能耗。利用生物质能进行建筑节能不仅可以缓解经济高速发展带来的能源危机，还会大大降低由于使用不可再生能源引起的环境污染和破坏，减少"酸雨"现象的发生，为我们创造优美的生活和工作的环境，生物质能利用将成为建筑节能的重要的发展方向。

第七章　建筑节水与节能技术

第一节　建筑节水技术

一、建筑给水排水概述

随着我国经济社会的发展,社会对水资源的需求日益迫切,水资源短缺的形势更是日趋严峻,如何保护好、利用好水资源将成为我们全社会共同面临的问题。伴随着我国建筑业的迅猛发展,在城市总用水量中,建筑内部用水所占的比例也大幅度增加,常见的几种水资源浪费形式如下。

(一)超压出流造成浪费

卫生器具给水额定流量是指给水配件出口在单位时间内流出的规定出水量。流出水头保证给水配件流出额定流量,是阀前所需的静水压。若给水配件阀前压力大于流出水头,给水配件在单位时间内的出水量超过额定流量,则称为超压出流。该流量与额定流量的差值为超压出流量。给水配件超压出流将会破坏给水系统中水量的正常分配,超压出流量不能产生使用效益,故为无效用水量。这部分浪费的水量不易被人们察觉和认识,所以至今未引起足够的重视。

生活给水系统按《建筑给水排水设计规范》(GB 50015—2003)进行竖向分区后仍然存在着部分卫生器具配水点水压偏大的情况,容易造成超压出流。分区后各区最低层配水点的静水压仍高达 0.45 ~ 0.55 MPa,但在进行设计流量计算时,卫生器具的额定流量是在流出水头为 0.20 ~ 0.30 MPa 的前提条件下得出的。因此,若不采取减压节流措施,卫生器具的实际出水流量将会是额定流量的几倍,易造成水量浪费、水压过高、漏水量增加等弊病。

(二)热水供应系统循环方式选择不当造成浪费

我国目前热水供应系统的水量浪费也较为严重,主要表现在开启配水装置(比如家用热水器)后,未能及时获得满足使用要求温度的热水。通常要放掉部分冷水后,热水设备才能正常使用,这部分流失的冷水未产生使用功效,也即浪费的水量。造成这种浪费的原因很多,既有施工、管理的不当,也有设计的不足,亦受经济条件的制约。从设计的角度来说,主要是选择何种热水循环方式所致。一般情况下,选用干管循环方式浪费的水量较多,而采用支管、立管干管的热水循环方式则较为节水。

(三)管道、阀门及其他给水配件等泄漏造成浪费

管道老化生锈、阀门的低劣质量等也造成了大量的水资源浪费。如给水管道在管子接缝处及法兰、阀门连接处往外冒水,浮球阀损坏导致的大量水从溢流管流出,埋在地下的管道漏水、爆裂等造成的水资源浪费现象。

(四)卫生器具和配水器选用不当造成浪费

卫生器具和配水器的选用不当,将造成水资源的浪费。如老式高水位蹲式大便器的冲洗水箱,一次冲洗水量竟达 12 L/s,这将造成极大的水资源浪费,特别是在公共卫生间冲水系统、市政公共厕所冲水系统的选择方面,若选择不当,则易造成极大的水资源浪费。

(五)消防加压贮水系统选择不合理造成浪费

大多数高层住宅楼和办公楼消防加压是各楼号单元单独加压,工程建设和设备投资及运转费用过高,且多座贮水池的大量消防贮水及定期换水也将造成严重的水资源浪费。

(六)中水综合利用率不高造成浪费

中水指各种排水经相应的处理后,达到符合规定标准的水质,可在生活、市政、环境等范围内杂用的非饮用水。例如,生活排水、冷却水及雨水等经过适当处理后,可回用于建筑物或建筑小区内。由于对中水利用认识的不足以及相关政策法规的不完善,目前中水利用未能得到更加有效的实施,这也将导致部分水资源的浪费。

二、建筑节水技术

近年来,伴随着我国城市化进程的加快,城市用水人口也在快速地增长,由 1993 年的 1.86 亿人增加到 2004 年的 3.03 亿人,10 年增加了 1.17 亿人,年均递增 5%。与此同时,城市用水普及率也相应地由 55.2%增加到 88.8%。

随着城市居民生活水平的不断提高,卫生设施、洗衣机和热水器的进一步普及,城市居民人均住宅用水量持续增长,由 1996 年的 135 L/(人·d)增加到 2003 年的 150.4 L/(人·d),平均每年增加 2.14 L/(人·d),其中南方城市居民人均住宅用水量明显高于北方城市。全国城市公共服务用水由 1996 年的 58.39 亿 m³ 增加到 2004 年的 68.20 亿 m³,呈现缓慢增长的态势,见表 7-1。

表 7-1　全国城市公共服务用水量统计表　　　　　(单位:亿 m³)

年份	1996	1997	1998	1999	2000	2001	2002	2003	2004
城市公共服务用水量	58.39	61.94	61.42	64.01	67.80	58.89	62.53	64.80	68.20

随着经济与城市化进程发展,用水人口增加,城市居民生活水平不断提高,公共市政设施范围不断扩大与完善,预计在今后一段时间内城市生活用水量仍将呈增长之势。因此,建筑节水的核心是在满足人们对水的合理需求的基础上,控制公共建筑、市政和居民住宅、企事业单位等用水量的持续增长,使水资源得到有效的利用。其主要途径除制定相关节水的法律法规实行计划用水和定额管理、进行节水宣传教育外,还应采取有效的节水技术措施,以保证建筑节水工作全面深入的开展。

(一)实行计划用水和定额管理

(1)通过水量平衡测试,分类分地区制定科学合理的用水定额,逐步扩大计划用水和定额管理制度的实施范围,对城市居民用水推行计划用水和定额管理制度。

(2)针对不同类型的用水,实行不同的水价,以价格杠杆促进节约用水和水资源的优化配置,强化计划用水和定额管理力度。

所谓分类水价,是指根据使用性质将水分为生活用水、工业用水、行政事业用水、经营服务用水、特种用水五类所制定的价格。各类水价之间的比价关系由所在城市人民政府价格主管部门会同同级城市供水行政主管部门结合当地实际情况确定。

(3)居民住宅用水取消包费制,全面实行分户装表,计量收费,逐步采用阶梯式计量水价。

阶梯式计量水价分为三级,级差为 1∶1.5∶2。阶梯式计量水价的计算公式如下:

$$P = V_1P_1 + V_2P_2 + V_3P_3 \qquad\qquad (7\text{-}1)$$

式中　P——阶梯计量水价;

　　　V_1——第一级水量基数;

　　　P_1——第一级水价;

　　　V_2——第二级水量基数;

　　　P_2——第二级水价;

　　　V_3——第三级水量基数;

　　　P_3——第三级水价。

居民生活用水第一级水量基数等于每户平均人口乘以每人每月计划平均消费量,是根据确保居民基本生活用水的原则制定的;第二级水量基数是根据改善和提高居民生活质量的原则制定的;第三级水量基数是按市场价格满足特殊需要的原则制定的。具体各级水量基数由所在城市人民政府价格主管部门结合本地实际情况确定,比价关系由所在城市人民政府价格主管部门会同同级供水行政部门结合本地实际情况确定。

(二)进行节水宣传教育

在给定的建筑给排水设备条件下,人们在生活中的用水时间、用水次数、用水强度、用水方式等直接取决于其用水行为和习惯。通常用水行为和习惯是比较稳定的。这说明为什么在日常生活中一些人或家庭用水少,而另一些人或家庭用水较多。但是人们的生活行为和习惯往往受某种潜意识的影响。如欲改变某些不良行为或习惯,就必须从加强正确观念入手,克服潜意识的影响,将改变不良行为或习惯成为一种自觉行动。显然,正确观念的形成要依靠宣传和教育,由此可见宣传教育在节水中的特殊作用。应该指出的是,宣传和教育均属于对人们思想认识的引导,教育主要依靠潜移默化的影响,而宣传则是教育的强化。因此,通过宣传教育去节约用水,是一种长期行为,应坚持不懈,不能指望获得立竿见影的效果。

(三)采取有效的节水技术措施

1.合理地确定供水压力

1)充分利用市政管网的供水压力

一般情况下,当城市供水管网压力能满足建筑物供水时,应尽量利用城市市政给水管网的水压直接供水,这点作为节能条款已经写入了《住宅建筑规范》(GB 50368—2005)。当市政给水管网的水压、水量不足时,应设置贮水调节和加压装置。如采用无负压变频供水设备进行二次供水,设备的水泵是跟市政管网直接连接的,可以有效地利用原有市政管网压力供水,节水效果突出。

2)合理控制高层建筑给水系统分区压力

高层建筑的给水系统应根据建筑物的用途、层数、使用要求、材料设备性能、维护管理等综合因素进行分区。供水压力既要保证用户的使用要求、供水设备的使用寿命,又要符合节水节能的要求。当给水配件和进户支管超压出流时,易导致管道附件和卫生设备配件损坏,进而造成较大的水资源浪费。我国《建筑给水排水设计规范》(GB 50015—2003)已明确规定:卫生器具配水点的静水压不得大于 0.6 MPa。各分区最低卫生器具配水点处静水压不宜大于 0.45 MPa(特殊情况下不宜大于 0.55 MPa),水压大于 0.35 MPa 的入户管(或配水横管),宜设减压或调压设施,如安装节流孔板、减压阀等。

高层建筑给水系统竖向分区的最大水压并不是卫生器具正常使用时的最佳水压。一般情况下,卫生器具的最佳使用水压为 0.20～0.30 MPa,各分区顶层住宅入户管的进水口压力不宜小于 0.10 MPa,对于水压大于 0.35 MPa 的入户管,宜设调压措施,以避免水压过高或过低给用水带来不便。

对于建筑高度不超过 100 m 的高层建筑,一般低层部分采用市政水压直接供水,中区和高区各采用一组调速泵分别供水,分区内再用减压阀局部调压。此系统无高位水箱,少了一个水质可能受污染的环节,水压稳定,是目前建筑高度小于 100 m 的高层建筑供水方式的主流。对于建筑高度超过 100 m 的高层建筑,若仍采用并联供水方式,其输水管道承压过大,存在不安全隐患,此时采用串联供水系统可化解此矛盾。

2. 推广应用节水器具与设备

节水器具和设备是指与同类器具设备相比具有显著节水功能的用水器具和设备,是建筑节水重要的技术保障。常见的节水器具与设备节水的主要方法有以下几种:

(1)限定水量,如限量水表。

(2)限定(水箱、水池)水位或水位适时传感、显示,如水位自动控制装置、水位报警器。

(3)防漏,如各类防漏阀。

(4)限制水流量或减压,如各类限流、节流装置,减压阀。

(5)限时,如各类延时自闭阀。

(6)定时控制,如定时冲洗装置。

(7)改进操作或提高操作控制的灵敏性,前者如冷热水混合器,后者如自动水龙头、电磁式淋浴节水装置。

(8)提高用水效率。

(9)适时调节供水水压或流量,如水泵机组调整给水设备。

上述方法几乎都是以避免水量浪费为特征的。实现这些方法可应用各式各样的原理与构思。鉴于同一类型节水器具和设备往往可采取不同的方法,以致某些常用节水器具和设备的种类繁多、效果不一,鉴别或选择时,应依据其作用原理,着重考察是否满足下列基本要求:

(1)实际节水效果好。

(2)安装调试和操作使用方便。

(3)结构简单,经久耐用。

（4）经济合理。

任何一种好的节水器具和设备都应比较圆满地体现以上几项要求，否则就没有生命力，难以推广应用。

1）节水型水龙头与阀门

水龙头是遍及住宅、公共建筑、工厂车间、大型交通工具（如列车、轮船、民航飞机），应用范围最广、数量最多的一种盥洗、洗涤用水器具，同人们的关系最为密切。其性能对节约用水效果影响极大，因而是节水器具中开发研究最多的。

（1）节水型水龙头。

①陶瓷密闭片系列水嘴。

应国家要求，自2000年1月1日起禁止使用螺旋升降式铸铁水嘴，积极采用陶瓷片密闭水嘴（见图7-1）。该水嘴采用优质黄铜作为体材，选用精密陶瓷磨片作为密封元件，具有密封性能好、耐磨、耐腐蚀、开关快速、无锈蚀和水锤声、运行30万次无漏水的特点。

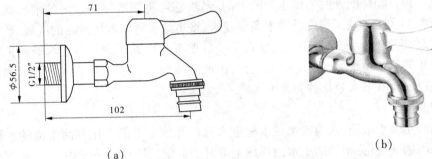

（a）　　　　　　　　　　　　　　　　（b）

图7-1　陶瓷片密闭水嘴

②感应式水龙头。

全自动感应水龙头（见图7-2）是采用红外线感应原理或电容感应效应及相应的控制电路执行构件（如电磁阀开关）的连续作用设计制造而成的，有交、直流两种供电方式。感应式水龙头有龙头过滤网，感应距离可自动调节，具有自动出水及关水功能，清洁卫生，用水节约。可用于医院或其他特定场所，以避免交叉感染或污染。

图7-2　全自动感应水龙头

③延时自闭水龙头。

延时自闭水龙头（见图7-3）多数是直动式水阻尼结构，靠弹簧张力封闭阀口。使用时，按下按钮，弹簧被压缩，阀口打开，水流出。手离按钮，阻尼结构使弹簧缓慢释放，延时数秒，然后自动关闭。有的增加解锁功能，按下按钮向右旋，锁住按钮，持续放水，与普通龙头相同。旋回按钮，延时数秒，水流停止。

图7-3　延时自闭水龙头

延时自闭水龙头适用于公共建筑与公共场所，有时也可用于家庭。在公共建筑与公共场所应用延时自闭式水龙头的最大优点是可以减少水的浪费，据估计，其节水效果约为30%，但要求有较大的可靠性，需加强管理。

（2）节水型阀门。

①延时自闭冲洗阀。

延时自闭式冲洗阀是一种理想的新型便池冲洗洁具，是利用阀体内活塞两端的压差和阻尼进行自动关闭的。该阀具有节约空间、节约用水、容易安装、操作简单省力等优点，但需要有一定的正常水压。

②无压自闭阀。

无压自闭阀是一种由自动控制和人工控制相结合的两用阀，其工作原理是在管路"停水"时，靠阀瓣或活塞的自重或弹簧篡位关闭水流通道，管路"来水"时，由于水压作用水流通道被阀瓣或活塞压得更加紧密，不致漏水。如需重新开启阀门，则需靠外力提升推动阀瓣或活塞打开通道，这时作用于阀瓣或活塞上下侧的力在水流作用下应处于平衡状态，是一种理想的节水产品，适用于水压不稳或定时供水的地区。

③减压阀。

减压阀是一种自动降低管路工作压力的专门装置，它可将阀前管路较高的水压减少至阀后管路所需的水平。减压阀广泛用于高层建筑、城市给水管网水压过高的区域、矿井及其他场合，以保证给水系统中各用水点获得适当的服务水压和流量。鉴于水的漏失率和浪费程度几乎同给水系统的水压大小成正比，因此减压阀具有改善系统运行工况和潜在节水作用，据统计，其节水效果约为30%。

④水位控制阀。

水位控制阀是装于水箱、水池或水域水柜进水管口并依靠水位变化控制水流的一种特种阀门。阀门的开启、关闭借助于水面浮球上下时的自重、浮力及杠杆作用。浮球阀即为一种常见的水位控制阀，此外还有一些其他形式的水位控制阀。

2）节水型坐便器

坐便器是卫生间必备的设施，其用水量是由坐便器本身构造所决定的。坐便器冲洗用水量发展变化情况：17 L—15 L—13 L—9 L—6 L—3/6 L。坐便器用水量占到家庭用水量的30%～60%，所以坐便器节水非常重要。

坐便器按冲洗方式分为3类，即虹吸式、冲落式和冲洗虹吸式。虹吸式坐便器采用下上水式，当形成负水压后产生虹吸现象，实现冲洗，用水量较大；冲落式坐便器采用直接式冲洗，噪声较大。

目前，坐便器在冲洗水量和噪声方面有了很大改进，产生了节水型坐便器，其特点有：冲水噪声小，噪声峰值小于45 dB；节水性能好，便器单次理想冲洗用水量不大于6 L，试件能够全部冲入排污主管，后续冲水量不少于2.5 L，存水弯的水被全部置换，小便3 L冲洗。自洁性能好，便器合坐圈有特殊设计的喷射孔，在污物排出后，便器的内表面能够全部被冲洗，且存水弯全部被施釉，使污物很难附着在管道内壁上，产品的使用寿命得到延长。

此外，还有在普通节水型坐便器的基础上通过改变控制方式而形成的感应式坐便器，如红外感应坐便器，根据红外线感应控制电磁阀冲水，从而达到自动冲洗的节水效果。

3）沟槽式公厕自动冲洗装置

沟槽式公厕由于它的集中使用和维护管理简便等独特的性能，目前还有很大一部分学校、公共场所仍在使用，所以其卫生和节水效果是主要的考核指标。

公共卫生间多采用自动冲洗装置，以克服手拉冲洗阀、冲洗水箱、延时自闭冲洗水箱等只能依靠人工操作而引起的弊端。如频繁使用或乱加操作造成装置损坏与水的大量浪费，或者是疏于操作而造成的卫生问题，医院的交叉感染等。

自动冲洗装置可分为水力自动冲洗装置和感应控制冲洗装置两类。

水力自动冲洗装置由来已久，其最大的缺点是只能单纯实现定时定量冲洗，这样在卫生器具使用的低峰期（如午休、夜间、节假日等）不免造成大量的水量浪费。感应控制冲洗装置即是针对这种情况而产生的。

感应式控制冲洗器是用于学校、厂矿、医院等单位沟槽式厕所的节水型冲洗设备。应用此产品组成的冲洗系统，不仅冲洗力大，冲洗效果好，而且解决了旧式虹吸水箱一天24 h常流不停、用水严重浪费的问题。每个水箱每天可较旧式虹吸水箱节水16 t以上，节水率超过80%。

3. 发展污水回用技术

城市污水回用是指城市污水经处理后再用于农业、工业、景观娱乐、补充地表水与地下水，或工业废水经处理后再用于工业内部，以及工业用水的循序使用等。

1）污水回用的意义

（1）污水回用可缓解水资源的供需矛盾。

将城市污水经处理后用于水质要求较低的场合，体现了水的"优质优用，低质低用"的原则，增加了城市的可用水资源量。

根据中国工程院重大咨询项目《中国可持续发展水资源战略研究》中"中国水资源现状评价和供需发展趋势分析"报告的预测，我国2030年城镇工业和生活的污水排放量将达到850亿~1 060亿 m³。若2030年全国污水处理量达到80%，则污水处理量将达到680亿~850亿 m³即使经处理的污水只被利用1/3~1/2，其数量也是相当可观的。这将在较大程度上缓解干旱地区城市缺水的窘迫状态，减轻缺水对城市生产和生活造成的影响。

（2）污水回用可提高城市水资源利用的综合经济效益。

城市污水和工业废水水质相对稳定，不受气候等自然条件的影响，且可就近获得，易于收集，其处理利用成本比较低，处理技术也较成熟，基建投资比跨流域调水小得多。

除实行排污收费外，污水回用所收取的消费可以使污水处理获得有力的财政支持，使水污染防治得到可靠的经济保证。污水回用减少了污水排放量，减轻了对水体的污染，相应地降低了取自该水源的水处理费用。

2）污水回用的途径

污水回用可分为间接回用和直接回用两种途径。

间接回用是将适当处理后的污水排入天然水体，经水体缓冲、自然净化、较长时间的贮存、沉淀、稀释、日光照射、曝气、生物降解、热作用等，再次使用。

间接回用又分为补给地表水和人工补给地下水两种方式。前者是将污水处理后排入地表水体，经过水体的自净作用再进入给水系统。后者是将污水经处理后人工补给地下水，经过净化后再抽取上来送入给水系统。

直接回用是指有计划地将适当处理过的污水直接回用于工农业、生活、市政等方面。

直接回用水与间接回用水的主要区别在于,间接回用水中包括了天然水体的缓冲、净化作用,而直接回用水则没有任何天然净化作用。

选择直接回用还是间接回用,取决于技术因素和非技术因素,技术因素包括水质标准、处理技术、可靠性、基建投资和运行费用等,非技术因素包括市场需要、公众的接受程度和法律约束等。

城市杂用水是指用冲厕、道路清扫、城市绿化、车辆冲洗、建筑施工等非饮用水。其中,冲厕杂用水是公共及住宅卫生间便器冲洗的用水;道路清扫杂用水是道路灰尘抑制、道路打扫的用水;消防杂用水是市政及小区消火栓系统的用水;城市绿化杂用水是除特种树木及特种花卉以外的公园、道边树及道路隔离绿化带、运动场、草坪,以及相似地区的用水;建筑施工杂用水是建筑施工现场土壤的压实、灰尘抑制、混凝土冲洗、混凝土拌和的用水。

3)回用水系统分类

根据服务范围大小,回用系统可分为建筑中水系统、小区中水系统和城市污水再生利用系统三类。

(1)建筑中水系统。

建筑中水系统是指在一栋或几栋建筑物内建立的中水系统。处理站一般设在裙房或地下室,中水作为冲厕、洗车、道路保洁、绿化等使用。

(2)小区中水系统。

小区中水系统是指在小区内建设的中水系统。小区中水系统可采用的原水类型较多,如污水处理厂出水、工业洁净排水、小区内杂排水、生活污水、雨水等。系统可采取覆盖全区的完全系统、部分系统和简易系统,充分发挥水的综合利用和环境效益。

(3)城市污水再生利用系统。

城市污水再生利用系统是指在城市规划区内建立的城市污水回用系统。城市污水回用系统以城市污水、工业洁净排水为原水,经过城市污水处理厂初处理及必要的深度处理后,回用于工业用水、农业用水、城市杂用水、环境用水和补充水源水等。

每种系统各有其特点,处理厂站规模、管线长短、实施难易程度、投资规模和收益大小等各不相同。一般而言,建筑中水系统或小区中水系统可就地回收、处理、利用,管线短,投资小,容易实施,作为建筑配套设施建设,不需要政府集中投资,但水量平衡调节要求高,规模效益较低。从水资源的利用和经济角度出发,城市污水再生利用系统较为有利,无论是从运行管理、污水处理还是从经济效益上,都有显著的优势,但需要单独敷设回用水输送管道,整体规划要求高。

4)回用水系统组成

回用水系统一般由三个部分组成,即污水收集系统、再生水处理系统(包括二级处理、深度处理)、再生水配水输送系统及用户管理等。

(1)城市污水收集系统。

排水管道系统是收集、输送污水的工程设施。回用水水源收集系统又包括生活污水排水管道系统、工业污水排水管道系统和雨水排水管道系统。

生活污水排水管道系统:收集居住区和公共建筑的生活污水,输送至处理厂,主要组成部分如下:

①室内污水管道系统及设备。其作用是收集室内生活污水并将其排至室外污水管道系统。住宅及公共建筑内,各种用水设备既是人们用水的装置,也是承受污水的容器,是生活污水排水管道系统的起端设备。生活污水从这里经支管、竖管和出户管等室内管道系统流入室外污水管道系统。一般在室内外管道连接点设置检查井,供检查和清通沟道之用。

②室外污水管道系统。室外管道系统敷设在室外地面以下并靠重力输送,可分为居住小区(街坊)污水管道系统和街道污水管道系统。

在居住小区内,管道系统由接户管、小区支管和小区干管组成。接户管布置在建筑物周围,接纳建筑物室内污水管道排出的污水;污水支管布置在小区内道路下,连通接户管;小区污水干管接纳支管的污水并输送到市政道路下的街道污水管道系统。当居住小区污水排入城市排水系统时,其水质应符合《污水排入城镇下水道水质标准》(GJ 343—2010)。居住小区污水排出口的数量和位置由城市市政部门确定。

敷设在城市街道下、接纳小区污水的管道系统称为街道污水管道系统,由支管、干管、总干管及其他附属构筑物组成。室外污水管道系统上的附属构筑物由检查井、跌水井、倒虹管及出水口等组成。

③污水泵站及压力管道。污水一般以重力流排除,在受到地形等条件的限制而不能实现重力流时,需要设置泵站。泵站分为局部泵站、中途泵站和总泵站等,分别将污水提升至自流管道或处理厂的压力管道系统。

工业污水排水管道系统:将厂区内各车间及其他排水对象所排除的污水收集,输送至处理和回收利用的构筑物。经处理后的水,进行再利用,或排入城市排水系统。对不经处理容许直接排入城市管道的工业污水,则不需要设置处理装置,直接排入厂外的城市污水管道。工业污水排水管道系统主要部分如下:

①车间内部系统和设备。收集各生产设备排出的工业污水,并将其输送至车间外部的厂区管道系统。

②厂区管道系统。敷设在工厂内,收集、输送各车间排出的工业污水。厂区管道系统有时要按清浊分流、分质分流的原则设置,可根据具体情况设置若干个独立的管道系统,分别输送给各种工业污水。

③污水泵站及压力管道。

雨水排水管道系统:雨水排水管道系统由下列几个主要组成部分:

①建筑物雨水管道系统和设备。建筑或工厂车间的屋面雨水将其排入室外的雨水管道系统。

②小区和街道雨水管理系统。小区和街道雨水管道系统上的附属建筑物,除检查井、跌水井、出水口等外,还有收集地面雨水用的雨水口。

③雨水泵站及压力管。雨水径流量较大,尽量不设或少设雨水泵站,但在必要时需要设置,用以提升部分雨水或全部雨水。

在回用水源收集系统中,对水质特殊的接入口应设置水质监测点和控制闸门,防止水质不符合接入标准的工业污水排入。

(2)建筑物或小区中水集水系统。

中水集水系统由收集、输送中水原水到中水处理设施的管道系统和一些附属构筑物组成。按原水的来源,居住小区中水集水处理系统分为合流制集水系统和分流制集水系统两类。合流制集水系统以排水为中水水源,集取容易,室内和室外不需要设废水、污水分流排水管道系统,无论是新建工程还是改建工程,都比较容易实施。我国的中水试点工程是以生活杂排水作为中水水源的,经过不断实践、综合分析比较后,认为宜用污水、废水分流制,以杂排水和优质杂排水为中水水源。具体采用何种系统主要取决于城市当地的外界环境条件和环境保护要求。同时,也与居住小区是新区建设还是旧区改造以及建筑内部排水体制有关。居住小区内设置中水系统时,为简化中水处理工艺,节省投资和日常运行费用,还应将生活污水和生活杂排水分流。当居住小区设置化粪池时,为减小化粪池容积也应将污水和杂排水分流,污染程度低的杂排水直接排入城市排水管网或中水处理站。

(3)再生水处理系统。

再生水处理系统由各种回用水处理构筑物组成,其作用是将收集到的原水经多道净化处理后达到回用水的水质要求。

(4)再生水配水输送系统。

再生水的输配水系统应建成独立系统。再生水输配水管道宜采用非金属管道;当使用金属管道时,应进行防腐蚀处理。再生水用户的配水系统宜由用户自行设置,当水压不足时用户可自行增建泵站。城市污水回用系统管网的布置可遵循城市给水管网的规划设计原则,但由于回用水的增设,使管道系统增多,在管理上应予以重视。

当建筑再生水供给量不足时,由自来水补给。宜配置非常电源,使水泵电动机能得到紧急电源的供电,防止停电时断水。

除确保再生水在卫生学方面的安全外,回用水系统的供水可能产生供水中断、管道腐蚀以及自来水误接误用等关系到供水的安全性问题,应采取必要的安全措施,其内容如下:

①再生水管道应布置简洁,严禁与饮用水管道有任何形式的直接连接。

②再生水管道应有防渗防漏措施,埋地时应设置带状标志,明装时应涂上有关标准规定的标志颜色和"再生水"字样,闸门井井盖应铸上"再生水"字样,再生水管道上严禁安装饮水器和饮水龙头。

③当再生水管道与给水管道、排水管道平行埋设时,其水平净距不得小于0.5 m;交叉埋设时,再生水管道应位于给水管道的下面、排水管道的上面,其净距不得小于0.5 m。

④不在室内设置可供直接使用的水龙头,以防误用。

⑤为保证不间断地向各回用水供水点供水,应设有应急供应自来水的技术措施,以确保再生水处理装置发生故障或检修时不至于中断向用户供水。

第二节 建筑给水排水节能技术

建筑节能是我国经济发展中的重要国策,主要节能对象包括建筑围护结构、暖通空调、采光照明(本书第三至六章、第八章已作详细论述)和给水排水等方面。本节主要从建筑给水排水的角度对建筑节能进行分析。

建筑给水排水在建筑能耗中所含的内容主要有:人们生活及从事工艺、生产、游乐、环境卫生、绿化、水景等活动的给水、排水、消防、热水、回用水等需要的能耗。据有关资料介绍,上述各项能耗中仅生活热水一项就占整个建筑能耗的 10% ~ 30%。由此可以看出,做好建筑给水排水的节能工作,对降低建筑能耗水平是具有十分重要的意义的。

建筑给水排水的节能就是在建筑物的规划、设计、新建(改建、扩建)、改造和使用过程中,执行建筑节能标准,采用节能型的建筑技术、工艺、设备、材料和产品,提高系统效率和保温隔热性能,加强建筑物耗能系统的运行管理,利用可再生能源,在保证建筑物给水排水功能和环境质量的前提下,减少给水排水系统的能耗。

一、建筑给水排水节能的主要途径

(一)给水

1. 合理确定用水量(包括冷水、热水及其他用水等)的定额

严格执行《建筑给水排水设计规范》(GB 50015—2003)中的生活用水量定额标准,并非用水量越高越好。

2. 合理设计建筑给水系统

1)充分利用市政管网压力

给水系统必须充分利用市政管网压力已作为节能条款写入了《住宅建筑规范》(GB 50368—2005)中,这是具有法律性质的条款,必须严格遵守。

2)高层建筑系统分区

对于高层建筑,应合理地进行竖向分区,平衡各用水点的水压。分区供水压力应按《住宅建筑规范》(GB 50368—2005)3.3.5 条执行,即以配水点处静压 $P = 0.45$ MPa 为界进行分区,且 $P > 0.35$ MPa 时宜加支管或减压阀减压。自 20 世纪末国内引进与自行研制开发能减静压的减压阀以来,减压阀已在国内建筑中广泛应用,大多数高层、多层建筑中因采用减压阀来取代分区高位水箱进行供水分区,既节省了分区高位水箱所占用的建筑面积,又可使供水系统大大简化。

3)合理地选择供水方式

目前,国内常用的供水方式主要有以下四种:

(1)市政水源—水池—加压泵—高位水箱—用户;

(2)市政水源—水池—加压泵—气压罐—用户;

(3)市政水源—水池—变频调速加压泵—用户;

(4)市政水源—叠压供水设备(无负压供水设备)——用户。

其中,前两种是 20 世纪 90 年代以前的主要供水方式;第三种变频调速供水是近十年

来发展起来的,是目前工程设计中最为普及的方式;而第四种叠压供水则是近几年发展的新方式。

四种供水方式各有其优缺点,后两种供水方式因取消了部分或全部供水调节贮水设施,因而能够节地、防止和减少二次污染、简化系统。但从节能方面比较,则以第一种方式最为节能,原因是这种供水方式的加压泵始终在高效段工作,且水泵流量按最大时选择,其值为计算变频调速泵选用设计秒流量值的$1/1.5 \sim 1/3$。而变频调速泵虽然随管网流量的变化可调频变速,比常速泵省功节能,但因其一天中基本不间断运行,且有部分时间在低流量、低效状态下工作,因此比高位水箱供水耗能大。四种常用供水方式比较见表7-2。

表7-2　四种常用供水方式特点比较

供水方式	泵组扬程 $H_{(n)}$、流量 $Q_{(n)}$	水泵运行工况	能耗情况	供水安全稳定性	消除二次污染	一次性投资	运行费用
(1)高位水箱供水	$H_{(1)}$,$Q_{(1)} = Q_h$	均在高效段运行	1	最好	差	1	1
(2)气压供水	$H_{(2)} = (1.18 \sim 1.54)H_{(1)}$,$Q_{(2)} = 1.2Q_{(1)}$	比(1)稍差	>1	比(1)差	较差	<1	稍>1
(3)变频调速供水	$H_{(3)} \approx H_{(1)}$,$Q_{(3)} = q_{(s)}$	有部分时间低效运行	>1	比(1)差	同(2)	<1	>1
(4)叠压供水	$H_{(4)} < H_{(3)}$,$Q_{(4)} = Q_{(3)}$	稍优于(3)	≈1	最差	好	<1	≈1

注:Q_h 为最大小时流量,$q_{(s)}$ 为设计秒流量;一次性投资包括供水设备、水池、水箱及设备用房等,运行费用指电费;叠压供水的能耗取决于可利用市政供水压力 P 的大小及其与系统所需供水压力 P_d 的比值及变频调整泵级的配置与水泵扬程选择的合理性。

叠压供水按理论推测,因其充分利用了市政供水管网的余压,所以节能,但实际应用中,它与市政供水条件、设备参数的选择是否恰当等有很大关系。

气压供水设备与高位水箱供水相比,主要是不需设高位水箱,缺点是要提高供水压力,因此从节能角度看,肯定比高位水箱供水耗能。

(二)热水

1. 热源选择

生活热水供应系统所耗能源占整个建筑能耗的 $10\% \sim 30\%$,而其中用于制备生活热水的热源又占其系统能耗的 85% 以上,因此合理选择生活热水的热源对于建筑节能具有重要作用。

1)集中热水供应系统热源选择

集中热水供应系统的热源可按下列顺序选择:

(1)利用工业余热、废热,变废为宝,既可节能又消除了污染。在有此条件的地方应优先利用。

(2)地热水资源丰富且允许开发的地区,可根据水质、水温等条件,用其作为热源,也可直接用其作为生活热水。但地热水按其形成条件不同,其水温、水质、水压等均有很大差别,设计中应采取相应的升温、降温、去除有害物质的措施,以保证地热水的安全合理利用。地热水的热、质应充分利用,有条件时应综合利用,如先将地热水用于发电,再用于空调采暖、理疗和生活用热水。

(3)太阳能是一种取之不尽的最有条件推广应用的热源。凡当地年日照时数大于1 200 h,年太阳辐射量大于4 200 MJ/m² 及年极端最低气温不低于 - 45 ℃的地区均可采用太阳能作为热源。

(4)有水源(含地下水、地表水、污废水)可供热回收利用的地方、气候温暖地区、土壤热物性能较好的地方可分别采用水源、气源、地源热泵制备热源,或直接供给生活热水。水源、气源热泵在国内已应用较多,地源热泵虽有节能、不污染水源、对建筑环境的热污染和噪声污染小等优点,但其设计、计算复杂,目前国内尚处于开发研究阶段。此外,空调系统冷冻水、冷却水的废热、游泳馆中湿热空气中的废热亦可通过热泵回收制备热源或直接供给生活热水。

(5)选择能保证全年供热的城市热网或区域性锅炉房的热水或蒸汽作为热源。如热网或区域性锅炉房仅在采暖期运行,则应经经济技术比较后确定热源。

(6)上述条件不存在、不可能或不合理时,可采用专用的蒸汽或热水锅炉制备热源,也可采用燃油、燃气热水机组制备热源或直接供给生活热水。

(7)当当地电力供应较富裕,有鼓励夜间使用低谷电的政策时,可采用电能作为热源或直接制备生活热水。

2)局部热水供应系统热源选择

局部热水供应系统的热源可因地制宜地采用太阳能、空气源热泵、电、燃气等。当采用电作为热源时,宜采用储热式电热水器,以降低耗电功率。

2. 基本参数的合理选择与设计

热水用水定额、耗水量、耗热量、供水水温等热水系统的基本设计参数对于热水系统的合理运行、能耗等有很大影响。因此,应根据工程的具体条件合理选择这些参数。

1)热水用水定额的选用

热水用水定额应根据卫生器具完善程度和地区条件按《建筑给水排水设计规范》(GB 50015—2003)的规定选择,但根据多项设有集中热水供应系统的居住小区实测调查,居民热水用水定额均低于《建筑给水排水设计规范》(GB 50015—2003)热水用水定额中的低限值。因此,居住建筑的热水用水定额除水资源丰富的炎热地区外,推荐按《建筑给水排水设计规范》(GB 50015—2003)热水用水定额中的低限值选用。

2)热水量、耗热量的计算

(1)设计计算用水人数、单位数应尽量准确。

(2)小时不均匀系数 K_h 值是影响设计小时耗热量大小的关键参数。K_h 值偏大且与给水的 K_h 值不对应等是《建筑给水排水设计规范》(GB 50015—2003)中热水部分的一大弊病。近年来,国内相关学者在对一些工程集中供应热水系统的用水逐时变化实测分析的基础上,对 K_h 值进行了分析计算调整,其结果见表7-3。

表7-3　热水小时变化系数 K_h 值

类别	住宅	别墅	旅馆	幼儿园	公共浴室	医院	餐饮业	办公楼
K_h	4.6~2.75	4.2~2.45	3.4~2.2	4.8~2.7	3.2~1.5	3.7~2	2.6~1.5	5.7~2.5

(3)设计小时耗热量应根据集中热水供应系统全日或定时供应热水,同一热水系统中,不同类别建筑、不同用水部门的最大用水时段等使用条件分别按《建筑给水排水设计规范》(GB 50015—2003)中关于设计小时耗热量的相应条款和公式计算。不应不加以分析就将同一热水系统中不同用水部门或建筑物的设计小时耗热量叠加,作为系统的总设计小时耗热量进行计算。

3)供水水温

集中热水供应系统的水加热设备宜在满足配水点处最低水温要求的条件下,根据热水供水管线长短、管道保温情况等适当采用低的供水温度,以缩小管内外温差,减少热损失,节约能源。一般集中热水供应系统水加热设备的供水温度可为 50~60 ℃。

3. 系统设计

1)配水点处冷热水压力的平衡

集中热水供应系统应保证配水点处冷热水压力的平衡,其保证措施为:

(1)高层建筑的冷、热水系统分区应一致,各区水加热器、储水罐的进水均应由同区的给水系统专管供应。当不能满足时,应采取合理设置减压阀等措施来保证系统冷、热水压力的平衡。

(2)同一供水区的冷、热水管道宜相同布置并推荐采用上行下给的布置方式。

(3)应采用被加热水侧阻力损失小的水加热设备,直接供给生活热水的水加热设备的被加热水侧阻力损失宜不大于 1 mH₂O。

2)合理设置热水回水管道

合理设置热水回水管道,保证循环效果,节能节水。

(1)集中热水供应系统应设热水回水管道,并设循环泵,采取机械循环。

(2)热水供应系统应保证干管和立管中的热水循环。

(3)单栋建筑的热水供应系统,循环管道宜采取同程布置的方式。当系统内各供水立管(上行下给布置)或供回水立管(下行上给布置)长度相同时,亦可将回水立管与回水干管采用导流三通连接,保证循环效果。

(4)小区集中热水供应系统的循环管道可不采用同程布置的方式。当同一供水系统所服务单体建筑内的热水供、回水管道布置相同或相似时,单体建筑的回水干管与小区热水回水总干管可采用导流三通连接的措施;当不满足上述要求时,宜在单体建筑接至小区热水回水总干管的回水管上设分循环泵,确保各单体建筑热水管道的循环效果。

3)加热设备选择

(1)选择间接水加热设备时,从节能要求应考虑下列因素:①被加热水侧阻力损失小,阻力变化小,所需循环泵扬程低,且可保证系统冷、热水压力的平衡。②换热效果好,换热充分。当热媒为低温热水时,一次换热能取得大于等于 50 ℃的生活热水;当热媒为蒸汽时,凝结水出水温度小于等于 60 ℃,热媒热量得以充分利用。

(2)当选择燃油燃气热水机组、热水锅炉时,应选用热效率高、排烟温度较低、燃料燃烧完全、无须消烟除尘的设备。

(3)热水循环泵。①热水循环泵的流量和扬程应经计算确定。②为了减少管道的热损耗和循环泵的开启时间,可根据管网大小、使用要求等确定合适的控制循环泵启、停的温度,一般启、停泵温度可比水加热设备供水温度分别降低 10 ~ 15 ℃和5 ~ 10 ℃。

4)管材、阀件及水表选择

(1)热水系统选用管材、阀件除应满足工作压力和工作温度的要求外,尚应满足管道与管件、阀门连接处的密封性能好,材质不影响水质等,以免漏水耗能。

(2)水加热设备必须配置自动温度控制阀门或装置,以保证安全、稳定的供水温度,避免因供水温度的大波动造成安全事故和增大能耗。自动温度控制阀应采用温包灵敏度高、传感机构耐久可靠、泄漏率低的产品。

(3)混合水龙头是热水系统使用最多的终端配水器材,设计宜推荐采用调节功能、密封性能好, 耐久节水的产品。

(4)集中热水供应系统设置水表的要求同给水系统,详见《建筑给水排水设计规范》(GB 50015—2003)。

5)保温及管道敷设

热水系统设备、管道的保温好坏,对其能耗影响很大。

保温绝热材料应符合下列要求:导热系数低,密度小,机械强度大,不燃或难燃,防火性能好,当用作金属管道的保温层时,不会对金属外表产生腐蚀。具体要求如下:

(1)水加热设备、热水供回水管道(除入户支管外)及阀门均应做好保温处理,保温隔热层外还应做保护层。保护层材料应选用强度高、使用环境温度下不软化、不脆裂、抗老化、耐久的产品。

(2)当入户支管明装在吊顶内时,宜做保温层,暗装的管道因难以做保温处理,且因管径小、散热快,其管道长度应控制在 10 m 以内。

(3)室外热水管道的敷设宜采用管沟敷设,以利于保证管道安装、保温处理及维护、修理、保温层的更换,并且有利于减少管道的散热损失。当室外热水管道采用直埋敷设时,应根据当地土壤类别、地下水位高低等因素,做好保温、防水、防潮及保护层,且应对阀门、法兰、支架等易产生热桥处做好密封处理。管线较长者还宜设在线检测仪表,以保证直埋管道的正常运行,减少热损失。

生活热水管管道的经济绝热层厚度可参考表7-4。对于管内介质温度在 7 ℃常温时,采用柔性泡沫橡塑的设计厚度应按防结露要求计算确定;对于管内介质温度 0 ~ 95 ℃的热水管道,不适宜采用柔性泡沫橡塑材料保温。

6)对运行管理提出设计要求

集中热水供应系统的运行管理是减少热损失、节约能源、降低运行成本、降低热水收费标准,从而确保系统合理、正常运行的另一关键因素。设计宜要求运行管理做好下列日常记录,为系统合理运行提供依据:

(1)水加热设备的热媒进出口、被加热水进出口的温度、压力,按小时记录。

表 7-4　生活热水管道经济绝热层厚度

管内介质温度 （℃）	离心玻璃棉（mm）		柔性泡沫橡塑（mm）	
	公称直径	参照设计厚度	公称直径	参照设计厚度
≤60	≤DN40	35	≤DN50	25
	DN50 ~ DN100	45	DN70 ~ DN150	28
	DN125 ~ DN250	45	≥DN200	32
	≥DN300	50		

注：离心玻璃棉热导率 $\lambda = 0.033 + 0.000\,23t_m$（W/(m·K)），柔性泡沫橡塑热导率 $\lambda = 0.033\,75 + 0.000\,137\,5t_m$（W/(m·K)），$t_m$ 为绝热层的平均温度，℃。

（2）热水循环泵启、停温度按日记录，循环泵每日开、停时间定时记录。

（3）热水用水量分区逐时记录。

（4）当采用油、气、煤为燃料时，其用量逐日记录。

（5）当采用饱和蒸汽或热媒水为热媒时，逐时记录其流量。

（三）其他给排水

1. 中水

（1）中水系统设计应进行水量平衡计算，使系统能合理运行，即中水得到充分利用，所需自来水补水量减到最少。

（2）原水调节池（箱）、中水贮存池（箱）容积宜适当加大，中水处理设施宜按一天连续运行 16 h 设计计算处理能力，借以减少运行负荷和电耗。

（3）中水储水池（箱）所设自来水补水管，其补水阀应控制在中水供水泵启泵水位之下，或在缺水报警水位时才开启，当达到正常水位时应关闭。

2. 冷却循环水

（1）收集工程所在地与冷却塔冷效相关的气象参数，为设计计算和正确选择设备提供准确依据。

（2）合理选择塔型，在空气湿球温度较低的干燥地区，可在设备厂家的配合下，经设计计算适当提高冷却水进出水温差，减少循环水量及循环水泵能耗，缩小循环管道管径，节能、节材、节地。

（3）根据循环水水质情况，采取合理可靠的水质处理措施，避免因水质不好引起冷却水在冷却塔、管道及制冷机组内结垢，并产生菌藻和腐蚀。确保冷却塔及制冷机组的换热效率。

（4）冷却塔的具体选型要求及循环冷却水处理方法等详见《全国民用建筑工程设计技术措施　给水排水》有关章节。

（5）冷却塔设置位置及其布置对其散热效果有很大影响，其具体要求详见《全国民用建筑工程设计技术措施　给水排水》有关章节。

3. 排水和雨水

排水应尽量采用重力排水的方式。污废水管道的敷设应就近排放，并应避免压力提升。充分考虑中水的利用和空调凝结水、蒸汽凝结水的回收利用，并进行雨水的收集和综合利用。

(四)自动控制和计量

建筑中宜设置建筑给水排水自动化监控系统(如温度设定与控制,水池、水箱的报警和监控)。变频泵供水方式宜采用管网末端压力表控制水泵转速的运行方式。

针对不同需要场所及使用条件,应加强给水用水量计量。住宅应设分户水表计量用水。居住建筑节能改造应当安设单体用热计量和供热系统调控装置。公共建筑应当安设用热计量、室内温度调控、多表远程抄控系统和供热系统调控装置。冷却水补充水、锅炉补充水、绿化用水、水景补充水、游泳池补充水、蒸汽应分别设置水表计量。其他需要独立计量的管道系统(如道路浇洒用水、汽车冲洗用水、地面冲洗用水等)宜设水表计量。企事业单位、学生宿舍的公共浴室、淋浴间等宜刷卡(或采用红外线、脚踏开关)来用水。

二、建筑给水排水节能分析

(一)节能与功能

建筑给水排水节能应用技术是综合应用的工程技术。在追求节能的同时,需要满足建筑给排水设计的基本功能要求,不能顾此失彼,失去功能要求的节能是没有意义的。不要出现以节约能源和节约用水的名义做出一些既不节能、节水,也不环保的措施。问题解决的根本还在于节能价值观的调整,设计应该树立一种全面的系统价值观念。

建筑给排水节能的关键是从系统的设计抓起。合理的系统设计需要既满足使用功能又满足节能要求。节能需要多种技术的综合应用,结合建筑的特点、地区的具体情况采取不同节能方式的组合。雨水收集与沙基渗水砖应用技术、生态污水处理系统与中水回用应用技术就是建筑给水排水节能与功能处理得较好的方式之一。与此同时,也需对因节能引起设计功能变化的问题进行处理。变频调速技术(如变频增压给水设备等)节省了建筑所耗电能,但由此产生的高频谐波对内压较低的电器易产生冲击而造成损坏,其节省能耗产生的经济效益可能还不足以弥补损失。

(二)节能与节水

建筑给水排水的节能技术也是综合节水技术,建筑给水排水的节能、节地、节水和节材潜力很大。节能和节水是相互联系的,在节水的同时往往也能达到节能的目的。建筑给水排水的节能是重点降低长期使用时的总能耗,而节水是重点考虑水资源的循环利用,节材是重点研究新型工业化和产业化道路。

生活水池的大小应尽量按经济、节地、节能的原则设计,从节水的角度出发,生活水池内采用釉磁涂料涂刷或采用不锈钢材料,确保卫生、减少水箱的污染和换水次数,以减少水资源浪费,从而达到节能的目的。

采用新型给水管道,如塑料管、不锈钢管、衬(涂)塑钢复合管等,同样是在节约用水的同时,也节约了材料和能源。在居住区排水中应用塑料检查井技术,还可达到节地的目的。

(三)节能与经济

建筑给水排水的节能是需要经济的投入的,特别是建设初期。节能应强调建筑整体的效益,根据功能目标、使用性能、经济效益达到预期的目的。事实上,节能是一个相对的概念,经济问题也是需要重点考虑的,节能的经济性可以通过一定时期的运行来得到经济回报。

对于工程项目中建筑给排水有明显节能效果的技术措施,应对节能量、投资额和投资回收期进行必要的经济技术分析。设计在考虑技术、经济效益的同时,还应该充分考虑节能的先进性。

(四)节能与运行管理

建筑给水排水的节能需要加强与运行管理相结合。节能不应仅仅停留在设计阶段,用能系统的维护管理对节能也有必不可少的作用。节能需要运行管理单位定期对建筑物用能系统进行维护、检修、监测、保养及更新置换,及时清除系统故障,保证用能系统处于节能状态运行。分级配置给水计量表具,保证项目投运后能源消耗量的统计和管理的需要。日常运行能耗的降低是给水排水节能的重要部分之一。合理安排运行方式和时间也可节能。如改变洗衣房的排班时间,利用电费峰谷的差异,节省电费等。

第三节　案例分析

一、水量平衡测试法在深圳市企业供水管道检漏中的应用

深圳是全国七大严重缺水城市之一,由于地理条件比较特殊,深圳境内无大江大河大湖大库,蓄滞洪能力差,本地水资源供给严重不足,七成以上的用水需从市外的东江引入,全市现状水资源储备量仅能满足 20 d 左右的应急需要。2009 年深圳市用水总量达 18.2 亿 m^3,人均拥有水资源量仅 235.7 m^3,约为全国平均水平的 1/10 和广东省的 1/9。水资源严重不足的现状已严重制约了深圳的可持续发展。在日常管理中,不少企业存在管道暗漏却没能及时发现,一般到了财务部门发现水费突增时,才意识到用水量的异常,从而才开始查找原因,造成了长时间的水资源浪费,也给企业带来了不必要的经济损失。为了查清企业浪费水情况,促进节约用水和水资源的管理,可运用水量平衡测试法对供水管道进行检漏。

(一)某厂办公楼

某厂完成前期的计量水表完善及局部用水设施改造后,进行了为期 4 d 的测试,测试期间经过数据统计分析,发现该厂办公楼二级计量水表与三级计量水表之和的计量差值较大。每天约有超过 50 m^3 的漏损(参见表7-5),鉴于该办公楼水表已配备齐全,且具备静态测试条件,在关阀停水后,对整栋楼进行了静态测试,结果表明,该楼确定存在供水管道漏损现象,漏水量为 51.12 m^3/d。经过分析最终确定漏水管段,并及时进行了切割验证、修复,减少漏水量 18 658.8 $m^3/$年,全年直接减少不必要的经费支出约 6.2 万元。

表 7-5　某厂办公楼测试阶段计量数据统计表

测试时间	总表计量值(m^3)	分表计量之和(m^3)	两级水表计量差值(m^3)
第一日	79.10	28.50	50.60
第二日	70.15	14.70	55.45
第三日	78.70	29.82	48.88
两级水表计量差值(m^3/d)			51.64

(二)某工业区

某工业区在完善计量水表配备后,进行了为期 4 d 的试测,通过后期的数据统计分析,发现一级水表日均计量值为 589 m³/d,二级水表日均计量之和为 369.71 m³/d,两级水表日均计量差达到 219.29 m³/d,随后对工业区存在漏耗的现状分三次开展了静态水量平衡测试,分段评估各用水管段,查找存在暗漏的管段。测试结果表明,该工业区水损量达到 10.80 m³/h(参见表 7-6)。通过精心探测,最后确定漏水点,漏水量约为 58 400 m³/年,为该工业园节约支出近 20 万元/年。

表 7-6　某工业区静态测试计量数据统计

测试时段	一级表计量值(m³)	二级表计量之和(m³)	两级水表计量差值(m³/h)
18:00 ~ 18:15	2.69	0.27	9.69
18:15 ~ 18:30	3.29	0.29	12.00
18:30 ~ 18:45	2.96	0.28	10.72
单位时间计量值(即漏失水量,m³/h)			10.80

注:以上为所有用水点关阀后(停水状态)测得的总表读数。

二、北京某大型交通枢纽及配套服务用房中水回用工程

在民用建筑中建设中水设施,首先应对建设项目总体的可收集原水量、中水设施处理水量、中水用水量和自来水补水量进行计算、调整,使其达到供与用的平衡和一致。这就要求设计人员确定建设项目中水水源及中水用水的种类和选取顺序。对于建筑中水水源的种类和选取顺序,《建筑中水设计规范》(GB 50336—2002)3.1.3、3.2.2 条已有明确规定,以北京某大型交通枢纽及配套服务用房中水回用工程为例:

该工程建设用地面积 4.52 hm²,总建筑面积约 26 万 m²,是连接北京某火车站、城铁车站、地铁车站及公交总站的大型交通枢纽及配套服务用房。工程地下 3 层,地上 23 层,地下部分包括换乘通道、机动车停车场、超市、员工餐厅、人防及设备机房等功能;地上裙房部分为交通枢纽、公交站房及娱乐、餐饮和大型百货购物中心等,裙房以上塔楼为高档写字楼,共 23 层,建筑高度 99 m。此工程虽然用水量大,但其可回收的优质杂排水仅为全楼的盥洗用水,中水可回用于冲厕、道路浇洒、绿化、地下车库地面冲洗等,中水原水量远小于用水量。中水处理工艺流程如图 7-4 所示。

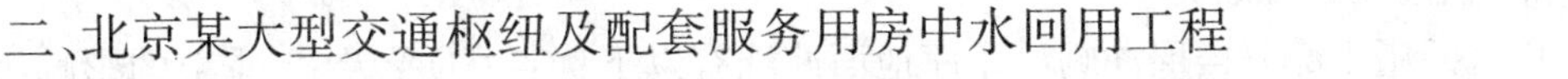

中水原水 → 调节池 → 生物处理 → 沉淀 → 过滤 → 消毒 → 清水池 → 变频供水设备 → 回用

图 7-4　中水处理工艺流程

中水回用于道路浇洒或绿化受天气、季节的影响严重,故将其排除在中水用水范围之外。经水量平衡计算(见表 7-7、表 7-8)可知,中水原水经处理后回用于部分楼层(4 ~ 12 层)冲厕或车库地面冲洗,均可以达到全楼中水水量平衡。

表 7-7　北京某大型交通枢纽及配套服务用房中水原水量

名称	人数 （人）	原水定额 （L/(人·d)）	时间 （h）	原水量（m³）	
				最高日	平均日
商场	28 673	6×20%	12	34.41	27.87
办公	8 977	50×35%	10	157.10	127.25
餐厅	4 396	40×5%×3	12	26.38	21.36
合计				217.89	176.49

注:用水量日变化系数及流量变化系数均取 0.9。

表 7-8　北京某大型交通枢纽及配套服务用房中水水量

名称	人数 （人）	原水定额 （L/(人·d)）	时间 （h）	原水量（m³）	
				最高日	平均日
商场	9 920	6×80%	12	47.62	42.86
办公	3 850	50×65%	10	125.13	112.62
餐厅	3 114	40×5%×3	12	18.68	16.81
合计				191.43	172.28

注:用水量日变化系数取 0.9。

中水回用于部分楼层冲厕比车库地面冲洗有以下优点:①受天气、季节的影响小,容易确定处理设备的处理能力,并可减小处理机房调节水池的容积,节约土建投资。②中水原水与用水同时产生,水量平衡稳定,可降低自来水补水量。③采用自来水冲洗车库地面,可充分利用市政水压,降低运行费用。因此,该工程选用了中水回用于部分楼层冲厕的方案。

三、北方某热电公司蒸汽冷凝水回收改造工程

北方某热电公司 2011 年投资 300 万元,历时 3 个月,对所在工业园区内的冷凝水管网进行了改造,将部分企业的冷凝水收集起来回送至热电公司。项目采用闭式冷凝水回收系统,通过转换将锅炉脱盐水进行换热,提高锅炉给水温度。换热后的蒸汽冷凝水进入水处理系统,经处理后作为锅炉补水。项目改造前后的能耗对比见表 7-9。

表 7-9　项目改造前后能耗对比

时间	冷凝水回收量 （t/h）	入水温度 （℃）	出水温度 （℃）	年运行时间 （h）	年节约热量 （GJ）	锅炉平均 效率(%)	折标煤 tce
改造前	0	70	25	8 000	0	85	0
改造后	68	70	25	8 000	92 000	85	3 694.5

回收的蒸汽冷凝水可直接代替自来水作为锅炉补水,每年可节约自来水 54.4 万 t;按燃煤价格 800 元/t 计,项目每年可节约燃煤费用 376 万元;工业用水价格按 6.5 元/t 计,每年可节约水费 353.6 万元。

第八章　建筑采光与照明节能技术

近年来,有关建筑节能和环境保护等问题已成为社会关注的焦点,照明能耗是建筑能耗的主要组成部分之一,在全社会总用电量中占有很大比例。2011 年我国全社会总用电量累计达 46 928 亿 kW·h,其中照明用电量约为 5 600 亿 kW·h,占到全社会总用电量的 12%,由此可见,我国在建筑采光与照明节能方面有着很大的发展空间。在进行建筑采光设计时应首先选取自然光,在建筑照明方面应优化建筑照明方式和照明种类,在满足照明质量要求的同时,还应充分考虑照明节能。本章从建筑采光和节能的角度出发,主要讲述了照明系统节能、建筑采光与节能和家用电器节能措施。

第一节　建筑采光与节能

一、天然光利用的意义和存在的问题

天然光在人类视觉认识中最为亲切、舒适和健康。天然光作为一种清洁、廉价的光源。利用其进行室内采光照明不仅有益于环境,还可以使人从心理和生理上感觉到舒适,有提高人的视觉功效的作用。利用天然光作为照明光源是一种切实可行的建筑节能方式,不仅可以节约照明用电,还可减少空调负荷,有利于减少建筑物能耗。但天然光的合理利用也有急需解决的问题,如天然光存在稳定性差的问题,直射光会使室内的照度在时间上产生较大波动;大进深建筑存在内部采光问题,侧窗采光存在窗口照度远远大于最深处照度并且容易引起眩光的问题,特殊区域(如大面积的中庭)存在采光设计难度大等问题。传统的采光手段已经无法满足要求,新的采光技术的出现解决了以上几方面的问题,采取的技术主要如下。

(一)大空间建筑室内顶部采光和侧面采光相结合的采光方式

顶部采光是在屋顶开设天窗;光线属于直射光线,极易产生眩光。侧面采光是利用侧窗进行采光,但这种采光方式光线的质量受房间的朝向及窗洞口大小、高度的影响很大,且照度极不均匀。从自然采光的角度来说,通常为保证房间的采光要求,一般单侧采光时进深不大于窗上口至地面距离的 2 倍,双侧采光时进深尺寸可比单侧采光增加 1 倍,如图 8-1 所示。房间进深较大的大空间建筑难以通过侧窗实现室内照明要求,对于这样的建筑,可以采用顶部采光和侧面采光相结合的采光方式来解决室内采光问题。通过装设散光玻璃的天窗解决顶部采光的眩光问题(如图 8-2 所示),使用顶部采光和侧面采光相结合的采光方式既避免了眩光的产生,又克服了大空间建筑室内自然采光照度不均匀的问题。

(二)解决天然光的稳定性技术

天然光的不稳定性是天然光源利用中的最大难题,目前采用的日光跟踪系统可按照

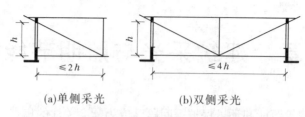

(a)单侧采光   (b)双侧采光

图 8-1　侧窗采光方式对建筑房间进深的影响

图 8-2　装设散光玻璃的采光顶

太阳转动角度自动调整采光方向,可最大限度地捕捉阳光,使室内保持较高的照度值。

二、天然采光新技术

天然光是一种取之不尽、用之不竭、无污染的绿色洁净能源。充分开发并有效利用天然光势必对我国的现代化建设起到加速推动作用。目前,利用天然光主要有以下几种:光导管法,利用导光管将太阳集光器收集的光线送到室内采光;光导纤维法,利用光导纤维将光线引到室内采光;采光平面镜,利用反射将阳光反射到室内采光;导光棱镜窗,利用传光棱镜将集光器收集的阳光送到室内采光。

(一)光导管照明技术

光导管照明系统适用于白天仍需电力照明的、同时又能有相应露天的位置采集太阳光的场所,比如地下停车场、工厂、大型商场和超市等。光导照明装置能提供白天 10 h 左右的照明时间,从而节省电力照明费用。20 世纪 80 年代以来,随着采光技术的进步,光导管照明技术在欧美国家民用、商用和工业等方面得到了广泛应用。光导照明系统通过采光装置聚集室外的自然光线并导入系统内部,再经过特殊制作的导光装置强化与高效传输后,由系统底部的漫射装置把自然光线均匀导入到室内任何需要光线的地方,如图 8-3 所示。

1.光导管照明系统结构

用于采光的光导管主要由三部分组成:采光装置、导光装置和漫反射装置。其中,采光装置的作用是采集光源,它能隔离部分紫外线和红外线,折射低角度自然光,外形设计要有利于聚集光线。导光装置的作用是传输光线,要求光的反射效率高,并做特殊处理,以确保光线的高效传输和稳定性,保证颜色纯显色性能,延长传输距离。漫反射装置的作用是输出光源,将光导管反射的光通过漫反射均匀地导入室内。具体如图8-3所示。

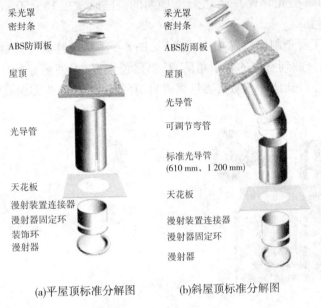

(a)平屋顶标准分解图　　　(b)斜屋顶标准分解图

图 8-3　光导管照明系统

1) 采光装置

对于采光装置,要求其厚度均匀,光透性好,可采集低角度光线,以延长光照时间。采光装置外形多为半球形,表面平滑,使得灰尘不易存留(见图8-4)。外表面拱挤UV涂层,以隔绝大部分紫外线,仅使少量紫外线通过,而紫外线能促进生物维生素D的合成和杀菌等,有利于人的健康。要求其抗冲击性好、硬度高、耐摩擦、质量轻,燃烧时不释放有毒物质,离火自熄。

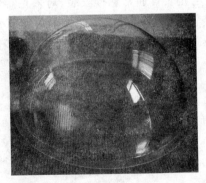

图 8-4　光导管照明系统采光装置

2) 导光装置

导光装置主要由光导管和弯头组成(见图8-5)。光导管是用特殊材料制成的,具有对光的高效反射能力,全反射率可达90%以上,且要求其具有高效的光线传输能力和稳定性,并保证具有良好的显色性,能够最大化的延长光线传输的距离。根据室内需要的照度,光导管可以选择不同的口径,直径越大,能够达到的照度值就越大。一般常用型号为直径330~530 mm的光导管,一个光导管照明的范围通常在15~50 m²。

3)漫反射装置

通常由PC工程塑料经特殊加工而成(见图8-6),要求其具有高透光性和高扩散性,能够把光均匀地分散到室内的各个角落,且要显色性好,以便还原物质本身颜色,光线柔和并无眩光,材料本身具有不易自燃且离火自熄的特点,在构造方面具有良好的隔热和隔音功能。

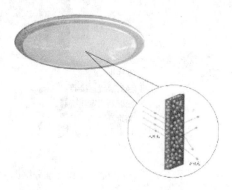

图8-5　光导管照明系统导光装置　　　　　图8-6　光导管照明系统漫反射装置

4)其他装置

光导管照明系统除采光装置、导光装置和漫反射装置这三个主要组成部件外,还应有防雨装置、调光装置、增光装置和自动追光装置等辅助部件。其中,防雨装置主要起到与建筑紧密结合,防止雨水沿光导管系统渗入室内的作用(见图8-7),要求其能够适合各种建筑的表面结构。调光装置的主要作用在于可根据对光线的不同要求,快速调整室内光线的强弱,要求其具有灵活简便的遥控控制方式,可随时操作。增光装置的主要作用是在早晚光线较弱的时候增加对太阳光的利用,增光装置通常悬挂安装,对采光器采集其背面的自然光没有影响(见图8-8)。自动追光装置的作用是可以按照太阳角度的变化自动跟踪太阳。该系统的应用使由原来的被动式采光变为主动式采光,增强了对太阳光的利用。

图8-7　光导管照明系统防雨装置　　　　　图8-8　光导管照明系统增光装置

2. 光导管照明技术在建筑中的应用

作为自然光照明系统中的一种较为成熟、完善的系统,光导管照明系统在国内外备受关注,发展十分迅速,应用也越来越广泛,有许多跨国公司在生产光导管照明系统和设备,这其中包括英国 Monodraught 公司、日本共荣株式会社和美国 ODL 公司等知名公司。目前,光导管照明系统广泛应用于学校、体育场馆、医院、地下空间、展览馆、海洋馆、地铁等场所,如北京科技大学体育馆。该体育馆天顶共装设了光导照明设施 148 个,光导阵列能够满足馆内无活动时的基本采光需求,且在有活动的时候可以作为辅助照明使用,极大地减少了场馆内照明灯具的使用。国内还有很多著名大型公共设施如鸟巢附近的中国科技馆、上海世博会场馆、清华大学节能示范楼(见图 8-9)和北京奥林匹克森林公园(见图 8-10)等场所都在使用该系统。

图 8-9　清华大学节能示范楼光导管照明系统

图 8-10　北京奥林匹克森林公园光导管照明系统

光导管照明系统应用于建筑中有着良好的经济效益和社会效益,但这一系统的使用也受到诸多的限制,制约了它的使用。主要是光导管照明系统只能应用于日间照明,由于它不具备能量的贮存与转化能力,因此无法解决天然光源的不稳定问题,所以通常光导管照明系统需要有人工光源作为备用光源,以便在太阳光不足的时候作为补充光源使用。光导管采光适用于天然光丰富、阴天少的地区。由于光导管照明系统的照度值随室外照度情况变化波动很大,所以该系统只能用于一般照明,不能用于要求照度恒定的场所和作为应急照明使用。

(二)太阳能光导纤维照明技术

太阳能光导纤维照明技术由于具有光的柔性传输和安全可靠的特点,被广泛地应用于工业、科研、医学及景观设计中。在 20 世纪 30 年代光纤照明技术出现后,由于受到材料的成本以及光衰减率高等问题的制约,一直无法投入大规模的应用,20 世纪 60～70 年代随着光纤照明系统两项新技术的出现,光纤照明重新走入了人们的视野,这两项新技术分别是美国的杜邦公司首次使用聚甲基丙烯酸甲酯(PMMA)为芯材制出塑料光纤和日本三菱丽阳公司以高纯 MMA 单体聚合 PMMA,使光纤损耗下降到 200 dB/km。这些新技术的出现尽管还没能使光纤照明实现大批量产业化和商品化,但也将光纤装饰照明推向了实用化阶段。目前,市场上已有多款太阳能光纤照明产品,其发展前景广阔。

1. 太阳能光纤照明与光导管照明的联系与区别

太阳能光纤照明与光导管照明的工作原理基本相同,二者的区别主要在于采光方式和传导介质的不同,如表 8-1 所示。光纤照明系统使用的传导介质为光缆,收集、传输的是太阳的直射光线,有着传输距离远但有效利用时间较短的特点;光导管照明系统使用的传导介质为光导管,收集、传输的是自然光,无须太阳直接照射,有着传输距离短但有效利用时间长的特点。光纤照明系统与光导照明系统两者相辅相成,互相补充,光导管照明系统无法解决的采光问题,可利用光纤照明系统予以解决,如建筑内采光窗的黑房间采光问题。

表 8-1　　光纤照明与光导传输照明系统比较

项目	光纤照明系统	光导管照明系统
采光方式	为太阳直射光线,主动采光	被动采光
传导介质	光缆	光导管
传输距离	长	短
可照明时间	短	长

2. 光纤照明系统组成

光纤照明有两种形式:一种安装有聚光、集光设备,可称为太阳能光纤照明系统;另一种使用人工光源代替聚光、集光设备,仅利用光纤进行远距离光线传输,以实现光电分离。太阳能光纤照明是一种直接利用太阳光的技术。太阳能光纤照明系统由聚光或集光装置、传导装置和放射装置三部分构成,如图 8-11 所示。太阳能光纤照明系统通过室外的聚光或集光装置采集光线,通过光导纤维传送到室内进行重新分配,最后由室内的光线放射装置将光线均匀地照射在室内各个角落,带来自然光照明的舒适效果。

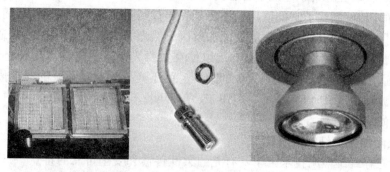

(a)聚光或集光装置　　　　(b)传导装置　　　　(c)放射装置

图 8-11　太阳能光纤照明系统组成

1）聚光、集光装置

聚光、集光装置可安装在屋顶和外墙等可不受限制采光的部位，如图 8-12 所示，从而发挥聚光、集光装置的最大工作效率。由于受到光纤直径的限制，同时为了减少传输过程中的光衰减，需把光线聚集为近似于一点，并要求其能与光纤端口完美契合。目前，聚光、集光装置主要通过两种方式收集光线，分别是采用两次反射进行光线聚焦的微型反射式点聚光和采用一次透镜折射进行聚焦的透镜式点聚光。实际应用中需将两者分别或同时模块化，以增加光线的收集量。同时，还可以在聚光、集光装置上加装太阳方位追踪器，以提升聚光、集光装置的集光效率。

2）传导装置

光纤照明系统的传导装置为光缆，它是光纤照明系统中的主体部分。其依据全反射原理制造，可将光线传输到预定地点。按照结构组成光纤可分为单股、多股和网状三种形式。其中，单股光纤的直径一般为 6～20 mm。单股光纤有体发光（即侧面发光）和端发光（即点发光）两种，端发光光纤是将光束传到光纤端点后，用端部进行照明，体发光光纤本身就是发光体，可形成一根柔性光柱。多股光纤均为端发光型，见图 8-13，直径一般为 0.5～3 mm，常见股数有几根至上百根不等。网状光纤由细直径体发光光纤组成，可形成柔性光带。使用光缆作为传导装置，具有抗干扰、应用范围广、线径细、质量轻、抗化学腐蚀能力强等特点。

图 8-12　屋顶聚光、集光装置

图 8-13　光纤照明传导装置

3）放射装置

对应端发光光纤和体发光光纤的不同发光特点，目前有两种类型的末端放射装置，分别为发光终端附件和不发光终端附件。

（1）发光终端附件可配置在端发光光纤端部，为各类直射型或反射型的发光附件，类似于灯具，有筒灯型（如图 8-11 所示放射装置）、配透镜型（可聚光或发散光）、地面专用型和水下型。

（2）不发光终端附件可配置在线发光光纤终端，为不透明密闭型封套，如图 8-14 所示。

3. 太阳能光纤照明的特点

（1）光线柔性传播，可调整传输方向，传输距离较长。

（2）可满足不同环境下对光色彩的需求。

（3）通过改变末端放射装置的设计和安装，使照明更为形象化，更容易调和大众审美

图 8-14　不发光终端附件

的喜好。

（4）光纤照明实现了光电分离。

（5）光纤照明系统光色柔和，不会产生光污染。

（6）发出的是无红外线和紫外线的冷光。

4.太阳能光纤照明在建筑中的应用

由于太阳能光纤照明技术有着诸多优点，使它在广泛的领域中为人所使用，主要有商场、运动场馆、地下空间（如图 8-15 所示）、剧院和飞机场等场所的日间照明。由于光导纤维能够任意弯曲做成任何形状，将其与太阳能整合在一起使用有很强的实用性。不仅节省电费开支，减少环境的污染，还可为建筑室内空间提供舒适的自然光。如利用光导纤维短距离传输阳光可以实现一点采光多点照明，塑料光纤可被用于传输太阳光作为水下和地下空间的照明。

图 8-15　太阳能光线照明系统在地下空间中的应用

尽管太阳能光纤照明有着很多优点，但它与光导管照明一样，无法解决天然光源不稳定的问题，所以通常太阳能光纤照明系统也需要有人工光源作为备用光源，以便在太阳光不足的时候作为补充光源使用。另外，太阳能光纤照明还存在光的传输距离问题，现行的光纤照明系统由于存在光衰减，传输最大距离只能达到 30 m。同时，对于我国来说，目前能够生产光纤照明设备的厂家不多，现有的光纤照明系统多为瑞典的"百浪斯"光纤照明设备和日本的"向日葵"光纤照明设备，为进口产品，存在价格偏高的问题。

虽然太阳能光纤照明还存在着诸多问题,但作为一种新颖的照明技术,随着光纤照明产品的成熟与完善及不断开发的新应用领域,太阳能光纤照明将会得到更广泛的应用,会在大力普及中不断提高产品性能和质量,降低产品成本,将太阳能光纤照明系统推向更广阔的应用领域,为大众服务。

(三)平面反射镜照明技术

我国利用平面反射镜照明技术反射太阳光进行照明的实例可以追溯到几十年前,著名的红旗渠水利工程中的曙光洞隧道深达几十米,在当时缺乏照明设施的情况下,人们就是利用平面镜反射太阳光到竖井和隧道中完成施工的。香港汇丰银行大楼也是利用平面镜采光,给办公大厅提供天然照明,如图 8-16 所示。近年来,平面反射镜照明技术得到了极大的发展,出现了加装太阳光跟踪装置的平面反射镜、平面镜反射窗、镜面采光井和平面反光镜聚光系统等新技术。

图 8-16　香港汇丰银行平面镜采光系统

1. 加装太阳光跟踪装置的平面反射镜照明

现代化的平面反射镜照明系统,整个系统为电脑控制,太阳光跟踪装置可以通过控制镜面将不同角度的太阳光线反射到设定的方向,使采光镜与太阳始终保持特定角度。新型太阳能采光镜一般由五部分组成,分别为镜面、纵向驱动系统、横向驱动系统、探头电路驱动系统和支撑底座系统。一旦光敏探头感受到光源,即通过传感电路将电信号传送到纵向和横向驱动系统的驱动部分,驱动部分启动调节探头跟踪太阳,通过纵向驱动齿轮系统和横向驱动齿轮系统自动调节进入镜面光线的角度和反射光线的角度,将光线反射到设定的方向。加装太阳光跟踪装置的平面反射镜照明系统可以极大地提高太阳能的利用率,使室内照度在一定范围保持稳定,改善室内光照效果,节约大量电能(见图 8-17)。

图 8-17　加装太阳光跟踪装置的
平面反射镜

2. 平面镜反射窗

平面镜反射窗在窗口上部加装有平面镜反射装置(如图 8-18 所示),对于平面镜反射窗来说,一方面,支开的平面镜反光板可以起到遮阳板的作用,防止直射阳光照入室内,遮挡令人不舒服的太阳辐射,降低侧窗附近照度值,以减少太阳热辐射,避免夏季室内过热和眩光的产生,保护室内物品不受阳光照射;另一方面,使窗口附近的直射太阳光经过反射进入室内深处,可以提高室内远离窗口处的照度值。当房间进深不大时,只需在窗口加装一组平面反射镜,如图 8-19 所示,即可使窗口处光线被反射到房间内部的顶棚处,通顶棚的漫反射作用,照亮整个房间。

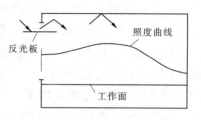

图 8-18 平面镜反射装置效果图

当房间进深较大时,就需在窗口增加聚光装置,通过传输管道送入房间内部,如图 8-20 所示。为了提高房间照度的均匀性,在窗口附近不设向下的出光口,这样一来平面镜反光板和侧窗照度叠加后,房间内照度值较为均匀,如图 8-18 中照度曲线所示。研究表明,这种照明技术在大多数时间可为进深小于 9 m 的房间提供昼间照明。

图 8-19 单组平面镜照明系统　　　图 8-20 加装聚光和光线传输装置的平面镜照明系统

3. 镜面采光井照明

镜面采光井也可以将室外的太阳光传输到室内,但这一照明技术又不同于光导管照明系统和光纤照明系统。目前,国内光导管照明系统已广泛应用于一些地下车库和工厂的厂房的室内照明,但与镜面采光井相比,镜面采光井具有自己鲜明特点,它具有照明的面积大、强度高的特点,可为地下室提供高达 20 倍的太阳光,有利于提升房产的价值,增加地下室愉悦感,把原来只能用来储藏物品的地下室,转变为功能完整的区域,使其拥有充足的太阳光照明,如图 8-21 所示南京帅瑞科技有限公司生产的镜面采光井照明系统。由于镜面采光井照明技术改变了地下室阴暗潮湿,缺少阳光的状态,在国外运用已经得到广泛应用。

(四)导光棱镜

导光棱镜是一种安装了阳光自动追踪系统,并通过透明组合棱镜和反光镜传输阳光的照明装置,图 8-22 为蓝煦太阳光导管照明系统中的导光棱镜取光器。导光棱镜可以将太阳光引入大楼或者隧道的深处,能够利用太阳光有效地解决大楼和隧道等建筑阴影区域的采光问题。由于安装了阳光自动追踪装置,导光棱镜可使室内照度值保持相对的稳定,不会随太阳高度变化而有明显改变。在 10 万 lx 光照强度下,导光棱镜可以提供的照度值达 28 000 lm,这相当于 9 支 40 W 荧光灯的光照强度。通过调整扩散板角度还可以自由控制室内照明水平。因此,导光棱镜可安装于太阳光无法直接照射到的区域,如建筑

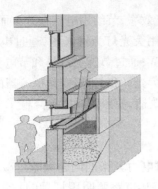

图8-21　镜面采光井照明系统

中庭和隧道深处等场所。在中庭安装时,导光棱镜可通过支架安装于顶层的轨道上,将太阳光从早到晚不间断地投射到中庭等阴影区,如图8-23所示。在隧道安装时,通过支架将其安装于隧道口外可直接被太阳光所照射的区域,将太阳光从早到晚不间断地投射到隧道深处,并且通过漫射板照射,可使隧道内部光线充足、均匀。

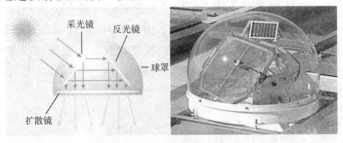

图8-22　导光棱镜取光装置

图8-23　导光棱镜照明系统用于中庭采光

第二节　照明系统的节能

照明系统节能潜力巨大。从节约照明用电来说,自20世纪70年代石油危机后,各国都加大了节能型灯具的发展力度,以提高发光效率,节约用电。在这方面日本的发展模式对我国有很多值得借鉴的地方。以日本办公用荧光灯为例来说,通过电灯回路和镇流器的改造,使其功率由原来的 105 W 降到了 90 W;通过节能型灯具和节电型镇流器的使用,使其功率降低到了 76 W;近年来,随着 Hf 型荧光灯和 Hf 型变频镇流器的使用,又进一步使其功率降低到了 62 W。通过 20 年的节电改造,使照明耗电量降低了 30%。

一、传统节电措施的弊端

第一次石油危机发生以后,各国为了应对电力紧张的问题大幅度减少了照明灯具的使用量。据当时的调查资料显示,在我国旅馆和道路照明用灯具的数量减少了约 35%,走廊和楼梯等部位灯具的数量减少了约 50%,办公类建筑灯具使用量减少了约 17%。其他国家的情况也大致如此,但这样的限电方式弊端太多,仅仅依靠减少照明灯具的数量来降低用电的做法是以牺牲室内照度为前提的。在照度不满足要求的情况下,既会使人感到不舒适,又严重地影响到了夜间工作效率,还导致了夜间犯罪事件的急剧增加。例如,英国在 2003 年到 2004 年间,将公路照明灯具减少 50% 后发现夜间交通事故发生率上升了 12%,由此造成的经济损失数十倍于节约用电带来的效益。美国和日本也都曾做过类似的尝试,结果都发现得不偿失,为此均改变了做法,转向通过采取综合节电措施来降低照明用电量,这些措施主要包括使用节能灯具、提高灯具发光效率和改善照明回路等。由此可见,传统的依靠减少照明灯具的数量来节约用电方式并不可取,节约用电要在保证满足正常照度要求下才更具有现实意义。

二、照明标准

对于照明设计应该坚持现代绿色照明的设计原则,在满足照度要求的前提下,使照明系统既能降低照明能耗,满足节能环保的要求,又能创造良好的照明环境。因此,对于照明系统的设计,无论采取什么样的照明措施,能够达到何种节能效果,都首先要满足照度要求。我国《建筑照明设计标准》(GB 50034—2004)中对各种类型的建筑物的照明功率密度作了详细的规定,具体见表 8-2 ~ 表 8-8 所示。以上规定除居住建筑外,其他各类型建筑的照度值要求均为强制性条文,这样既能保证照明质量,又能达到高效节能的目的。

表 8-2　居住建筑每户照明功率密度值

房间或场所	照明功率密度(W/m²)		对应照度值(lx)
	现行值	目标值	
起居室			100
卧室			75
餐厅	7	6	150
厨房			100
卫生间			100

表8-3 办公室照明功率密度

房间或场所	照明功率密度（W/m²）		对应照度值（lx）
	现行值	目标值	
普通办公室	11	9	300
高档办公室、设计室	18	15	500
会议室	11	9	300
营业厅	13	11	300
文件整理、复印、发行室	11	9	300
档案室	8	7	200

表8-4 商业建筑照明功率密度值

房间或场所	照明功率密度（W/m²）		对应照度值（lx）
	现行值	目标值	
一般商店营业厅	12	10	300
高档商店营业厅	19	16	500
一般超市营业厅	13	11	300
高档超市营业厅	20	17	500

表8-5 旅馆建筑照明功率密度值

房间或场所	照明功率密度（W/m²）		对应照度值（lx）
	现行值	目标值	
客厅	15	13	—
中餐厅	13	11	200
多功能厅	18	15	300
客厅层走廊	5	4	50
门厅	15	13	300

表8-6 医院建筑照明功率密度值

房间或场所	照明功率密度（W/m²）		对应照度值（lx）
	现行值	目标值	
治疗室	11	9	300
化验室	18	15	500
手术室	30	25	750
候诊室、挂号室	8	7	200

续表 8-6

房间或场所	照明功率密度（W/m²）		对应照度值(lx)
	现行值	目标值	
病房	6	5	100
护士站	11	9	300
药房	20	17	500
重症监护室	11	9	300

表 8-7　学校照明功率密度值

房间或场所	照明功率密度（W/m²）		对应照度值(lx)
	现行值	目标值	
教室、阅览室	11	9	300
实验室	11	9	300
美术教室	18	15	500
多媒体教室	11	9	300

表 8-8　工业建筑照明功率密度值

房间或场所		照明功率密度（W/m²）		对应照度值(lx)
		现行值	目标值	
1 通用房间或场所				
实验室	一般	11	9	300
	精细	18	15	500
电源设备室、发电机室		8	7	200
控制室		300	11	9
		500	18	15
电话站、网络中心、计算机站		18	15	500
动力站	风机房、空调机房	5	4	100
	泵房	5	4	100
	冷冻房	8	7	150
	压缩机房	8	7	150
	锅炉房、煤气站的操作层	6	5	100
仓库	大件库(如钢坯、钢材、大成品、气瓶)	3	3	50
	一般件库	5	4	100
	精细件库(如工具、小零件)	8	7	200
车辆加油站		6	5	100

续表 8-8

房间或场所		照明功率密度（W/m²）		对应照度值（lx）
		现行值	目标值	
2 机、电工业				
机加工	粗加工	8	7	200
	一般加工，公差≥0.1 mm	12	11	300
	精密加工，公差<0.1 mm	19	17	500
电线、电缆制造		12	11	300
3 电子工业				
电子元器件		20	18	500
电子零部件		20	18	500
电子材料		12	10	300

注：当房间或场所的室形指数值等于或小于1时，本表的照明功率密度值可增加20%。

三、照明节能的主要措施

（一）选取合适的光源

1. 光源选取原则

（1）满足使用场所对显色性的要求，要求选用发光稳定、使用寿命长、性价比高、发光效率高的光源。灯的发光效率是指消耗的电能有多少可转变为可见光。效率越高的灯，在取得同一照度效果时所消耗的电量越少，比如白炽灯的发光效率只有15 lm/W，而三基色荧光灯的发光效率在80 lm/W以上。

（2）对于安装高度较低的场所，如办公室、教室、会议室和电子车间等房间宜采用直管形三基色T8型和T5型荧光灯。

（3）对于灯具安装高度较高的场所，如工业厂房、露天工作场所、道路照明等，按照安全生产等要求，应采用金属卤化物灯或高压钠灯，前者以其较优的色温和显色指数获得了更多应用，而后者则以更高光效和更长寿命而受欢迎，尤其是在户外（道路、广场等）占有绝对优势。亦可采用大功率细管径荧光灯。除有特殊情况才选用管形卤钨灯和大功率白炽灯。

（4）商店营业厅宜采用直管型荧光灯、紧凑型荧光灯或小功率金属卤化物灯，不宜采用白炽灯。只有在开关频繁或特殊需要时才可以使用白炽灯，且宜选用双螺旋白炽灯。

（5）对于高强气体放电灯，由于其发光效率低，采用时尽量选择能耗低的镇流器。对荧光灯和气体放电灯线路，必须安装电容器，单灯进行无功功率补偿，以降低其无功功率。

2. 各种光源适用场所的选择

照明光源已有了近140年的发展历史，自1879年爱迪生发明了灯泡后，照明灯具得到了飞速发展。1901年出现了荧光灯，1919年出现了金属钠灯。到了19世纪70年代第一个发光的LED出现了，随后在1990年高亮度的红、黄、绿色LED也被发明，在1995年出现了高亮度的蓝、白色 LED,2000 年时白色 LED 的光效只有 17 lm/W,在 2005 年白色 LED 灯光光效已达到了 70 lm/W,到了 2008 年,白色 LED 的光效超过了 100 lm/W,实现了飞跃式发展。

1）普通白炽灯

普通白炽灯（见图 8-24）通过将灯丝通电加热,温度升至 2 400 ~ 2 900 K 成为白炽状态,利用白炽状态产生的热辐射发出可见光线。白炽灯把 90% 能量转化成了热能,只有约 10% 的能量会成为光,发光效率很低。目前,全球大部分国家都以对安排了白炽灯禁用时间表。我国预计 10 年内禁售白炽灯,为加快节能减排进程,我国开展了"中国逐步淘汰白炽灯、加快推广节能灯"项目。美国计划在 2012 年 1 月到 2014 年 1 月间完成对白炽灯泡的淘汰。日本政府决定在 2012 年,全面禁止使用白炽灯。欧盟各国在 2012 年禁用所有瓦数的白炽灯。目前,白炽灯仅在开关频繁或需要连续调光的场合还在使用。

2）低压水银荧光灯（通称荧光灯）

在灯管中充有压力很低的汞蒸气和氩气。根据玻璃管内壁所涂荧光粉的不同,荧光灯可分为日光色、冷白色、白色、暖白色和彩色。紧凑型荧光灯又叫节能灯,如图 8-25 所示,因其具有节能高效的特点而被作为白炽灯的替代品。节能灯发光效率达到了白炽灯的 5 倍,可比白炽灯节电 60% 以上,使用寿命也在白炽灯的 4 倍以上。

图 8-24　普通白炽灯

图 8-25　紧凑型荧光灯

荧光灯主要适用于层高低于 4.5 m 的房间,如办公室、图书馆、商店和教室等公共场所,宜使用 T5、T8 型直管荧光灯,其管径不大于 26 mm。与 T8 型直管荧光灯相比,在条件允许时应优先选用管径更细的 T5 型灯具,它使用了稀土三基色粉,发光效率在 90 lm/W 以上,光效提高了 15% ~ 20%,且光衰小,寿命长达 12 000 h,而且这种 T5 型直管荧光灯的单位面积辐射量大,荧光粉的转换效率高,灯管表面亮度高。对荧光粉、玻璃特别是汞的消耗量均有减少,可以说是集环保、实用和美观于一体的新产品。

3）金属卤化物灯的选用

金属卤化物灯（如图 8-26 所示）有两种,一种是石英金卤灯,它的电弧管泡壳使用的是石英;另一种是陶瓷金卤灯,它的电弧管泡壳使用的是半透明的氧化铝陶瓷。金属卤化物灯是一种优秀的电光源,它具有光效高、寿命长、显色性好、结构紧凑、性能稳定的特点。金属卤化物灯兼有荧光灯、高压汞灯和高压钠灯的优点,但却没有这些灯的缺陷。由于金属卤化物灯具有这么多的优点,因此用途越来越广泛。

通常金属卤化物灯应用于室内高度大于 5 m 且有显色性要求的场所。如体育场馆的比赛场地,由于有比赛和转播要求,比赛场地对照明质量、照度水平及光效均有很高的要求,这样的场合采用金属卤化物灯作为光源更为合理。一般照明场所不宜采用荧光高压汞灯,不应采用自镇流荧光高压汞灯,可用金属卤化物灯来替代荧光高压汞灯。

4)高压钠灯

高压钠灯(如图 8-27 所示)使用时会发出金白色的光,它具有发光效率高、耗电低、寿命长、透雾能力强和不诱蚀等特点。但标准高压钠灯显色性较差,只适合对显色性无要求的场所。对于有显色性要求的场所,使用显色性好的改进型高压钠灯更好。高压钠灯可进行调光操作,可调光输出量达到正常值的一半,此时系统的功耗可减少到正常值的 65% 左右。

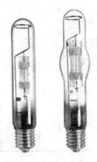

图 8-26　金属卤化物灯

图 8-27　高压钠灯

5)发光二极管——LED

LED 为 Light Emitting Diode 的缩写,意为发光二极管。它是一种可以将电能转化为光能的半导体。LED 与白炽灯钨丝和荧光灯的发光原理不同,它采用的是电场发光。LED 是一种非常优秀的光源,被称为第四代照明光源或绿色光源,它具有寿命长、光效高、无辐射和低功耗的特点。白光 LED 的光谱几乎全部集中于可见光段,在 2010 年时它的发光效率就超过了 150 lm/W。一只 2 W 的 LED 灯的照明效果相当于一只 15 W 的普通白炽灯灯泡的照明效果,耗电量可以节省 50% 左右。又因为光源角度小于 180°,装入灯具后发出的光能够被充分利用,减少了光损,使灯具的效率达到 80% 以上。

人类照明技术经历了四个阶段,分别是白炽灯阶段、荧光灯阶段、高压灯阶段和半导体照明阶段。白炽灯的最大缺点是光效低,它的大部分电能转化成了热能。荧光灯比白炽灯节能,但存在频闪问题,会对视力造成损害,而且含汞蒸气会污染环境。LED 综合了这两者的优点,使照明技术实现了质的飞跃。将 LED 与普通白炽灯、紧凑型节能灯和 T5 型三基色荧光灯进行对比(如表 8-9 所示)可以发现,普通白炽灯的发光效率只有 12 lm/W,寿命低于 2 000 h;紧凑型节能灯的发光效率在 60 lm/W 左右,寿命低于 8 000 h;T5 型三基色荧光灯发光效率约 93 lm/W,寿命大约为 12 000 h;而一只直径 5 mm 的白光 LED 的发光效率达到了 150 lm/W,寿命在 100 000 h 以上。由此可见,LED 作为一种新型的绿色光源产品,必然是未来发展的趋势。

表 8-9　节能灯、白炽灯、LED 与其他光源的比较

使用光源	光源光效	电源效率	光照效率	灯具效率
LED	150 lm/W	95%	85%	90%
荧光灯	93 lm/W	65%	60%	60%
普通灯泡	12 lm/W	—	60%	60%
高压钠灯	100 lm/W	50%	55%	51%

名称	耗电量	工作电压	协调控制	发热量	可靠性	使用寿命
金属卤素灯	100 W	220 V	不易	极高	低	3 000 h
霓虹灯	500 W	较高	高	高	宜室内	3 000 h
镁氖灯	16 W/m	220 V	较好	较高	较好	6 000 h
荧光灯	4 ~ 100 W	220 V	不易	较高	低	5 000 ~ 8 000 h
冷阴极	15 W/m	需逆变	较好	较低	较好	10 000 h
钨丝灯	15 ~ 200 W	220 V	不易	高	低	3 000 h
节能灯	3 ~ 150 W	220 V	不宜调光	低	低	5 000 h
LED	极低	直流 12 ~ 36 V	多种形式	极低	极高	100 000 h

由于工作原理的问题使得大功率 LED 难以克服散热问题,目前实现生产的大功率 LED 普遍存在使用寿命远低于理论值的问题,有时性价比反而不如传统灯具。为了提高大功率 LED 的使用寿命,科研人员正在加紧研制新型导热材料,比如导热塑料等,以解决大功率 LED 的散热问题。大功率 LED 光强与流明远大于小功率 LED,但它散热量很大。现在的大功率 LED 多为单颗,配有散热面积很大的散热片。小功率 LED 一般在 0.06 W 左右,现在 LED 手电均为小功率 LED,LED 的发光角度决定了它的光线发散程度。

大功率白光 LED 无红外线及紫外线辐射,发光效率高,又具有抗震性、密封性好,热辐射低,体积小的特点,被广泛应用于防爆、野外作业和矿山等特殊工作场所或恶劣工作环境中。另外,还有些用电大户也可用大功率白光 LED 替代原有光源,可以起到节约用电的作用,如图 8-28 所示,例如,城镇街道的路灯系统;隧道及地下停车场,包括地下商场;汽车、电车、轮船、飞机等内部及部分外部照明灯;大型公共场所的 LED 照明,如铁路旅客车站、城市轨道交通站、地铁站、民用机场、汽车客运站、大型超市、大型百货公司、大厦及医院等。

(二)选择高效节能型照明器材

高效节能型照明器材是照明节能的重要组成部分,照明器材不仅有光源,还有灯具和电气附件的性能,如镇流器的效率会影响灯具的节能效果。

灯具的效率主要取决于反射器形状及材料、出光口大小、漫反射罩或格栅形状及材料。应选用光通维持率高的无眩光型高效节能灯具,灯具扩散配光应采用扩散、反射材料,灯具配光需适应场所条件,应按照室空比选择灯具的配光,以提高灯具的利用系数。格栅的保护角对灯具的效率和光分布有很大影响,当保护角在 20° ~ 30°时,灯具格栅效

(a)LED路灯照明　　　　　　　　(b)地下停车场LED照明

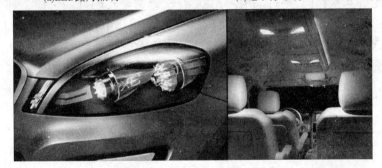

(c)汽车外部照明　　　　　　　　(d)汽车内部照明

图 8-28　大功率 LED 的应用

率维持在 60% ~ 70%;当保护角在 40°~50°时,灯具格栅效率会下降到 40% ~ 50%。当采用直管荧光灯直接照明时,所选灯具的光输出比需满足要求,敞开式不应低于 75%,透明棱镜式不应低于 65%,漫反射式不应低于 55%;对于格栅型灯具,若为双抛物面时,光输出比不应低于 60%,铝片式不应低于 65%,半透明塑料式不应低于 50%。采用间接照明时,选用灯具的光输出比不应低于 80%;采用高效气体放电灯直接照明时,出光口敞开的灯具光输出比不应低于 75%;有格栅或面板的灯具光输出比不应低于 60%。

灯具应具有高保持率,高保持率是指灯具运行期间光通量降低较少,主要包括光源光通下降和灯具老化污染。对于高压钠灯,其寿终光通量降低 17% 左右。金属卤化物灯的寿终光通量降低 30% 左右。灯具应有石英玻璃涂层,以减少氧化腐蚀。对于环境污染较大的场所,可采用活性炭过滤器,以提高灯具的使用效率。

由于气体放电灯必须串联镇流器才能正常工作,普通的电感镇流器功耗在灯具本身功耗的 10% 以上,且功率因数只能达到 0.5。提高镇流器的质量对照明节能很有意义。在镇流器的选择上,应使用低能耗、高性能的电子镇流器或节能型电感镇流器、电子触发器和电子变压器,这些镇流器的功耗都比原来的电感镇流器的功耗降低一半以上。安装于公共建筑内的荧光灯宜选用带无功补偿的灯具,对于紧凑型荧光灯应该使用电子镇流器,对于气体放电灯宜采用电子触发器。若使用电感镇流器,则应带电容补偿,使每个灯具的功率因数在 0.9 以上。

(三)选择合理有效的照明方案

对于照明节能,合理的控制方式尤为重要,照明控制的目的是可以随时改变工作面上的照度水平。目前的照明控制器主要有调光控制器、红外控制开关和超声波控制开关。调光控制器适用于控制光源功率,当窗外射入的自然光增强时,灯功率和光输出自动调小,而保持工作面上照度不变,以实现不降低照明质量情况下取得很好的节能效果。对于红外控制开关和超声波控制开关在探测到人体信号时,能够将灯自动打开,而当人离开后又可以控制灯自动关闭。

在公共建筑的走廊、楼梯间和门厅等部位,照明系统宜采用集中控制,需要综合考虑建筑的使用功能和天然采光情况,采取分区、分组控制的控制方式,这样一来,在白天自然光较强时或夜间人员很少时,可以自由地关闭一部分或大部分照明灯具。对于住宅和办公类建筑的走廊与楼梯间,则可采用声光控系统,以避免长明灯的出现。对于体育馆、影剧院、候机厅、车站大厅等大空间场所,照明系统应采用集中控制,以便工作人员按需要进行分组开关或调光控制。宾馆、酒店、旅馆的客房应设置节能型控制开关,以便旅客离开客房时电源能够自动切断。对于水晶灯等由多个光源组成的灯具,应进行多个开关分组控制,以达到节能的目的。对于某些特殊情况下的照明,还需依据其个体情况独立设置照明控制方案。

第三节　建筑采光与照明节能技术案例

一、北京科技大学体育馆光导管照明系统

北京在 2001 年成功申办 2008 年奥运会后,在 2004 年编写的奥运工程环保指南中就注明要将太阳能光导管系统运用于奥运场馆照明工程。太阳光导照明系统主要由采光罩、光导管和漫射器三部分组成。其照明原理是:通过采光罩高效采集室外自然光线并导入系统内重新分配,经过特殊制作的光导管传输和强化后,由系统底部的漫射器把自然光均匀高效地照射到场馆内部。

在奥运工程中,主体育馆鸟巢的地下车库、奥运村微能耗楼、奥林匹克森林公园和北京科技大学体育馆(见图 8-29)等场馆都采用了太阳能光导管系统。其中,北京科技大学体育馆是北京奥运场馆中在比赛场馆中央安装光导管最多的体育馆,共安装了 148 个直径为 530 mm 的光导管,见图 8-30 北京科技大学体育馆内景图所示。光导管既是这座场馆所采用的最特殊的技术,也是它的最大亮点。由于体育馆是网架结构,杆件多,如果采用天窗照明的方法,会受到杆件遮挡,效果很不理想。而使用光导管,则可以很好地解决这个问题。在阳光较好的情况下,光导管采集的光线足以满足日常体育训练和学生上课的照明要求。白天光导管采集室外光线为室内照明,晚上则可以将室内的灯光通过屋顶的采光罩传出,起到美化夜景的效果。太阳能光导管采光照明成为绿色奥运的一个亮点,并且带动了其他新兴产业的发展,随着绿色建筑、节能建筑概念的提出,人们对太阳能的利用越来越重视,这势必给太阳能光导管提供更广阔的发展空间。

图 8-29　北京科技大学体育馆外景　　　　图 8-30　北京科技大学体育馆内景图

二、国家游泳中心——水立方 LED 照明

国家游泳中心总建筑面积 79 532 m²，与国家体育场遥相呼应。为满足 2008 年奥运会游泳、跳水、花样游泳、水球等赛事要求而建设，可容纳座席 17 000 个。它是北京最大的、具有国际先进水平的多功能游泳、运动、健身、休闲中心。

水立方照明系统由建筑物 LED 景观照明系统和 LED 点阵显示系统组成。建筑物 LED 景观照明系统设置于水立方屋顶和 4 个立面，采用的是 1 W 大功率型 LED 照明设备，总面积约 5 万 m²；点阵显示系统在南立面设置，约 2 000 m² 的点阵显示屏，水平像素中心距 80 mm。LED 景观照明灯具和点阵显示屏均安装在建筑物气枕空腔内。

水立方以亮度适宜的水蓝色色调为主。整个水立方立面被有序、均匀照亮，犹如水体或冰块给人以整体感和纯净感，注重光色在建筑整体层面上的渐变、明暗与动感，以产生生动、感人的效果。为配合不同庆典事件的场合和季节转换的需要，水立方可呈现出不同的亮度和不同的颜色。动感水波也可以从海蓝色主题转变成其他色系，正如海水在不同时间段内可反射出不同色调的天光一样，使得夜幕降临后的水立方犹如一座方方正正的水晶宫殿静静地依偎在主体育馆旁边，通体散发着深沉水蓝的魅力。LED 成就这美丽的水立方，水立方也成就了 LED，如图 8-31 所示。

图 8-31　夜色中的水立方

三、某高校教学楼照明节电

教学楼是学校中最主要的建筑，是学生在校期间主要的活动场所，学生每天都要在这

里听课、学习,因此教学楼的耗电量通常很大。

　　教学楼中用电设备主要集中于教室照明、多媒体、走廊照明和部分教学楼中安装的电梯等设备。在这些设备耗电量中,教室照明设备耗电量又占了很大比例。然而,调查显示,高校教学楼照明存在很大的能源浪费现象,如教学楼中大多数教室白天上课时,仍开灯照明,而且平时在教室上自习的人较少,且较为分散。该校一栋教学楼晚间教室使用情况显示(见表8-10),该教学楼内平均每个教室不到 12 人,而照明灯具却几乎全部处于开启状态,能源浪费严重。该校后来加强了对教学楼照明用电管理,实施了多项措施,以节约用电,杜绝浪费现象。这些措施主要有:平时集中开放自习室,待到考试前根据调查情况再适当增加,以强化教室的合理利用,同时在教室用电开关旁边粘贴提醒随手关电源的小贴士,提高节电意识。措施实施后照明耗电量明显降低,省电 25% 以上,节电效果显著。

表 8-10　某高校教学楼晚间教室照明情况调查

序号	教学楼	教室数量	45	灯具功率	36 W	灯具型号	YZ36RR
	调研日期 (年-月-日)	调研时间		08:00~08:15	调研时间		09:00~09:15
		开灯教室数量	教室开灯总量	教室自习人数	开灯教室数量	教室开灯数量	教室自习人数
1	2011-04-18	28	291	331	24	247	214
2	2011-04-20	27	281	311	18	181	148
3	2011-04-21	27	247	191	22	248	124
4	2011-04-22	24	268	149	20	197	91
5	2011-04-23	34	295	166	26	256	214
6	2011-04-24	25	255	253	25	257	211

第九章　建筑节能的计量与检测技术

第一节　建筑节能的计量与检测基础

一、建筑节能计量与检测内容

建筑节能计量与检测从检测场合来分有实验室计量检测和现场计量检测两部分,主要是建筑结构材料、保温隔热材料、建筑构件的实验室计量检测,建筑构件、建筑物、供热供冷系统的现场计量检测;从检测对象分有覆盖材料、建筑构件、建筑物实体三部分;从建筑性质分有居住建筑和公用建筑两部分。实验室计量检测部分由于有完善的检测标准、规程,设备固定,试验条件易于控制等有利条件,相对容易完成。现场计量检测部分由于起步较晚,技术上的积累和经验较少,现场条件复杂不易控制,是当前建筑节能检测工作的重点内容。

由于我国地域广阔,地形复杂,气候差异很大,同一个时间从南方到北方可能经历四季天气特征。实施建筑节能的技术措施不一样,应用的节能材料不一样,验收和检测的项目不同,技术指标也不同,采用的方法就不同。如严寒地区和寒冷地区建筑节能主要考虑节约冬季采暖能耗,兼顾夏季空调制冷能耗,因此采用高效保温材料和高热阻门窗作建筑物的围护结构,以求达到最佳的保温效果,这类工程节能验收的主要内容是检测墙体、屋面的传热系数;夏热冬暖地区建筑节能主要考虑夏季空调能耗,采取的技术措施是为了提高围护结构的热阻,以求达到最佳的隔热性能,这类工程节能验收的主要内容是维护结构传热系数和内表面最高温度;夏热冬冷地区则既要考虑节约冬季采暖能耗又要降低夏季空调能耗,建筑节能的检测就更复杂一些。同时,同一气候地区的建筑物又有几种形式,检测内容也不同。

在对具体的建筑物进行建筑节能检测时,主要执行《居住建筑节能检测标准》(JGJ/T 132—2009)和《公共建筑节能检测标准》(JGJ/T 177—2009)的有关规定,此外,还应参照《建筑节能工程施工质量验收规范》(GB 50411—2007)的相关要求。

二、建筑节能的计量与检测方法

建筑节能计量检测是竣工验收的重要内容,其目的是通过实测来评价建筑物的节能效果。由于建筑节能的最终效果是节约建筑物使用过程中消耗的能量,因而评价建筑节能是否达标,首先要得到建筑物的耗能量指标。目前,得到建筑物耗能量指标可以采用两种方法:直接法和间接法。

(一)直接法

在热源(冷源)处直接测取采暖耗煤量指标(耗电量指标),然后求出建筑物的耗热量(耗冷量)指标的方法称为热(冷)源法,又称为直接法。

直接法主要测定试点建筑和示范小区,评价对象是试点建筑和示范小区。根据检测对象的使用状况,分析评价试点建筑和示范小区的建筑所采用的设计标准、所使用的建筑材料、结构体系、建筑形式等各因素对能耗的影响,进而分析建筑物、室外管网、锅炉等耗能目标物的耗能率、能量输送系统的效率、能量转换设备的效率,计算能量转换、能量输送、耗能目标物占采暖(制冷)过程总能耗的比率,分析各个环节的运行效率和节能的潜力。

这种方法检测的内容较多,不仅要检测建筑物、能量转换、输送系统的技术参数,还要检测记录当地气候数据,内容繁多复杂,并且耗时长,一般要贯穿整个采暖季或空调季。因为试点建筑和示范小区带有一种"试验"的性质,它是就某种材料或是某种结构体系或是设计标准等某种特定目的的试验的工程项目,既然是试点示范工程,就担负着推广普及前的试验工作,根据这些试验工程的测试结果来验证试验的目的是否达到,为下一步能否推广普及提出结论性意见及应该采取的修订措施。

(二)间接法

在建筑物处,通过检测建筑物热工指标和计算获得建筑物的耗热量(耗冷量)指标,然后参阅当地气象参数数据、锅炉和管道的热效率,计算出所测建筑物的采暖耗煤量(耗电量)指标的方法称为建筑热工法,又称为间接法。

应用间接法获得建筑物耗热量指标时有两部分内容,通过三个步骤完成,检测流程示意图如图9-1所示。两部分内容:一部分是实际测试,另一部分是根据热工规范的要求进行计算。三个步骤:第一步实测建筑物围护结构传热系数,主要是墙体、屋顶、地下室顶板;第二步实测建筑物气密性;第三步根据标准规范给出的建筑物耗热量计算公式算出所测建筑物的耗热量指标和耗煤量指标。

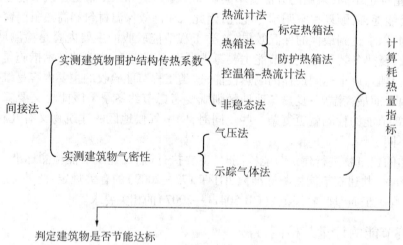

判定建筑物是否节能达标

图9-1　间接法建筑节能检测流程

间接法主要测定一般的建筑工程,按现行的建筑设计标准和设计规范进行取值设计,建筑节能现场检测就是为了探索施工过程是否严格按施工图设计方案进行,采用的墙体材料和保温材料的有关参数是否符合设计取值,施工质量是否合格。因此,这种检测是工程验收的一部分,所测对象的结果具有单件性,只是对自身有效,不会对别的工程有影响。所以,对这类工程项目的检测方法要求简捷实用、耗时短,检测内容以关键部位为主,目前大多是采用建筑热工法。

第二节 建筑节能计量检测基本参数及设备

在建筑节能计量检测过程中,不仅要检测温度、流量、热流量、导热系数等热工参数,而且要求能自动、连续地检测出与产品质量直接相关的物理性质参数,以便指导建筑节能检测工作的不断推进。

在建筑节能计量检测中,要对温度、流量、热流量、导热系数等热工的基本参数进行检测和控制,本节主要介绍温度、流量、热量等几个基本参数的基本概念、检测方法及原理。

一、温度参数检测

温度是表征物体冷热程度的物理量,而物体的冷热程度又是由物体内部分子热运动的激烈程度,即分子的平均动能所决定的。因此,严格地说,温度是物体分子平均动能大小的标志。

用仪表来测量温度,是以受热程度不同的物体之间的热交换和物体的某些物理性质随受热程度不同而变化这一性质为基础的。任意两个受热程度不同的物体相接触,必然发生热交换现象,热量将有受热程度高的物体流向受热程度低的物体,直到两物体受热程度完全相同,即达到热平衡状态。温度检测利用感温元件特有的物理、化学和生物等效应,把被测温度的变化转换为某一物理或化学量的变化。利用光学、力学、热学、电学、磁学等原理,检测某一物理或化学变化的量,从而检测温度。

以上的各种温度检测方法各有自己的特点,各自的检测仪器和各自的检测范围如图 9-2 及表 9-1 所示。

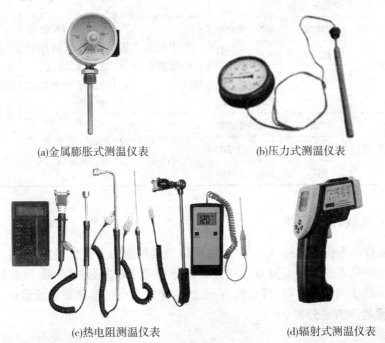

(a)金属膨胀式测温仪表　　(b)压力式测温仪表

(c)热电阻测温仪表　　(d)辐射式测温仪表

图 9-2　各种测温检测仪表

表 9-1　　温度参数检测的方法和类别

测温方式	测温种类及仪表		测温范围(℃)	测温原理	优点	缺点
接触式检测法	膨胀式测温仪表	玻璃液体	-100～600	利用液体体积随温度变化的性质	结构简单,使用方便,精度较高,价格低	检测上限和精度受玻璃的限制,易碎
		双金属	-80～600	利用固体热膨胀变形量随温度变化的性质	结构紧凑,牢固,可靠	测量精度较低,量程和适用范围有限
	压力式测温仪表	液体	-40～200	利用定容气体或液体压力随温度变化的性质	耐振、坚固、防爆,价格低廉	精度较低,测温距离短,滞后大
		气体	-100～500			
		蒸汽	0～250			
	热电阻测温仪表	铂电阻	-260～850	利用金属导体或半导体的热阻效应	检测精度高,灵敏度高,体积小,结构简单,使用方便	不能检测高温,需注意环境温度的影响
		铜电阻	-50～150			
		热敏电阻	-50～300			
		半导体电阻	-50～300			
	热电效应	铂铑-铂电偶	0～3 500	利用金属导体的热电效应	不破坏温度场,测温范围大,可测运动物体的温度	易受外界环境的影响,标定较困难
		镍铬-镍硅				
		镍铬-考铜				
非接触式检测法	辐射式	辐射式	400～2 000	利用物体全辐射能随温度变化的性质	不破坏温度场,比色温度接近真实温度,可测运动物体的温度	低温段测量不准,易受外界的影响
		辐射式光纤	400～2 000			
		光学	800～3 200			
		比色	800～2 000			
	红外线	光电	600～1 000	利用传感器转换进行测温	结构简单、轻巧,不破坏温度场,响应快,测温范围大	受外界的干扰,价格昂贵
		热敏	-50～3 200			
		热电	200～2 000			

二、流量参数计量检测

由于流量检测条件的多样性和复杂性,所以流量检测的方法也很多,而且是热工参数检测中检测方法最多的一种。流量检测方法的分类是比较复杂的问题,目前还没有统一的分类方法。就检测量的不同,可分为容积法、流速法和直接检测质量流量法。

(一)流量检测方法分类

1.容积法

如果流量是以固定体积从容器中逐次排放流出,并对排放次数计数的,就可以求得通过仪器的流体总量。若检测排放的频率,即可显示流量。这种方法就叫容积法,也叫体积流量法。它是单位时间内以标准固体体积对流动介质连续不断地进行量度,以排放流体固定容积数来计算流量的。如刮板流量计、椭圆齿轮流量计和标准体积管等,都是按此原理工作的。这类仪器所显示的是体积流量和总量,必须同时检测密度才能求出质量流量。

容积法的特点是流动状态对检测的影响小、精度高,适于检测高黏度、低雷诺数的流体,而不宜用于检测高温高压流体和脏污介质的流量,测量流量的上限也不大。

2. 流速法

根据一元流动连续方程,当流动截面恒定时,截面上的平均流速与体积流量成正比,于是根据各种与流速有关的物理现象便可以用来建立流量计。例如:利用超声波在流体中的传播速度决定于声速和流速的矢量和(即用流速调制声速)而制成的超声波流量计。涡轮流量计、节流式流量计、电磁式流量计、涡旋式流量计、动压测量管等均属此类。它们也是显示体积流量,如需显示质量流量,还是要测量流体的密度。

这种方法又称为速度法,它是先测出管道内的平均流速,再乘以管道截面面积求得流体的体积流量。由于这种方法利用了平均流速,所以管道条件的影响很大。例如,雷诺数、涡流、截面上的流速分布不对称等都会造成工作仪表的显示误差。目前,流量仪表中以这类仪表最多,它们有较宽的使用条件,有用于高温高压流体的,也有精度较高的,有的能量损失很小,有的可适应脏污介质等。

综上所述,容积法和流速法均属于体积流量法。前者是直接通过检测体积得到流量,后者是检测管道内的平均流速,再乘以截面面积而间接求得流体的流量。

3. 直接检测质量流量法

直接检测质量流量法又称为质量流量法,它的物理基础是使流体流动得到某种加速度的力学效应与质量流量的关系,如动量和动量矩等都与流体质量有关。这种原理制成的流量计是通用流量计,可直接提供与 dQ_m/dt 的函数,与流体的成分和参数无关,如动量矩式质量流量计、回转式流量计等。

质量流量检测法有直接法和间接法两类。

直接法是利用检测元件,使输出信号直接反映质量流量。这类检测方法主要有利用孔板和定量泵组合实现的差压式检测方法,利用同轴双涡轮组合的角动量式检测方法,应用麦纳斯效应的检测方法和基于科里奥利力效应的检测方法。

间接法是利用两个检测元件分别测出两个相应参数,通过运算间接获取流体的质量,检测元件的组合主要有:ρQ_V^2 检测元件和 ρ 检测元件的组合,Q_V 检测元件和 ρ 检测元件的组合,ρQ_V^2 检测元件和 Q_V 检测元件的组合。

(二)流量检测仪器的类型

在建筑节能检测中,由于流量的检测情况错综复杂,所以用于流量检测的仪表的结构和原理多种多样,产品型号、规格也繁多,严格地予以分类比较困难,但就目前建筑节能检测应用情况看,无论是一般检测还是特殊检测,无论是大流量还是小流量的检测,大部分都是利用节流原理进行流量检测的差压式流量计。其他常用的流量检测仪表还有面积式流量计、容积式流量计、电磁流量计、涡轮流量计、靶式流量计、均速管流量计等。各种形式的流量计如图 9-3 及图 9-4 所示。

(a)面积式流量计

(b)容积式流量计

(c)电磁流量计

(d)涡轮流量计

图 9-3　各种流量检测仪表

```
                    ┌ 孔板流量计
                    ├ 转子流量计
                    ├ 靶式流量计
            速度式 ──┼ 电磁流量计
                    ├ 超声波流量计
                    ├ 激光流量计
                    └ 涡轮流量计
                    ┌ 椭圆齿轮流量计
                    ├ 腰轮流量计
流量计 ──┬ 容积式 ──┼ 转动活塞式流量计
        │           ├ 刮板式流量计
        │           ├ 圆盘式流量计
        │           └ 旋涡式流量计
        │           ┌ 直接式 ──┬ 热式质量流量计
        │           │          ├ 压差式质量流量计
        └ 质量式 ──┤          └ 动量式质量流量计
```

直接式
- 热式质量流量计
- 压差式质量流量计
- 动量式质量流量计

间接式
- ρQ_V^2 检测元件和 ρ 检测元件的组合
- Q_V 检测元件和 ρ 检测元件的组合
- ρQ_V^2 检测元件和 Q_V 检测元件的组合

图 9-4　流量计分类

三、热量计量检测

在建筑节能和科学研究以及日常生活中,存在着大量的热量传递问题有待解决。为了实现节能和控制等要求,需要掌握各种设备的热量收支情况。例如,直接测量热流量的变化和分布等。热量表、温度控制阀的出现满足了这种要求。

(一)热量表

热量表的工作原理是:将一对温度传感器分别安装在通过载热流体的上行管和下行管上,流量计安装在流体入口或回流管上(流量计安装的位置不同,最终的测量结果也不同),流量计发出与流量成正比的脉冲信号,一对温度传感器给出表示温度高低的模拟信号,而积算仪采集来自流量和温度传感器的信号,利用积算公式算出热交换系统获得的热量。热量表的种类很多,常用的有 IC 卡智能热量表、机械式热量表、超声波式热量表等,如图 9-5 所示。

　　(a)IC卡智能热量表　　　　　(b)机械式热量表　　　　　(c)超声波式热量表

图 9-5　各种热量检测仪表

(1)IC 卡智能热量表是一个由流量传感器,配对温度传感器,计算器组成的组合式仪表。流量传感器通过叶轮转动信号转换成电脉冲信号,计算器通过记录脉冲数实现对流过的高温水进行累计测量;通过配对的温度传感器测量进、回水的温度传送给计算器。计算器根据系统入口和出口处的温度计算热量差、水的流量及水流经的时间,可计算出来采暖系统实际消耗的热量。

(2)机械式热量表分为单流束和多流束两种,单流束表的性能是水在表内从一个方向单股推动叶轮转动。不足之处是外表的磨损大,使用年限短。多流束表的性能是水在表内从多个方向推动叶轮转动。该表相对磨损小,使用年限长。叶轮分为螺翼和旋翼两种形式。一般小口径(DN15～DN40)的户用表使用旋翼,大口径(DN50～DN300)的工艺表使用螺翼。

(3)超声波热量表是通过波在热介质中的传输速度在顺水流和逆水流方向的差异,而求出热介质流速的方法来测量流量。按传感器水流通道方式,超声波流量传感器分单通道式和 U 形管式。超声波热量表的初投资相对较高,仪表的流量传感器具有精度高、压损小、不易堵塞等特点,但流量传感器的管壁锈蚀程度、水中杂质含量、管道振动等因素将影响流量计的精度。

(二)温度控制阀

温度控制阀简称温控阀,是流量调节阀在温度控制领域的典型应用,其基本原理是:

通过控制换热器、空调机组或其他用热、冷设备、一次热(冷)媒入口流量,以达到控制设备出口温度。当负荷产生变化时,通过改变阀门开启度调节流量,以消除负荷波动造成的影响,使温度恢复至设定值。温控阀的种类很多,总体上分为自动式温控阀、电动式温控阀和散热器恒温控制阀(见图9-6)。

(a)自动式温控阀　　　　　　(b)电动式温控阀　　(c)散热器恒温控制阀

图9-6　各种温控阀

(1)自动式温控阀利用液体受热膨胀及液体不可压缩的原理实现自动调节。温度传感器内的液体膨胀是均匀的,其控制作用为比例调节。被控介质温度变化时,传感器内的感温液体体积随着膨胀或收缩。当被控介质温度高于设定值时,感温液体膨胀,推动阀芯向下关闭阀门,减少热媒的流量;当被控介质的温度低于设定值时,感温液体收缩,复位弹簧推动阀芯开启,增加热媒的流量。

(2)电动式温控阀是在暖通空调等温度控制领域的典型应用。控制器具有 PI、PID 调节功能,控制精确,多回路控制,功能多样,可实现流体流量、压力、压差、温度、湿度、焓值和空气质量的控制。执行器有电动机械式和电动液压式,带有手动和自动调节功能,调节灵敏,关断力大,流量特性可调(线性等百分比)。电动液压式执行器带断电自动复位保护功能,可接收 0~10 V 或 4~20 mA 的信号并带有阀位反馈功能。阀体为流量调节阀,适用于循环管路冷冻水、低压热水、生活热水、高压热水、海水、热油和蒸汽的调节线性好,可调比大,密封严密,耐高温,防气蚀。

(3)散热器恒温控制阀由恒温控制器、流量调节阀以及一对连接件组成,其中恒温控制器的核心部件是传感器单元,即温包。温包可以感应周围环境温度的变化而产生体积变化,带动调节阀阀芯产生位移,进而调节散热器的水量来改变散热器的散热量。恒温阀设定温度可以人为调节,恒温阀按设定要求自动控制和调节散热器的水量,从而达到控制室内温度的目的。温控阀一般是装在散热器前,通过自动调节流量,实现居民需要的室温。温控阀有三通温控阀和二通温控阀之分。三通温控阀主要用于带有跨越管的单管系统,其分流系数可以在0~100%的范围内变动,流量调节余地大,但价格比较贵,结构较复杂。二通温控阀有的用于双管系统,有的用于单管系统,用于双管系统的二通温控阀阻力较大,用于单管系统的阻力较小。温控阀的感温包与阀体一般组装成一个整体,感温包本身即是现场室内温度传感器。如果需要,可以采用远程温度传感器;远程温度传感器置于要求控温的房间,阀体置于供暖系统上的某一部位。

第三节 小区建筑节能计量检测技术及方法

居住小区建筑节能计量检测的主要内容有建筑围护结构热工性能、实时采暖耗热量、建筑物采暖年耗热量、居住小区实时采暖耗煤量、建筑物年空调耗冷量、采暖系统外管网水力平衡度和室外管网供水温降等。对于建筑围护结构热工性能,本书第三章已作详细阐述,本章主要从小区实时采暖耗热量、小区年采暖耗热量、小区实时采暖耗煤量、小区年空调耗冷量方面阐述其计量检测技术及方法。

一、小区实时采暖耗热量计量检测

(一)计量检测方法

实时采暖耗热量在待测小区或建筑群热源出口处实际测量。检测持续时间非试点小区不应少于 24 h,试点小区应为整个采暖期。测试期间,采暖系统应处于正常运行工况,但当检测持续时间为整个采暖期时,采暖系统的运行应以实际工况为准。

(二)计量检测对象的确定

当居住小区或建筑群为一个检验批时,受检的热力入口应按以下规则进行选取,但总数不得少于 3 个,且受检的热力入口应分别属于不同的单体建筑。

(1)受检热力入口所对应的建筑面积不得小于该居住小区或建筑群总建筑面积的5%。

(2)受检热力入口数不得小于该居住小区或建筑群总热力入口的10%。

(3)受检热力入口应按不同建筑类别进行随机选取,每种建筑类别受检的热力入口数不得少于 1 个。

(4)居住小区实时采暖耗热量应以该小区采暖热源出口为受检对象。

(三)计量检测仪器

检测仪器与单体建筑物采暖供热量检测用的热计量装置和仪器基本相同,只是这里用的热量表是大口径管网用表。

(四)判定方法

建筑物实时采暖耗热量按式(9-1)计算:

$$q_{ha} = \frac{Q_{ha}}{A_0} \frac{278}{H_r} \qquad (9-1)$$

式中　q_{ha}——居住建筑小区实时采暖耗热量,W/m^2;

　　　Q_{ha}——检测持续时间内在采暖热源出口处测得的累计供热量,MJ;

　　　A_0——居住小区总建筑面积(该建筑面积应按各层外墙轴线围成面积的总和计算),m^2;

　　　H_r——检测持续时间,h;

　　　278——单位换算系数。

(五)结果评定

(1)在同一建筑中,按单体建筑的判定方法进行判定,若所有热力入口的检测结果均满足要求,则判定该类建筑物合格,否则判定不合格。如果所有类别的建筑物均合格,则判定该批申请检验的居住小区或建筑群合格,否则判定不合格。

(2)当检测期间室外逐时温度平均值不低于室外采暖设计温度,居住小区实时采暖耗热量不超过采暖小区设计热负荷指标时,则判定该受检小区或建筑群合格,否则判定不合格。

二、小区年采暖耗热量计量检测

(一)计量检测方法

采用从"总体—单体—总体"的检测方法。小区建筑物抽样确定单体建筑物,然后对单体建筑物的年采暖耗热量进行检测判定,进而得到小区或建筑群的检测结果。

首先对小区或建筑群按不同类型随机抽样确定要检测的建筑物,通过对被检测建筑物基本参数(如围护结构传热系数、建筑面积、气密性等)的检测,计算出建筑物年耗热量指标,并与参照建筑物的采暖耗热量值进行比较,根据比较结果判定被测建筑物该项指标是否合格,然后根据抽样方式确定被测建筑物代表的某类型建筑物是否合格,从而得到小区或建筑群是否合格。

(二)计量检测对象的确定

当小区或建筑群为一个检验批时,受检建筑物应在同一类居住建筑中综合选取,每一类居住建筑物取一栋;单栋建筑物的检测方法、计算条件、检测步骤、判定方法、结果评定按照《居住建筑节能检测标准》(JGJ/T 132—2009)进行。

(三)结果评定

对于小区或建筑群,在同一类建筑中,若所检建筑物的计算结果满足要求,则判定该类建筑物合格,否则判定不合格。如果所有类别的建筑物均合格,则判定该申请检验批合格,否则判定不合格。

三、小区实时采暖耗煤量计量检测

(一)计量检测方法

通过实际检测某个时段内小区锅炉的燃料消耗量,计算出小区建筑面积,从而得到小区的实时采暖耗煤量指标。然后与设计值进行比较,以此为依据判定小区或建筑群该项指标是否合格。

(二)计量检测仪器

主要有燃料计量设备、器具、小区建筑面积测量计算用工具。燃油和燃气采暖锅炉的耗油量和耗气量应采用专用计量表累计计量。

(三)计量检测对象的确定

以锅炉房为采暖热源的非试点小区和试点小区。

(四)计量检测条件

(1)检测持续时间,非试点小区不应少于 24 h,试点小区应为整个采暖期。

(2)检测期间,采暖系统应处于正常运行工况,但当检测持续时间为整个采暖期时,采暖系统的运行工况以实际为准。

(3)燃煤采暖锅炉的耗煤量应按批逐日计量和统计。

(4)在检测持续时间内,煤应用基低位发热值的化验批数应与采暖锅炉房进煤批数相一致,且煤样的制备方法应符合现行国家标准《工业锅炉热工性能试验规范》(GB 10180—2003)的有关规定。

(五)判定方法

居住小区实时采暖耗煤量应按式(9-2)计算:

$$q_{ca} = 3.4 \times 10^{-5} \frac{Q_{yc}}{H_r} \frac{G_c}{A_0} \tag{9-2}$$

式中 q_{ca}——居住小区实时采暖耗煤量(标准煤),$kg/(m^2 \cdot h)$;

Q_{yc}——检测持续时间内燃用煤的平均应用基低位发热值,kJ/kg,当燃料为油品或天然气时,取标准煤发热值(29.26 MJ/kg);

A_0——居住小区内所有采暖建筑物的总建筑面积,m^2;

H_r——检测持续时间,h;

G_c——检测持续时间内采暖锅炉耗煤量,当燃料为油品或天然气时,燃油量或天然气耗量应按热量折算为标准煤,kg。

(六)结果评定

当检测期间室外逐时温度平均值不低于室外采暖设计温度,居住小区实时采暖耗煤量不超过居住小区采暖设计耗煤量指标时,判定该居住小区实时耗煤量指标合格,否则判定不合格。

四、小区年空调耗冷量计量检测

(一)计量检测方法

建筑物年空调耗冷量的检测方法与建筑物采暖耗冷量检测方法基本相同。通过对被测建筑物基本参数(如围护结构传热系数、建筑面积、气密性等)的检测,计算出建筑物年空调耗冷量指标,并与参照建筑物的年空调耗冷量指标进行比较,根据比较结果判定被测建筑物该项指标是否合格。

(二)计量检测仪器

计量检测仪器主要有温度巡检仪、功率记录仪、流量计以及热流测量仪器,用于计量检测冷冻水及冷却水系统的水温、流量和扬程。与此同时,空调冷源供冷量检测系统也普遍用于节能计量检测工作。

(三)计量检测对象的确定

与小区采暖年耗热量检测时对象的确定方法相同。

(四)计量检测条件

(1)室内计算条件应符合下列规定:室内计算温度为26 ℃,换气次数为11 次/h,室内不考虑照明得热或其他内部得热。

(2)检测期间,空调系统应处于正常运行工况,但当检测持续时间为整个制冷期时,空调系统的运行工况以实际为准。

(五)计算方法

计算居住小区年空调耗能量时应优先采用具有自主知识产权的国内权威软件进行动态计算,在条件不具备时,可采用稳态计算法等其他简易计算方法。

(六)结果评定

当受检居住小区年空调耗冷量小于或等于参照建筑的相应值时,判定其合格,否则判定其不合格。

第四节　建筑节能计量检测技术应用案例

本章前三节已经就建筑节能计量检测的内容、方法、设备仪器做了详细的理论介绍,本节在前三节的基础上,以哈尔滨某住宅小区及重庆市某工程空调水系统的计量检测为例来讲述建筑节能计量检测技术的应用。

一、哈尔滨市某住宅小区建筑节能计量检测

(一)工程概况

哈尔滨市某住宅小区是建设部节能示范小区,该小区位于哈尔滨师范大学东侧,小区总规划建筑面积为 96 496 m², 其中共有 11 栋住宅楼,建筑面积 64 620 m²。由于该小区有较大规模的超市等公用建筑,其实际建筑高度超过住宅高度,为便于分析,将这些公用建筑按照住宅的标准高度进行折算。这样实际建成的建筑面积为 97 016.66 m², 其中住宅 59 693.07 m², 占建成面积的 61.53%;公企、车库及门市房 37 323.59 m², 占建成面积的 38.47%。小区的建筑物内,大部分没住人,个别用户在装修,但超市已经营业。

该小区 11 栋住宅楼,建筑结构及墙体均采用一层为内框架,2~7 层为砖混结构,外墙为复合墙体,其中有 10 栋住宅楼采用砖墙外挂 70 mm 厚聚苯乙烯单面与钢丝网架构成的钢丝网架苯板(PG 板),外抹水泥砂浆。PG 板采用 6 钢筋连接件与钢丝网片焊接在一起。F 栋住宅楼是在砖墙外贴 60 mm 厚苯板(EPS),苯板外贴玻璃纤维网格布,外抹水泥砂浆及涂料。屋面采用苯板保温,北向窗采用双框三玻塑钢窗,其他方向窗采用单框双玻塑钢窗,地面及阳台门均做保温处理,楼梯间采暖。1 层为停车库及商服,2~7 层为单元式住宅,包括一层停车库及商服部分,11 栋楼的体形系数为 0.22~0.27。

该小区的采暖是集中锅炉房供暖。锅炉房内设置 SHW7 - 1.0/115/70 热水锅炉一台,用于建筑物供暖;另设 SHW4.2 - 1.0/115/70 - A 热水锅炉一台,用于小区热水供应。在 1999 年采暖季,热水供应系统未运行,主要运行一台 SHW7 - 1.0/115/70 热水锅炉,供热系统采用间歇运行方式。锅炉房内用煤直接由煤厂运输,运到锅炉房的煤卸在地下临时储煤仓里,由输煤设备,送到炉前煤斗。循环水泵和补给水泵设在锅炉房的水泵间内。

(二)测试的目的及测定内容

本测定的目的是评价该小区建筑物是否达到节能标准规定的节能指标,掌握在小区内住宅占建成面积的 61.53% 时的采暖耗煤量指标。

测试内容如下:

(1)测试建筑物的采暖供热量;

（2）建筑物的室内平均温度；

（3）室外平均温度；

（4）外墙主断面的热阻；

（5）测定锅炉的燃煤量；

（6）测定燃煤的低位发热值。

（三）测试结果

1．建筑物耗热量指标测定结果

F栋住宅楼及L栋住宅楼的测定结果列在表9-2中（表中数据包括了一层停车库及商服的耗热量）。

表9-2　建筑物耗热量指标测试结果

测试对象	F栋楼	L栋楼
测试时间（月-日）	01-27 ~ 02-03	01-28 ~ 02-05
室外空气平均温度（℃）	－15.75	－15.63
室内空气平均温度（℃）	22.77	22.98
平均采暖供水温度（℃）	59.52	64.50
平均采暖回水温度（℃）	46.35	52.83
流量（t/h）	12.831	17.76
日均采暖供热量（kW）	196.451 8	240.868 9
测定条件下建筑物耗热量（W/m²）	37.38	37.78
建筑物耗热量指标（W/m²）	25.23	25.44

（1）由表9-2可知：F栋住宅楼，室内平均温度为22.77 ℃，室外平均温度为－15.75 ℃，建筑物的耗热量指标为$q_h = 37.38$ W/m²；L栋住宅楼，室内平均温度为22.98 ℃，室外平均温度为－15.63 ℃，建筑物的耗热量指标为$q_h = 37.78$ W/m²。

（2）折算到节能标准规定的气象条件下，F栋住宅楼建筑物耗热量指标为25.23 W/m²，墙体主断面热阻$R_0 = 1.81$ m²·K/W；L栋住宅楼建筑物耗热量指标为25.44 W/m²，墙体主断面热阻$R_0 = 1.75$ m²·K/W。

2．采暖耗煤量指标测试结果

（1）室外温度：哈尔滨采暖开始于1999年10月15日，结束于2000年4月15日，共计183 d。采暖季节室外平均温度为－9.12 ℃。

（2）室内温度：测定期间小区的室内平均温度为19.19 ℃。小区内各个建筑物室内温度差别较大，变化在15 ~ 25 ℃之间。

（3）在整个采暖季节里，锅炉房的运行方式没有大的变化。考虑到运行期间系统未进行调整，小区内建筑物基本没进户，如果近似地将测定时期内小区的室内温度作为采暖季的平均温度，则可按式（9-2）求得采暖耗煤量指标。

(四)计量测试结果分析

1. 建筑物耗热量指标

(1)住宅的主面传热系数较大,接近或等于节能标准规定的平均传热系数。

(2)考虑到所测 F 栋建筑物内尽管个别房间有人工作,但由于该部分房间面积仅占总面积的 2.6%,且晚上除值班人员外,其余均无人居住,故为简单分析起见,忽略此部分的影响,按自由热为零考虑。根据《采暖居住建筑节能检验标准》(JGJ 132—2001)的规定可知:哈尔滨地区在无人居住时,F 栋住宅楼建筑物耗热指标 $q_h = 25.23 - 3.8 = 21.43$（$W/m^2$）;L 栋住宅楼建筑物耗热指标 $q_h = 25.44 - 3.8 = 21.64$（$W/m^2$）。

节能标准规定的建筑物耗热量指标$[q_h]$为 21.9 W/m^2,由于 F、L 栋住宅楼建筑物耗热指标 q_h 均小于$[q_h]$,故可以认为 F、L 栋住宅楼均达到《采暖居住建筑节能检验标准》(JGJ 132—2001)规定的要求。

2. 采暖耗热量指标

(1)哈尔滨市某小区住宅面积占建成面积的 61.53% 条件下,小区的采暖耗煤量指标为 26.17 kg/m^2 标煤,节能标准规定哈尔滨采暖耗煤量指标为 18.6 kg/m^2 标煤。由此分析可见,实际测定的耗煤量指标大于标准规定的耗煤量指标。其原因在于该小区公用建筑所占的比例较大(38.47%)。而目前对于公用建筑的耗煤量指标上没有具体的规定。

(2)管网的平衡效率 η_p 仅为 88.7%,表明各建筑物的室内采暖系统存在失调问题,需加以解决。

二、重庆市某工程空调水系统节能计量检测

(一)工程概况

本工程是集教学、科研、办公、会议于一体的综合性大楼,总建筑面积约为 70 032 m^2,建筑总高度为 99.1 m,总空调面积约为 37 042 m^2。在冷源系统设计选型时,为了保证冷水机组在部分负荷下能高效运行,选用了三台制冷量为 2 637 kW 的离心式冷水机组以及一台制冷量为 1 044 kW 的螺杆式冷水机组,并在过渡季节或负荷较小时,开启螺杆式冷水机组,同时冷水机组均采用大温差型,进、出水温度为 13 ℃、6 ℃。

空调水系统为一次泵,末端变流量,机组测定流量系统,用户采用二管制且竖向不分区;水系统分两路分别接至塔楼和裙楼空调区域;塔楼竖向及每层水平为同程回路而裙房竖向与水平均采用异程式。对于末端设备,每台空调机组回水管上装有电动调节阀,末端风机盘管回水管装有电动二通双位阀。

(二)检测参数及检测仪器

选取夏季典型季节 7 月 24 日进行测试,空调系统运行方式为一台制冷量 2 637 kW 的离心式冷水机组对应两台冷冻水泵运行,冷却端为两台冷却水泵与四台冷却塔运行。测试参数有水系统的水泵流量、耗功率及水温,检测工具均选用已标定仪器,扬程选值从水泵进出口压力表上读书,具体检测参数与使用的检测仪器如表 9-3 所示。

(三)水系统计量检测

对 2008 年夏季空调系统的运行记录进行统计,发现该系统存在大流量、小温差现象。从数据中可以看出,冷冻水供回水温差在 3 ~ 4 ℃的时间比例是最高的,大约占 40%;温

差在 2 ~ 3 ℃的时间以及温差在 4 ~ 5 ℃的时间分别占 21%和 23%;而温差超过 7 ℃的时间只占 1%。全年机组大部分时间是运行在小温差工况下,显然并不能满足原先设计温差为 7 ℃的要求。与此同时,冷却水系统大部分运行时间也都处在小温差的工况。因此,把整个水系统作为此次检测的重点。

表 9-3　检测参数及使用的检测仪器

序号	检测参数	检测仪器
1	流量	手持式差压超声波流量计 TFX1020PX1
2	功率	三相钳形数字功率计 MS2203
3	温度	水银温度计(精度等级 0.1,范围 0 ~ 100 ℃)

1. 冷冻水系统计量检测

测试期间冷冻水系统运行方式为两台水泵并联运行,分别对水泵流量、耗功率以及扬程进行检测,测试结果如表 9-4 所示。

表 9-4　两台冷冻水泵并联运行下其参数检测结果

检测内容	型号	实测流量 (m³/h)	实测耗功率 (kW)	实测扬程 (m)	额定效率 (%)	实测效率 (%)	负载率 (%)
1#泵	额定流量 346 m³/h,扬程为 38 m,功率为 55 kW	321	45.55	30	65.1	57.5	82.8
3#泵		321	45.47	30	65.1	57.6	82.7

从表 9-4 测试数据可知,两台水泵并联运行时,1#、3#泵负载率高于电机负载率的高效区间 75% ~ 80%,电动机效率和功率因数将略有下降;对于水泵运行效率来说,其值比额定工况下运行时的水泵效率分别低了 7.6%和 7.5%,水泵并不在其高效区运行。同时,两台水泵并联运行下总流量为 642 m³/h,而离心式冷水机组蒸发器额定冷冻水量为 324 m³/h,当通过机组蒸发器的流量增大时,蒸发器内流速超过其最大允许值,会对铜管产生冲蚀作用,增加泄露事故,减少机组使用寿命,对于一般的离心式冷水机组,最大允许流量为机组额定水量的 120% ~ 130%。鉴于此种情况,运行管理人员为了避免水流量过大对机组所造成的影响,将未运行机组的冷冻水阀门开启,使部分未经处理的冷冻水旁通。

针对旁通现象,在测试过程中对分、集水器上冷冻水的供、回水温度进行检测。在测试阶段,供水平均温度为 9.9 ℃,回水平均温度为 12.7 ℃,温差仅为 2.8 ℃。小温差说明末端供给的水流量偏大,实际上开启一台水泵就能满足末端负荷需求。同时,供水温度升高将使局部要求冷负荷较大的场合室内舒适度达不到要求。同时在检测中还发现,主供回水管上的压差控制阀设定的压差值偏高使得整个空调水系统并不是在机组定流量下运行的,当末端实际需求负荷减少时,水系统的水流量依然偏大,势必造成空调水系统存在大流量、小温差的现象。

鉴于上述两台水泵对一机的运行方式将大大增加系统的能耗,并且测试阶段建筑所需负荷较小。为此对一机一泵的运行方式进行监测分析,检测结果如表 9-5 所示。

表 9-5　单台冷冻水泵运行下其参数检测结果

检测内容	型号	实测流量（m³/h）	实测耗功率（kW）	实测扬程（m）	额定效率（%）	实测效率（%）	负载率（%）
1#泵	额定流量 346 m³/h，扬程为 38 m，功率为 55 kW	479	55.15	25	65.1	59.2	100.2
3#泵		483	55.16	25	65.1	59.4	100.2

　　从表 9-5 测试数据可知，单台泵运行时其负载率达到 100.2%，水泵存在超载现象，长时间超过电机负载值将大大影响电机的寿命，甚至有烧坏电机的可能。对于水泵运行效率来说，其值比额定工况下运行时水泵效率分别低了 5.9% 和 5.7%，同样偏离水泵高效区间。因此，在实际运行工况下，空调运行管理员为了保证水泵的正常运行，往往是采用开启两台水泵对应一台机组的运行方式。

　　综上所述，冷冻水系统在单台水泵运行下能提高供、回水温差，但其水泵的耗功率将增大，电机处于过载状态。基于保护水泵的正常运行，运行管理人员将不得不增加水泵开启台数，水泵台数的增加使得流量也增加，同时为消除对冷水机组的不利影响，将未运行冷水机组冷冻水管路阀门开启，使部分未经换热的冷冻水流入，此时未经换热与经换热的冷冻水混合使得供水温度升高，导致末端除湿能力降低。当末端所需负荷增大时，只能进一步采取多开水泵及冷水机组的运行方式来满足负荷需求，这都将使得能耗大大增加。

　　2. 冷却水系统计量检测

　　测试期间开启两台冷却水泵，对水泵流量、耗功率及扬程进行检测。测试结果如表 9-6 所示。

表 9-6　两台冷却水泵并联运行下其参数检测结果

检测内容	型号	实测流量（m³/h）	实测耗功率（kW）	实测扬程（m）	额定效率（%）	实测效率（%）	负载率（%）
2#泵	额定流量 700 m³/h，扬程为 32 m，功率为 75 kW	341	67.54	32	81.3	43.9	90
4#泵		341	68.50	32	81.3	43.4	91.3

　　从表 9-6 测试数据可知，水泵并联运行时，2#泵耗功率为 67.54 kW，4#泵耗功率为 68.50 kW，其负载率分别为 90% 与 91.3%，负载率高于其运行高效期间；而水泵运行效率值比额定工况运行下的水泵效率分别低了 37.4% 和 37.9%，同时总的水流量小于单台水泵额定工况下的流量，并且水泵的扬程没发生变化，从以上分析来看，水泵性能发生了变化，并不能满足实际运行要求。

　　为进一步测试冷却水泵当前的性能状况，在测试过程中保证管路阻抗不发生变化，将水泵运行台数改为单台运行，对其流量、耗功率及扬程进行测试，测试结果如表 9-7 所示。

表9-7　单台冷却水泵运行下其参数检测结果

检测内容	型号	实测流量 （m³/h）	实测耗功率 （kW）	实测扬程 （m）	额定效率 （%）	实测效率 （%）	负载率 （%）
2#泵	额定流量 700 m³/h,扬程为 32 m,功 率为 75 kW	520.0	85.56	32	81.3	52.9	114
4#泵		505.5	83.97	32	81.3	52.4	112

　　从表9-7 测试结果可知,水泵单台运行时,2#、4#水泵流量分别为520.0 m³/h 和505.5 m³/h,远小于额定工况下水泵 700 m³/h 的水流量,但此时水泵的耗功率却比额定功率高出了将近 12%,水泵处于过载运行,同时水泵运行效率值比额定工况运行下的水泵效率分别低了 28.4% 和28.9%。根据水泵性能曲线分析可知,随着水泵耗功率的增加,水泵出水流量也将增加,水泵扬程也将减小。但实测的结果与分析刚好相反,水泵耗功率的增加,水泵出水流量并没增加,同时扬程并没有什么变化。因此,从上述分析可知,水泵性能发生了变化,并存在内漏的现象。

　　通过上述对冷却水泵的测试分析可知,单独开启一台泵并不能满足系统要求的冷却水流量,因此运行管理人员将运行两台水泵,同时部分冷却水旁通进入一台未开启冷水机组。测试时冷却塔的开启方式为四台冷却塔对应两台冷却水泵,并对进入四台冷却塔的冷却水流量与每台冷却塔进出水温度进行检测,测试参数如表 9-8 所示,且在测试时间段内室外环境平均干球温度为 35.6 ℃,平均相对湿度为 39.7%。

表9-8　冷却塔进出水温度及流量测试结果

冷却塔编号	型号	流入流量（m³/h）	集水盘水温（℃）	布水器水温（℃）
1#	SC－700UL	47	27.4	29.0
2#	SC－700UL	119	25.3	28.5
3#	SC－700UL	202	25.5	28.1
4#	SC－700UL	314	27.4	28.1

　　现场冷却塔分支进水管均与供水主管相连,具体的连接方式为:4#冷却塔先与主管段连接,然后主管段依次与 1#、2#、3#冷却塔相连,进入各台冷却塔前的支管上均先后装有闸阀、水力控制阀与电动控制阀,供回水管采用异程式布置。从表9-8 对流量的测试可知,各台冷却塔的进水流量并不平衡,4#小冷却塔进水流量最大,1#大冷却塔进水流量最小,并出现 4#冷却塔溢水,1#、2#冷却塔补水,3#冷却塔无补水与溢水现象。

　　从冷却水温度测试数据可知,冷却水旁通使冷却塔进水温度降低,同时由于四台冷却塔同时开启致使出水温度偏低。出水温度的降低会使机组的运行效率升高,但与此同时增加冷却塔的能耗。

（四）计量检测结果分析

　　整个水系统某个单一问题将牵涉整个空调水系统,是一个连锁的反应。从测试结果看,达不到空调节能的要求,需从以下几点进行改造:

（1）在部分负荷下，水泵采用变频控制，使其在高效区间运行，避免水泵过载，以确保系统一机对一泵运行。

（2）重新设定压差旁通值，确保水系统流量不偏大。同时，关闭空调机组回水管上事故旁通阀，避免冷量的浪费。

（3）对冷却水泵进行维修，并清理冷却塔渣滓，以防对水泵叶轮的磨损。

（4）重新调节冷却塔进水管路阀门，并考虑采用供回水管路同程式布置，确保四台冷却塔能等比例承担相应负荷。

（5）对冷却塔进行变频控制，运行中可采用一机对多塔的方式，尽量利用冷却塔换热面积。

（6）对各楼层进行分楼层冷量计量，并可通过测得的总冷量值与冷水机最佳能效曲线进行智能判断，通过优化程序对机组运行台数进行节能控制，使机组在高效区间运行。

第十章　建筑节能经济评价

第一节　建筑节能标准及评价体系

一、建筑节能标准及评价体系

在各国的建筑节能设计标准或规范中,节能建筑的评价指标或方法主要分为三类:规定性指标(Compulsory Index)、性能性指标(Performance Index)和建立在建筑能耗模拟基础上的年能耗评价。

(一)规定性指标

规定性指标(Compulsory Index)主要是对各能耗系统,如围护结构(墙体、屋面、门或窗)的传热系数、体形系数、窗墙比和遮阳系数,以及采暖、空调和照明设备最小能效指标等,所规定的一个限值,凡是符合所有这些指标要求的建筑,运行时能耗比较低,可以被认定为节能建筑。属于此类的参数有围护结构各部位的传热系数 K(即许多欧洲国家所说的 U – Value)或传热热阻 R、热损失系数(规定每度室内外温差单位时间每平方米建筑面积的热损失不超过法定的指标,W/(m² · ℃)、空调系统的季节能效比 SEER(Seasonal Energy Efficiency Ratio)、供热季节性能系数 HSPF(Heating Season Performance Factor)、综合部分负荷值 IPLV(Integrated Part Load Value)、能效比 EER(Energy Efficiency Ratio)和性能系数 COP(Coefficient of Performance)等。

然而,如今的建筑设计日趋多样化和个性化,许多建筑往往不能完全满足这些规定性指标的要求,例如,南向外墙采用大面积玻璃窗导致南向窗墙比超标,建筑体形复杂多变导致体形系数过大等。因此,这种分项的规定性指标由于过于具体,而且各个指标之间相互独立、缺乏有效的关联,故无法进行建筑各部分能耗的综合分析。此外,由于各个指标规定得太过死板,也在一定程度上限制了建筑师的设计自由性和创造性。

(二)性能性指标

性能性指标(Performance Index)不具体规定建筑局部的热工性能,但要求在整体综合能耗上满足规定要求,某一节能目标可以通过各种手段和技术措施来实现。它允许设计师在某个环节上有一定的突破,从而给了设计师较大的自由发挥的空间,这样一来鼓励了创新,满足了设计师在自由设计和建筑节能规范控制两方面的需求。此类指标对于围护结构,有总传热值 OTTV(Overall Thermal Transfer Value)和周边全年负荷系数 PAL(Perimeter Annual Load)等评价指标;对于空调系统,则有空调能源消费系数 CEC/AC(Coefficient of Energy Consumption for Air Conditioning)等评价指标。下面对一些目前国内比较关注的性能性指标作个简单的介绍。

1. 传热值 OTTV

美国 ASHRAE 最先提出 OTTV 的概念,我国香港地区和一些东南亚国家(如新加坡、泰国等)也都指定了各自的 OTTV 标准。OTTV 是由进入室内的通过不透明围护结构的导热、通过玻璃窗的导热和通过玻璃窗的太阳辐射等三部分所组成的得热量,整个围护结构的 OTTV 可以按各墙体面积加权平均求得。由于规定的是围护结构的总传热量,因此在符合标准的前提下,建筑师仍可以有发挥和调整的余地。OTTV 着眼于围护结构的导热和受太阳辐射所带来的得热,跟寒冷地区的建筑保温标准相比,这个概念似乎更适合热带地区的气候条件。而且总体来看,OTTV 作为一种较为简单的评价方法,在发展中国家应用较为广泛。

2. 周边全年负荷系数 PAL

周边全年负荷系数 PAL 由日本在 1980 年提出,是一个反映减少建筑外围护结构能量损失的节能指标,其定义如下:

PAL 计算以下数项建筑负荷。全年负荷的计算要根据房间的用途和使用时间分别进行,并将供冷负荷和采暖负荷加在一起进行合计。

(1)室内外温差形成的外壁、窗等的传热负荷由于室内外温差造成的围护结构热(冷)损失;

(2)通过外壁和窗的日射热;

(3)周边区的室内发热量;

(4)新风形成的负荷。

3. 空调能源消费系数 CEC/AC

空调能源消费系数 CEC/AC 由日本空气调节和卫生工学会在 1980 年提出,是空调设备系统能量利用效率的判断基准。它等于空调设备一年的能量总消耗与假想空调负荷全年累计值之比,因此 CEC 值越小,表明空调设备的能量利用效率越高。在日本,工程师在完成空调系统的设计之后,必须进行 CEC 系数的计算。如果计算所得的 CEC 系数大于建筑许可值,则空调系统设计必须重新进行修改,直到满足基准要求。如日本规范公布,按节能要求,办公楼的 CEC 值必须小于或等于 1.6。

(三)年能耗评价

这种建立在建筑能耗模拟上的年能耗评价方法综合了影响建筑能耗的各个方面因素,包括围护结构、空调系统和其他建筑设备等。其中,最具有代表性的是 ASHARE 90.1 提出的能量费用预算法(能耗准则数)。它根据实际设计的建筑物构造一个标准建筑物(即参考建筑物),然后通过能耗模拟计算软件分别计算设计建筑物的年能耗费用 DEC(Design Energy Consumption)和标准建筑物的年能耗费用 SEC(Standard Energy Consumption),如果计算结果满足 DEC≤SEC 或 E=DEC/SEC≤1,则认为达到了要求,否则就得采取一定的节能措施和节能设计方法按照设计建筑物的现场条件修改设计建筑物,直到上式成立。

由于标准建筑物随着设计建筑物的不同而不同,标准建筑物的年能耗费用指标也将随着建筑物的不同而不同,而不是一个固定值,故这种变动指标的年能耗评价方法有着灵活、较合理的优点,而且使得对整栋建筑能耗的精确模拟已经成为可能。其明显的缺点在于计算比较麻烦,而且目前还出现了以下两个问题。

1.只能较准确地近似和预测

目前,所有的模拟计算都是在设定的理想参数(气象条件、室内温度等)下进行计算的,不能反映建筑实际运行状态下的能耗状况。一方面建筑模型本身就有一定的误差;另一方面在实际计算的过程中,对一些无法实际测量的数据取缺省值也会给计算的结果增加不可靠性,例如,天气条件所带来的影响。精确模拟所依据的是若干年气象数据综合之后形成的典型气象年数据,但实际的气候条件却是多变的。一些偶然的极不利的天气条件(如极冷或极热)都会造成建筑能耗与模拟计算有较大的差距。

除输入参数和计算模型本身的不足外,还有一些无法量化的、对建筑能耗存在较大影响的因素也无法反映在模拟结果中。比如:工作人员的行为方式,也即工作人员的节能意识的高低,是否能在日常工作和生活中处处注意到主动节能,或者造成大量无意识的能源浪费;再有就是设备的维护,建筑设备如空调系统不可能按照设计进行维护和操作,这取决于能源管理人员的素质,可以想见在目前的物业管理水平下,即使一些高能效的设备,也很可能不会得到充分的利用,从而发挥出应有的节能效果。

以上任一个方面都会造成模拟能耗与实际能耗较大的差距,如果几个因素同时起作用,与实际能耗的偏离可能就会更大。既然建筑能耗的模拟本身与建筑(尤其是既有建筑)的实际能耗存在着一定的差距,就可以认为建筑能耗模拟的目的并不在于获得原型建筑的精确能耗数据,而是得到一个达到一定准确程度的近似。

2.专业性过强

对建筑及其能耗系统进行模拟,虽然是建筑能耗系统效率评价和建筑节能标准规范一致性评估的一种有效方法,但以此为基础的众多评价工具(即各种评价软件)大多是针对专业人员(如建筑师、暖通设备工程师)设计的,建筑的实际使用者或者业主以及物业管理等不具备建筑能源系统相关专业知识的人员,则无法通过这种方式对自己的房屋能耗状况有一个基本的了解。这对实际运行中的节能也会产生一定的不利影响。

二、建筑节能经济性评价指标

(一)建筑节能经济评价具体步骤

建筑节能经济评价指标有很多,有静态的(如投资收益率)、动态的(如净现值)、比率性的(如内部收益率)、时间性的(如投资回收期)等。下面我们用现值成本法来比较建筑节能技术的经济效益,具体步骤如下:

(1)确定要比较的技术内容。

(2)用现值成本法计算单项技术的成本。

节能建筑某节能技术的成本 PC_1 =技术投入成本(研究费用+设备价值)+年运行费用 $\times A(P/F,i,n)$ -(可回收利用材料价值+残值) $\times F(P/F,i,n)$ -政府补贴或税赋减免现值-处理污染得到的副产品收入现值。

传统建筑某项技术的成本 PC_2 =设备价值+年运行费用 $\times A(P/F,i,n)$ -残值 $\times F(P/F,i,n)$ +支出的生态环境治理费现值+政府征收的外部经济补偿费。

(3)计算节能建筑单项技术横向比较经济指标 g。

$$g = \frac{PC_1}{PC_2} \qquad\qquad (10\text{-}1)$$

分别计算各项技术的 g 值，g 越小，则该技术的经济效益越好，g 越大的技术方案建议改进或减少投入。

近年来已有不少的节能改造项目竣工，这些改造项目都显示出较大的经济效益。例如，北京双安商场的空调通风系统改造，通过充分利用春秋季室外新风为商场内供冷，从而减少了一个月的冷机运行时间，据统计，每年可节省能耗费 30 万元左右。改造所需的 40 万元投资一年时间就可以回收。此外，在亮马河大厦，通过节能改造，一年可以节约运行费用 300 多万，所需投资不到一年的时间即可回收。

新建居住建筑节能投资和既有建筑节能改造成本为 80 ~ 120 元/m^2，一般可通过产生的节能效益在 5 年左右得到回收。公共建筑由于能源费用要高得多，尽管单位建筑在节能投资会高一些，其节能效益却更为显著。上述分析表明，对新建建筑执行节能标准，对既有建筑节能改造，建筑节能都有很好的经济效益。

（二）建筑节能技术经济评估的重要性

针对居住建筑节能的发展，相关研究工作涉及诸如建筑节能技术、产业政策、市能标准、能耗模拟、计算机技术应用以及建筑评估等多个方面。其中，建筑节能技术经济评价研究是不可忽视的，因为在当前市场经济的背景下，经济因素可谓是促动建筑节能发展的最大动力。但同样也是建筑节能推广困难的根源所在。我们可以从两个方面来分析建筑节能技术经济评估的重要性：

首先，建筑节能无疑可以带来巨大的经济效益，但由于投资者与收益者非同一主体，致使建筑节能的初期成本增加限制其发展。解决这一问题的重要内容就包括对建筑节能技术进行经济评价，明确其经济特性。

其次，节能设计的经济可取性也是影响建筑节能推广的重要内容。如何综合的考虑经济要素，从而选取经济上最优或者较优的节能设计方案，使得节能措施的经济效益达到最大化，也是建筑节能经济研究的核心内容。

因此，提出一套居住建筑节能技术经济性评价体系。对居住建筑节能技术重点从经济角度上进行评价分析，得出明确的经济效益结果，并在此基础上进行相关的方案优化，是十分具有现实意义的。

三、我国的节能建筑评价指标体系

从 1986 年建设部颁布《民用建筑节能设计标准（采暖居住建筑部分）》（JGJ 26—95）起，我国已经陆续颁布了涉及建筑节能方面的国家标准或行业标准，业已初步建立起了建筑节能设计的标准体系。尽管如此，我们距离建立科学全面的节能建筑评价指标体系尚有一段距离，在日后的工作和研究中还有若干方面的问题亟待解决。

（一）我国目前常用建筑节能标准

目前，在我国已有的建筑节能标准和规定中，已经开始采用规定性指标和性能性指标相结合的方法。例如，在《夏热冬冷地区居住建筑节能设计标准》（JGJ 134—2010）中，就采用了以上两种指标来控制节能设计，通过规定性指标规定了该地区居住建筑围护结构传热系数限值,同时通过节能综合指标(即性能性指标)规定了居住建筑不同采暖度日数及空调度日数时每平方米建筑面积允许的采暖、空调设备能耗指标。再如,在《夏热冬暖地区居住建筑节能设计标准》(JGJ 75—2003)中,不仅采用了以上两种指标,而且该标准还采用了一个相对的参照建筑的能耗限值,而不再对某一地区给定一个固定的每平方米建筑面积允许的空调、采暖设备能耗指标。

但是,我国目前常用的评价指标和方法都还是比较初步、零散、片面的,大都是侧重考虑建筑围护结构的保温性能、门窗气密性和某一种建筑设备系统独立运行合理性效果的,对于整体建筑节能体系的思想尚未建立,关于建筑能耗与建筑能耗对环境影响的明确的指导思想和完备的评价体系仍未形成,这就在一定程度上限制了建筑节能的理论和技术的进一步发展。此外,我国在空调系统节能上的研究也主要集中在空调系统中的单体设备(如冷水机组、热泵机组、冷却塔等)的能效比上,而对整个系统(包括冷热源设备、风机、水泵、冷却塔等)还从未提过一个综合的评价方法。

(二)我国实际情况

我国地域辽阔,气候差异很大。在《建筑气候区划标准》(GB 50178—93)中,我国被划分为五个区:严寒地区、寒冷地区、夏热冬冷地区、夏热冬暖地区和温和地区。根据气候情况的不同,各个地区对采暖和空调的需求也不同。目前,我国既有的三个节能设计标准中,围护结构的热工性能分散,采用的能耗计算方法不同,建筑节能的评价方式也有差异。此外,在进行建筑节能的评价时,即使在同一地区也还存在尽管使用相同围护结构设计,却由于建筑体形系数的不同等而导致有的建筑符合节能要求,有的建筑则不能。因此,我国的节能建筑评价指标体系应能够针对具体建筑物的实际情况给出节能与否的判断和节能多少的评价,必要时还需要对不同情况分别制定标准和指标。

(三)我国建筑节能标准及体系研究所取得的成果

经过约 30 年的积累,我国建筑节能标准及体系的研究已经取得了一定的成果,主要体现在以下几个方面。

1. 建筑节能技术

节能技术是建筑节能的根本,完善成熟的建筑节能技术体系是建筑节能的核心内容。目前,我国的建筑节能技术主要集中在中低端层面上,诸如屋面保温技术、木结构墙体保温技术、门窗制作工艺和加工、供暖系统、空调系统、新风系统以及太阳能系统等都较为成熟。但在高端节能技术领域,诸如可再生能源利用、环境设计、生态设计等较为落后。同时,我国在建筑节能现场检测技术领域重视不足,发展较为缓慢。

2. 建筑推行了节能标准与政策

为了使建筑节能得到有效的推行,国家制定了一系列的政策法规和节能标准:《中华人民共和国节约能源法》、《建设工程质量管理条例》(国务院令第 279 号)、《建设工程勘察设计管理条例》(国务院令第 293 号)、《民用建筑节能管理规定》(建设部令第 76 号)、《实施工程建设强制性标准监督规定》(建设部令第 81 号)。其目的是指导和督促建设行业的节能行动,做到建筑节能的有据可依。《中华人民共和国节约能源法》明确规定:固定资产投资工程项目的设计和建设,达不到合理用能标准和节能设计规范的要求,依法审批机关不得批准,项目建成后不予验收。

3. 评估体系

我国建筑节能评估主要是包含在绿色建筑评估体系内的。而目前国内较权威的生态建筑评价体系是《中国生态住宅技术评估手册》和 2006 年 6 月实施的《绿色建筑评价标准》。《中国生态住宅技术评估手册》以可持续发展战略为指导,以保护自然资源与生态相协调为主题,旨在推进我国住宅产业的可持续发展。通过评价建筑环境全寿命周期的每一阶段综合品质,提高我国绿色生态住宅建设总体水平,并带动相关产业发展。

第二节　建筑节能经济评价案例分析

作为举世瞩目的北京奥运体育场馆——鸟巢这座拥有 9.1 万个座位的大型建筑物以其精巧独特的造型令世人惊叹其为高科技工程的同时,它也集环保和绿色理念于一体,是一个环保的体育场。

在鸟巢四周的行人广场、安检棚等都采用太阳能光伏发电照明系统,安检棚上安装的具有世界先进水平的太阳能光伏发电系统,产生的电力直接并入了鸟巢的电力供应系统,对鸟巢的电力供应起良好的补充作用。

鸟巢 70% 的供水由回收水代替,其中 23% 来自雨水,这主要依赖于鸟巢的雨洪利用系统。在鸟巢的顶部装有专门的雨水回收系统,雨水会通过专门的管道排放到鸟巢周边地下的 6 个蓄水池中,在经过系统先进的过滤处理工艺处理收集的雨水,这些处理后的雨水最终用于绿化、冲厕、消防甚至冲洗跑道。按照测算,鸟巢的雨洪利用系统一年总共处理产生 5.8 万 m^3 的回收水,每小时能够处理 100 t 雨水,产生 80 t 回用水。回用水的使用有效地提高了水资源的循环利用率,减少了市政供排水量,同时具有一定的经济效益。另外,景观绿化采用微灌或滴灌头,图样场草坪设置适度感应探头,智能控制浇灌用水量,利用先进技术实现水资源的充分、合理利用。在节约水资源的同时节约了经费。

鸟巢的足球场下暗藏着环保"机关"——312 口地源热泵系统井。井水总让人感觉冬暖夏凉,地源热泵系统通俗地说就是利用这种井水的特性,分区域采用独院热泵、冷热水机组三联机,可同时提供夏季制冷、冬季采暖和供给生活热水。充分利用地热的可再生能源,冬季吸收土壤中蕴含的热量为鸟巢供热;夏季吸收土壤中存贮的冷量向鸟巢供冷,这样一来能节约不少电力资源。鸟巢内的足球场面积为 8 000 m^2 左右,试想如此大空间如果利用市政供电系统进行温度调节需要每天的耗电量不容小觑,而如此大的足球场也为地源热泵系统提供了充足的埋管空间。

水、电都是人们日常生活中所不可或缺的资源,像鸟巢一样需要容纳上万人数的公共建筑物,正常运作需要消耗大量的能力。充分利用雨水、地热此类可再生自然资源,不仅能够降低能耗,同时可以创造可观的经济效益,达到建筑节能的目的。

第十一章　建筑节能管理及服务

第一节　建筑节能管理及服务概述

一、建筑节能概述

我国在能源生产与消耗方面存在着能源消费结构不合理、消费总量大、能源利用水平低、能源浪费现象严重的问题。而解决这些问题的途径,不外乎就是要降低对一次能源的依赖程度,提高地热能、太阳能和风能等清洁能源在能源消费中的比例,采取节能措施,降低单位产品能耗,提高能源利用效率等。而在能源消费中,空调、采暖、照明和家用电器等建筑能耗占有很大比例。采取建筑节能措施也有利于降低能源消费总量。目前,主要的建筑节能方式有三种:

一是技术节能。充分考虑项目区域气候环境,对建筑的选址、布局、朝向和体形作出合理规划,最大化地利用自然通风和自然采光,改善建筑群微气候环境。通过采用高效节能型设备和保温隔热型维护结构,来降低建筑能耗水平。

二是管理节能。建筑节能是一个系统工程,需要施工单位、能耗设备的运行管理者等方面参与者的协调配合,从世界各国的经验来看,要做好这样的工作,就必须发挥好政府公共管理者的职能,在建设中,全程予以监督管理,促使建筑在规划、设计、建造和使用的各个阶段,都能满足节能建筑的要求。

三是行为节能。对于已有建筑,在无法对其建筑形式、维护结构、大型能耗设备等进行大的调整的情况下,通过人为设定或采用一定技术手段的方式,使其能耗系统的运行向着人们希望的方向进行,从而降低能源消耗。

上述方式中的管理节能与行为节能都属于节能管理的范畴,其中管理节能需要的是政府部门的强制力;行为节能单靠企业自身、政府机构或个人是难以实现的,往往需要专门的节能服务企业提供技术和服务支持,来协助其他企业、政府机构或个人对其耗能系统进行维护管理,达到降低能耗的目的。这种形式的节能就是依靠建筑节能管理与服务来实现的。

二、建筑节能管理及服务

(一)建筑节能管理及服务

所谓建筑节能管理,是指采用经济合理、技术可行、环境和社会均可接受的措施,借助自动化控制系统实现对能耗系统的监控,进而优化能源使用过程,提高设备维护水平,减少从能源生产到能源消费中各个环节的能源损失和浪费,以便能够更合理、有效地利用能源,提高能源利用效率和经济效益。节能管理需要对建筑能源消耗进行准确的监测和科学的分析,进而依据分析结果确定要采取的相应管理方法和技术措施,从而达到节能的目的。研究显示,对于安装有能耗监测设施和拥有设备维护计划的企业,其平均能耗可以降低8%左右;对于拥有合理的管理规章及控制系统的企业,其平均能耗可以降低12%左右。由此可见,建筑节能管理有着极为突出的节能效果,值得推广应用。

从建设程序方面来说,建筑节能管理涵盖了规划、设计、施工、监理的全过程,是一项系统工程。它可以分成宏观管理和微观管理两个方面。在宏观管理方面,主要包括出台节能政策和法规,制定建筑节能设计中执行的标准,对项目进行节能评估、监管和验收,也就是前面所提到的管理节能。在我国,宏观方面建筑节能管理的主导者是政府,其中的工作部分是委托第三方来执行的,如项目监理。在微观管理方面,主要是在日常运行、维护中,对用户能耗实施有效监控和管理,并通过提高能源利用效率和实施节能技术改造使能源实现最大效益,也就是所谓的行为节能。与宏观方面的建筑节能管理相比,微观方面的建筑节能管理更加实际,更易于建筑节能服务企业参与其中。

建筑节能服务是指节能服务企业在不降低建筑环境质量的前提下,以降低建筑能耗、提高能源效率为目的,为其他企业、政府机构或个人在建筑采暖、空调、照明、电器等系统运行方面提供的节能检测、能效诊断、节能设计、节能改造和运行管理等服务活动。主要是指管理服务和技术支持,如专门针对节能项目提供节能改造措施和能源管理方案的服务。目前,大多数的建筑节能管理工作都是由节能服务企业来执行的。建筑节能管理也是一种服务。

(二)建筑节能服务行业及行业规模

建筑节能服务行业是指在保证建筑使用功能和室内环境质量的前提下,以降低建筑在使用过程中的能源消耗为目的,以提供建筑节能管理与服务为主要经营活动的经济主体的总和。建筑节能服务行业具有以下特点:一是以降低建筑使用过程中能耗为主要经营活动,它有别于制造业、建筑业等行业,属于带有服务性质的第三产业范畴;二是它的经营活动主要包括为业主提供建筑能源消耗的统计、监测和诊断,进行建筑节能改造方案设计和节能运行的管理等;三是从事这种经营活动的相关经济主体,具有社会公益性和商品性的双重特征。

"十一五"中国节能服务产业发展报告数据显示,2006～2010年间,我国能源管理服务企业由76家递增到782家,增长了9倍多;节能服务行业从业人员由1.6万人增加到17.5万人,增加了10多倍;节能服务产业规模从47.3亿元增长到836.29亿元,增长了近17倍。节能项目实现了年节约能力从86.18万t标准煤到2 662.13万t标准煤的跨越式发展。我国节能服务产业在节能改造、减少能源消耗和增加社会就业等方面作用很大。根据EMCA协会对于节能服务产业的估算,我国节能市场总规模大约4 000亿元,未来发展空间非常巨大。我国建筑节能服务市场同样十分巨大,目前我国城乡已有建筑总面积约400亿 m^2,而其中95%的建筑为非节能建筑,若对其进行节能改造,则市场规模巨大。依据赛迪传媒对我国建筑节能产业的调查报告,2007年我国建筑节能服务市场规模为24.9亿元,其后保持30%以上的增长速度,到2010年市场规模已突破300亿元。

(三)合同能源管理

目前,作为建筑节能服务行业主体的节能服务企业采用的运营模式主要是合同能源管理(Energy Performance Contracting,简称 EPC),是 20 世纪 70 年代在西方发达国家开始发展起来的一种基于市场运作的全新的节能新机制,是由节能公司通过垫资形式,为甲方提供项目节能设计、能源效率审计、购置设备和原材料、施工、能耗监测、员工培训、设备运行管理等工作,通过与甲方分享节能项目实施后产生的收益,获得服务效益。具体有三种方式:

(1)节能效益分享型。由节能服务企业为客户投资,并与客户签订收益分享合同。在合同期内,节能服务企业拥有节能设备,按照合同约定的比例获得节能项目实施后产生的收益,从而收回投资和实现企业盈利。在合同期结束后,节能设备和全部收益归客户所有。

(2)节能量保证型。由客户提供全部或部分项目资金,节能服务企业为项目提供全过程服务。双方签订的合同中约定好节能要达到的指标和确认节能量的方法。如果在合同期项目没有达到承诺的节能量,将由节能服务企业赔偿由此而给客户造成的全部经济损失。项目实施过程中客户需向节能服务企业支付服务费用。

(3)能源费用托管型。节能服务企业承包客户能源费用,并按合同规定的标准为客户提供能源系统改造和节能管理,项目实施过程中节能服务企业通过提高能源利用效率降低能源费用,节约的能源费用部分或全部归节能服务企业所有。

第二节 建筑节能过程的管理模式

一、建筑节能管理模式

目前,在建筑节能管理方面有三种不同类型的管理模式,分别为节约型能源管理、设备更新型能源管理和优化管理型能源管理。

(一)节约型能源管理

节约型能源管理又可称为降低能耗型能源管理。这是一种通过采取限制用能的措施来降低建筑能耗的管理模式。例如:提高夏季空调设定温度,降低冬季采暖室内温度,等等。但由于采取了限制能源使用的措施,这种管理模式会降低耗能系统运行质量,进而影响用户的生活质量和工作效率。因此,节约型能源管理是以不影响室内环境品质为限的。这种管理模式还有着投入少、简单易行和见效快的特点。

(二)设备更新型能源管理

设备更新型能源管理又可称为设备革新型能源管理。这是一种依据对设备、系统所做的节能诊断,淘汰能耗较大和需要升级换代的设备能源管理模式。设备更新管理可分为两种形式:一种可称为"小改",如在水泵等设备上安装变频器,以变流量系统替代定流量系统,加装自动控制系统取代原先的手动操作等。另一种可称为"大改",如为制冷系统加装冰蓄冷装置或蓄热装置,或将原系统改造为热电冷联产系统,为大楼增设楼宇自控系统等。由于需更换设备,使这种能源管理方式存在起初投资大的问题。设备的更新、改造及后期的运行调试都会对建筑的正常运转产生影响,而且改造后的单体设备不一定能够与原系统合理匹配,一旦系统不能整合到一起,反而会导致系统运行能耗增加。同时,这种管理模式能够提高能源利用效率和改善楼宇自控系统水平,这将有利于提高设施管理水平,实现减员增效的目标。由于更换设备投资较大,所以设备更新能源管理模式是以资金量为底线的。

(三)优化管理型能源管理

优化管理型能源管理模式是一种通过优化设备的运行、管理和维护,来降低建筑能耗的管理模式。它有两种方式。

1. 负荷追踪型的动态运行管理

依据建筑负荷的变化来调整设备的运行状态,以实现负荷匹配,避免能源浪费。如负荷变化时对制冷机运行台数的控制管理。这种管理方式对建筑智能化系统要求较高。

2. 成本追踪型的动态运行管理

依据能源价格的波动来调整设备的运行状态。对于实现多元化能源供给的建筑,可以充分利用季节、时间段上的能源费用价差,充分利用能源市场的竞争,来降低耗能系统运行费用。如冰蓄冷系统利用电力的昼夜峰谷差价实现系统的低费用运行。由于需要时时关注能源价格变化,并据此对系统运行作出调整,所以这种管理方式对管理人员素质要求颇高。

二、建筑节能全过程管理

基于贯穿建筑全过程的节能指标体系,针对各阶段建筑节能工作重点,提出相应的节能管理手段,实行建筑节能全过程管理。按照实施过程可将建筑节能管理过程划分为 6 个阶段,分别为项目审批立项阶段、方案设计与方案投标阶段、施工图设计阶段、工程竣工验收阶段、运行管理阶段和节能改造阶段。

(一)项目审批立项阶段

在新建大型公共建筑和政府投资项目立项时,由于此时还没进行建筑的具体设计,所以这一阶段不审查项目采用的具体节能技术,而需由建设单位对建筑投入使用后的各分项能耗状况作出承诺,具体要求见表 11-1,将其承诺数值与同功能建筑的节能标准相比对,低于节能标准方可通过审查,通过节能审查后才能批准项目立项。

(二)方案设计与方案投标阶段

项目立项阶段承诺的各分项能耗状况将被作为建筑方案设计与方案投标阶段的基本能耗要求使用。在方案设计与方案投标阶段,必须对是否能兑现项目立项时所承诺的节能指标作出详细论证,并对如何实现这些节能指标做出交代。论证的合理与否作为评比投标方案的主要内容之一,中标的方案必须从兑现了项目立项承诺的节能指标的设计方案中选取。

(三)施工图设计阶段

在施工图设计阶段,需按照新建建筑节能设计要求审查其能耗情况。通常可以采用计算机仿真模拟等方法,算得设计方案的能源消耗量,据此审查其是否达到承诺的节能数值。待节能审查合格后方可开工建设。通过对施工图设计的节能审查,可以保证施工图设计可靠节能。

表 11-1　各阶段控制的节能指标、相应管理手段和解决的问题

阶段	控制的节能指标	指标获取方法	相应管理手段	解决的问题
项目立项阶段	承诺以下指标： 1.空调/采暖/通风系统能耗指标； 2.照明系统能耗指标； 3.其他系统能耗指标	承诺	建设方对建筑投入使用后的各分项能耗作出承诺，审查其承诺数值是否低于同功能建筑的节能标准；通过节能审查后才能批准项目立项	促使业主对建筑今后运行时的能耗作出承诺
方案设计与方案投标阶段	1.建筑累计耗冷/耗热量指标； 2.空调/采暖系统综合能效比； 3.自然通风/自然采光利用时间； 4.照明功率密度值	计算论证	设计投标方案必须详细论证是否兑现了项目立项时承诺的节能指标以及如何实现这些节能指标；中标的设计方案必须从兑现了项目立项承诺的节能指标的设计方案中选取	控制设计方在方案设计阶段兑现在项目立项时的承诺
施工图设计阶段	1.建筑累计耗冷/耗热量指标； 2.空调/采暖系统综合能效比； 3.自然通风/自然采光利用时间； 4.照明功率密度值；等等	仿真计算	建立新建建筑节能审查制度，通过模拟仿真计算等方法，得到设计方案的具体能源消耗量，审查其是否达到承诺的节能数值。节能审查合格后才能开工建设	约束设计方对设计方案进行合理的节能设计
工程竣工验收阶段	通过现场测试设备的温度、流量等，估算如下指标： 1.制冷/制热系统能效比； 2.输送系统效率； 3.实际安装照明功率密度值；等等	现场检测和计算	建立工程验收节能审查制度，通过现场具体测试各相关设备与子系统的性能，进而估算全年能耗，考察是否能达到立项时的承诺要求；竣工节能审查合格后才能通过建筑验收	约束施工方按照设计要求完成施工工作，以及保证设备和系统已经调试合格
节能改造阶段	根据历史数据或实际测试数据，由上至下依次明确问题症结所在： 1.哪个系统； 2.哪个子系统； 3.哪个具体设备	历史统计数据和实际测试	对节能指标从上至下进行层层分解测试或计算，直至找到节能改造的具体对象。在节能改造后，需通过节能指标的具体变化，对节能改造的成果给予合理评价	规范从事建筑节能改造的企业，督促其合理地对既有建筑进行节能改造

（四）工程竣工验收阶段

工程竣工验收阶段已完成了所有工程的施工,建筑内设备已能够投入运行。此时可以通过现场测试的方式,测定各相关设备与子系统的性能,据此对建筑的全年能耗进行估算,考察其是否满足立项时的承诺要求,以确保施工严格按照设计图纸进行,保证设备和系统已经调试合格。工程竣工验收阶段的节能审查可添加到项目验收内容中,作为验收的条件使用。待竣工节能审查合格后才能通过建筑验收。

（五）运行管理阶段

在项目运行管理阶段,采用"用电分项计量和数据集中采集系统"对各分项系统的用能情况进行动态监测与管理,关注各设备或子系统能耗的变化情况,将其与承诺用能标准相比对。通过这种动态监测和管理,可以防止由于运行管理不当造成的能源损失。还可以将各相同功能建筑进行分项能耗比较,以进一步优化系统运行管理工作,使系统更为节能。还可以采用定额能耗管理制度,来督促管理人员优化运行管理方法,保证系统节能运行。

（六）节能改造阶段

对已有大型公共建筑进行节能改造,需要根据建筑能耗历史统计数据和系统运行监测数据进行节能分析或诊断,找出高耗能环节,然后对节能指标从上至下进行层层分解测试或计算,直至找到需要改造的设备或系统,再实施具体的节能改造措施。在节能改造后,仍需依据节能指标的变化,对节能改造进行评价,以促使建筑节能改造企业合理地对既有建筑进行节能改造。

以上各个不同阶段均以节能指标体系为主线,但其所控制的具体节能指标、节能指标的获取途径、相应的管理手段和解决的问题均有所不同,具体如表 11-1 所示。

第三节 建筑能效的测评标识制度

一、建筑能效测评管理制度

（一）建筑能效标识的概念

建筑能效标识就如同附在家用电器上的能效标识一样。通过家用电器上的能效标标,我们可以了解到该产品的型号、使用能耗及能耗等级。对于建筑能效标识来说也是如此,如图 11-1 所示,它的作用是反映建筑物用能系统效率、能源消耗量和热工性能指标。这样一来,当我们看到一个建筑的能效标识后就可以像通过一个酒店的星级判断其服务水平一样去判定该建筑的能源利用水平,星越多意味着建筑能源利用水平越高、节能效果越好。民用建筑能效测评标识制度是根据《国务院关于印发节能减排综合性工作方案的通知》和建设部、国家发展改革委、财政部、监察部、审计署《关于加强大型公共建筑工程建设管理的若干意见》建立与实施的。2008 年 6 月,住房和城乡建设部颁布了《民用建筑能效测评标识技术导则》。导则详细地规定了居住建筑和公共建筑能效标识基本规定、标识程序、能效理论值与实测值的测评方法及标识出具等。《民用建筑能效测评标识技术导则》的出台标志着我国建筑测评标识制度的全面展开。

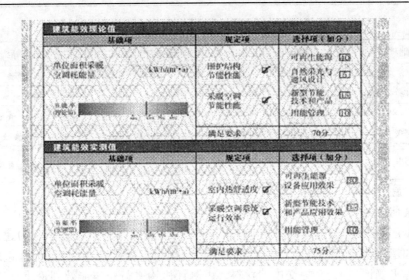

图 11-1　建筑能效测评标识证书

(二)实施建筑能效测评标识制度的意义

目前,我国城乡已有建筑面积达 400 多亿 m^2,其中95%以上都不是节能建筑,而且每年新建建筑面积达 16 亿~20 亿 m^2。一方面,建筑能耗在能源消耗总量中所占比例越来越高;另一方面,能源浪费情况严重。因此,加强建筑能耗管理工作势在必行。制定和执行建筑能效测评标识制度具有重要的意义和作用。主要体现在以下几个方面:一是能够准确掌握和了解被标识建筑的实际能耗水平,正确引导建筑业的发展方向;二是明确了建筑节能各方主体的权利,通过提高市场透明度和引入第三方中介机构,对开发企业和施工企业起到监督、管理的作用;三是可以提高全社会对建筑节能的了解与认识,充分发挥公众监督作用;四是为实施建筑节能经济激励政策打下基础,可以促进新型节能技术在建筑中的使用;五是使政府由对建筑节能的过程管理转为对建筑终端能效的管理。

(三)建筑能效标识框架

1.测评标识对象

民用建筑能效测评标识对象为建设单位或房地产开发企业。按建筑分类有:

(1)新建(改建、扩建)国家机关办公建筑和大型公共建筑(单体建筑面积为 2 万 m^2 以上)。

(2)申请国家级或省级节能示范工程的建筑或绿色建筑评价标识的建筑。

(3)其他自愿申请的建筑分类。

民用建筑能效的测评与标识以单栋建筑为对象,且包括与该建筑相联的管网和冷热源设备。

2.测评标识等级划分

《民用建筑能效测评标识技术导则》对测评标识分级和星级等级标准作了规定,我国建筑能效标识划分为五个等级,如表11-2所示。

表 11-2   我国建筑能效标识划分级

基础项	规定项	选择项	等级
节能 50% ~ 65%	均满足要求		★
节能 65% ~ 75%	均满足要求		★★
节能 75% ~ 85% 以上	均满足要求		★★★
节能 85% 以上	均满足要求		★★★★
节能 85% 以上	均满足要求	选择项所加分数 超过 60 分(满分 100 分)加一星	★★★★★

注:我国建筑能效标识最高等级为五星级。

3. 建筑能效测评标识流程

《民用建筑能效测评标识技术导则》规定:民用建筑能效的测评标识分为建筑能效理论值标识和建筑能效实测值标识两个阶段。建筑物竣工验收合格之后,由建筑所有人向测评机构提出测评申请,并提交申请材料。由测评机构进行建筑能效理论值测评,并出具理论值测评报告,由建筑所有人向建筑主管部门提出申请,并出具理论值测评报告,由建设主管部门审查核实后按统一规定样式标识,建筑能效理论值标识有效期为 1 年。建筑能效理论值标识后,应对建筑实际能效进行为期不少于 1 年的现场连续实测检验,根据实测结果对建筑能效理论值标识进行修正,给出建筑能效实测值标识结果,有效期为 5 年。如果建筑物进行了围护结构节能改造或更新了主要耗能设备,以及建筑能效测评标识有效期结束时,建筑所有人应重新提出标识。在获得测评报告后,建筑所有人向建设主管部门提出申请,建设主管部门依据测评报告发放证书和标识。建筑能效测评标识流程如图 11-2 所示。

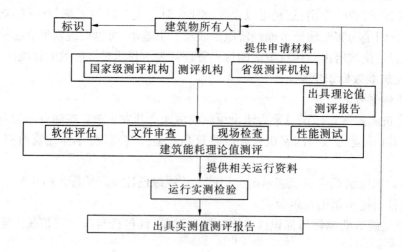

图 11-2   建筑能效测评标识流程

二、建筑能效测评技术体系

(一)测评机构

建筑能效测评机构是指取得认定,能够对建筑物耗能量和其能耗系统效率等指标进行检测、评估工作的机构。

民用建筑能效测评机构有国家级和省级两级。按测评机构业务范围，可分为能效综合测评、可再生能源系统能效测评、采暖空调系统能效测评、围护结构能效测评和见证取样检测。国家级测评机构由住房和城乡建设部依据申报单位提交的材料，组织相关专家，对各省级建设主管部门推荐的测评机构进行评审、认定。省级测评机构由各省、自治区、直辖市建设主管部门组织专家进行评审、认定。

目前，国家级测评机构按照所属区域共有 7 家，分别是华北区的中国建筑科学研究院，东北区的辽宁省建设科学研究院，西南区的四川省建筑科学研究院，华东区上海市建筑科学研究院，华中区的河南省建筑科学研究院，华南区的深圳市建筑科学研究院，西北区的陕西省建筑科学研究院。

（二）建筑能效理论值测评

民用建筑能效的测评标识分为建筑能效理论值标识和建筑能效实测值标识两个阶段。其中，建筑能效理论值需分居住建筑和公共建筑分别测评，如图 11-3 所示。居住建筑和公共建筑能效理论值测评项均包含基础项、规定项和选择项。其中，基础项测定的是建筑物单位面积采暖、空调耗能量；规定项测定的是一些建筑围护结构及采暖空调系统必须满足的项目，如门、窗、热桥及空调效率等；选择项主要测定的是建筑内采用的一些高于国家节能标准的用能系统和工艺技术加分项目，如可再生能源的利用、自然通风采光技术及能量回收系统等。

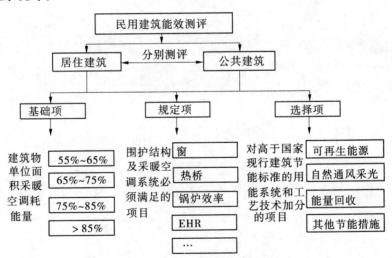

图 11-3　建筑能效理论值测评框架

测评方法包括软件评估、文件审查、现场检查及性能测试。测评还需满足下列要求：一建筑能耗计算分析软件的功能和算法必须符合建筑节能标准的规定；二文件审查主要针对文件的合法性、完整性及时效性进行审查；三现场检查为设计符合性检查，对文件、检测报告等进行核对；四性能测试方法和抽样数量按节能建筑相关检测标准和验收标准进行。

(三)建筑能效实测值

建筑能效实测值也需按居住建筑和公共建筑分别测定,具体包括单位建筑面积建筑总能耗、单位建筑面积采暖空调耗能量、采暖空调系统的实际运行能效三项指标、可再生能源及新型节能技术和产品的应用效果、用能管理等项目,如图 11-4 所示。实测单位建筑面积建筑总能耗的优点是测量相对简单,能在一定程度上反映出公共建筑能源利用情况,但存在不能反映运行时间差异引起的能耗差别问题。单位建筑面积采暖空调耗能量、采暖空调系统的实际运行能效这两项指标的计算比较复杂。

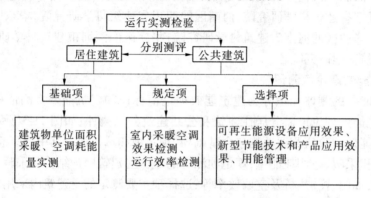

图 11-4　建筑能效实测值测评框架

第十二章　绿色建筑应用技术

第一节　绿色建筑应用概述

一、绿色建筑的内涵

所谓"绿色建筑"的"绿色",并不是指一般意义的立体绿化、屋顶花园,而是代表一种概念或象征,指建筑对环境无害,能充分利用自然环境资源,并且在不破坏环境生态平衡条件下建造的一种建筑,又可称为可持续发展建筑、生态建筑、回归大自然建筑、节能环保建筑等。

对于绿色建筑的理解,主要应从以下几个方面展开:

(1)绿色建筑首先考虑的是健康、舒适和安全,即保证人们最佳工作和生活环境的建筑;

(2)绿色建筑作为一种理念,并不指特定的建筑类型,它适用于所有的建筑;

(3)绿色建筑是在全寿命周期中实现高效率地利用资源(能源、土地、水资源、材料)的建筑物;

(4)绿色建筑是对环境影响最小的建筑;

(5)绿色建筑就是生态建筑和可持续建筑。

有些专家把绿色建筑归结为具备 4R 的建筑,即 Reduce,减少建筑材料、各种资源和不可再生能源的使用;Renewable,利用可再生能源和材料;Recycle,利用回收材料,设置废弃物回收系统;Resue,在结构允许的条件下重新使用旧材料。因此,绿色建筑是资源和能源有效利用、保护环境、舒适、健康、安全的建筑,从而实现与自然的和谐共生。

二、绿色建筑指标体系

图 12-1 为我们绿色建筑指标体系框图,绿色建筑指标体系是按定义,对绿色建筑性能的一种完整的表述,是对绿色技术应用于建筑后的综合性能的一种评价,它可用于评估实体建筑物与按定义表述的绿色建筑相比在性能上的差异。绿色建筑指标体系由几类指标组成,一般涵盖了绿色建筑的基本要素,包含了建筑物全寿命周期内的规划设计、施工、运营管理及回收各阶段的评定指标的子系统。表 12-1 为绿色建筑的分项指标与重点应用阶段汇总。

绿色建筑应用技术应坚持可持续发展的建筑设计理念。理性的设计思维方式和对应的科学技术的相关把握,是提高绿色建筑环境效益、社会效益和经济效益的基本保证。绿色建筑的应用技术除要满足传统建筑所需的一般要求外,还应遵循以下基本原则。

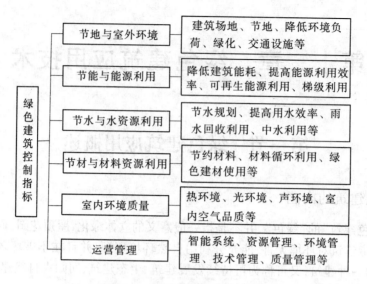

图 12-1　我国绿色建筑指标体系

表 12-1　绿色建筑分项指标与重点应用阶段汇总

项目	分项指标	重点应用阶段
节地与室外环境	建筑场地	规划、施工
	节地	规划、设计
	降低环境负荷	全寿命周期
	绿化	全寿命周期
	交通设施	规划、设计、运营管理
节能与能源利用	降低建筑能耗	全寿命周期
	提高用能效率	设计、施工、运营管理
	使用可再生能源	规划、设计、运营管理
节水与水资源利用	节水规划	规划
	提高用水效率	设计、运营管理
	雨污水综合利用	规划、设计、运营管理
节材与材料资源利用	节材	设计、施工、运营管理
	使用绿色建材	设计、施工、运营管理
室内环境质量	光环境	规划、设计
	热环境	设计、运营管理
	声环境	设计、运营管理
	室内空气品质	设计、运营管理

续表 12-1

项目	分项指标	重点应用阶段
运营管理	智能化系统	规划、设计、运营管理
	资源管理	运营管理
	改造利用	设计、运营管理
	环境管理体系	运营管理

(一)关注建筑的全寿命周期

建筑从最初的规划设计到随后的施工建设、运营管理及最终的拆除,形成了一个全寿命周期。关注建筑的全寿命周期,意味着不仅在规划设计阶段充分考虑并利用环境因素,而且确保施工过程中对环境的影响最低,运营管理阶段能为人们提供健康、舒适、低耗、无害的环境,使环境危害降到最低,并使拆除材料尽可能再循环利用。

(二)适应自然条件,保护自然环境

(1)充分利用建筑场地周边的自然条件,尽量保留和合理利用现有适宜的地形、地貌、植被和自然水系。

(2)在建筑的选址、朝向、布局、形态等方面,充分考虑当地气候特征和生态环境。

(3)建筑风格和规模与周围环境保持协调,保持历史文化与景观的连续性。

(4)尽可能地减少对自然环境的负面影响,如减少有害气体和废弃物的排放,减少对生态环境的破坏。

(三)创建适用与健康的环境

(1)绿色建筑应优先考虑使用者的适度需求,努力创造优美和谐的环境。

(2)保障使用的安全,降低环境污染,改善室内环境质量。

(3)满足人们生理和心理的需求,同时为人们提高工作效率创造条件。

(四)加强资源节约与综合利用,减轻环境负荷

(1)通过优良的设计和管理,优化生产工艺,采用适用技术、材料和产品。

(2)合理利用和优化资源配置,改变消费方式,减少对资源的占有和消耗。

(3)因地制宜,最大限度地利用本地材料与资源。

(4)最大限度地提高资源的利用效率,积极促进资源的综合循环利用。

(5)增强耐久性能及适应性,延长建筑物的整体使用寿命。

(6)尽可能地使用可再生的、清洁的资源和能源。

三、绿色建筑应用技术未来发展的方向

(一)智能化发展

应用以智能技术为支撑的系统与产品,提高绿色建筑性能。发展节能与节水控制系统与产品、利用可再生能源的智能系统与产品、室内环境综合控制系统与产品等。可采用综合性智能采光控制、地热与协同控制、外遮阳自动控制、能源消耗与水资源消耗自动统计与管理、空调与新风综合控制、中水雨水利用综合控制等技术。

1. 功能效益

(1)定位正确、满足用户功能性、安全性、舒适性和高效率的需求。

(2)采用的技术适用先进,系统可扩充性强,具有前瞻性,能满足较长时间的应用需求。

2. 功能质量

(1)智能化系统中的子系统,如通信网络子系统、信息网络子系统、建筑设备监控子系统、火灾自动报警及消防联动子系统、安全防范子系统、综合布线子系统、智能化系统集成等的功能质量满足设计要求,且先进、可靠与实用。

(2)住宅小区智能化系统中的子系统,如安全防范子系统、管理与设备监控子系统、信息网络子系统、智能化系统集成等的功能质量满足设计要求,且先进、可靠与实用。

(3)能源消耗与水资源消耗自动统计与管理体系。

(二)产业化发展

绿色建筑技术产业化应以政府引导下的市场需求为导向,构建绿色建筑的技术保障体系、建筑结构体系、部品与构配件体系和质量控制体系;开展绿色建筑技术产业化基地示范工程;将绿色建筑的研究、开发、设计、施工、部品与构配件的生产、销售和服务等诸环节联结为一个完整的产业系统,实现绿色建筑技术的标准化、系列化、工业化、工程化与集约化。

四、绿色建筑技术应用设计实例说明

苏州工业园区档案管理综合大厦位于苏州工业园区金鸡湖畔,该建筑东临南施街,西临万盛街,北临现代大道,地下 1 层,地上 19 层,总建筑面积为 82 679.91 m^2。该项目内部按使用功能不同分为档案馆、规划及成就展示馆、综合公共配套大楼、商业/办公建筑等部分。项目通过综合运用绿色技术,在有限的投资条件下,不仅实现了节地、节能、节水、节材的目标,而且创造出了一个健康舒适的室内环境。该项目于 2007 年着手设计,2008 年 5 月动工,2011 年 5 月正式启用,于 2010 年获得绿色建筑三星设计标识认证,2011 年 3 月获得第三届住建部绿色建筑创新奖二等奖。

项目建设之初就确立了集环保、节能、健康于一体的绿色生态建筑目标,全过程控制,规划设计、施工、运行都严格按照绿色建筑三星标准进行,使得建筑本身成为绿色档案的最佳见证载体。设计阶段根据项目本身特点,因地制宜地采用了一系列绿色建筑技术,包括结合可调节遮阳的双层皮幕墙系统、屋顶绿化、地面铺设渗水铺装、地下室光导管及太阳能光电板采光、强化的自然通风、地源热泵结合冷却塔平衡冷负荷的空调采暖系统、变频水泵、新风热回收技术、室内空气质量监测、雨水收集利用等。施工阶段,项目制定了建筑施工固体废弃物管理规定,对于固体废弃物进行处理再利用,回收处理总效益达到 250 万元。在运营管理阶段,落实高效的物业管理,保证了系统运行的可靠性,从而真正将"设计节能"落实到"实实在在运行节能"。

(一)围护结构的不断优化设计

通过采用性能优良、技术成熟的外墙保温构造,结合防水技术的屋面保温隔热材料,以达到节能和改善顶部房间室内热环境的良好效果;门窗幕墙使用高遮阳率、高气密性的产品,以提高建筑整体保温隔热效果。对于明框玻璃幕墙,可视窗玻璃均采用低反射 Low-E 钢化中空玻璃,不透明幕墙部位采用透明单片钢化玻璃,内衬灰色 2 mm 铝合金背板及 50 mm 保温岩棉。针对建筑 7 层通透性要求较高的落地玻璃幕墙部分,采用了呼吸式双层皮玻璃幕墙结构:外侧窗采用 19 mm 超白玻璃,内侧窗也采用 12Low-E+12A +12 中空玻璃,双层幕墙之间设电动遮阳帘系统,以达到夏季遮阳,冬季采暖,从源头大大降低采暖空调能耗。

通过这一系列措施,使用 DeST 模拟发现,可以降低热负荷指标 16.41%,冷负荷指标 5.11%,达到了最大程度地减少全玻璃幕墙围护结构的节能角度不利因素的目的。

(二)采光设计策略

天然采光照明相对于人工照明,不仅节约能源,室内的光照舒适度也更好。加强建筑的天然采光方法主要有两种:一是减少采光进深,主要体现在设置中庭,或者减少房间跨度等;二是加强围护结构的天然光透过性能。本项目采用了两种方法结合的方式来加强室内采光效果,根据《绿色建筑评价标准》,为保证自然光利用效果,项目保证了 76.4% 的室内空间采光系数大于 2%,达到了优选条目的要求,这在进深较大的档案馆是难能可贵的。

为改善地下空间的自然采光效果,采用光导管光技术将室外的自然光引入地下车库,起到了很好的节能效果。地下室北区部分采用了 20 个光导管。对于不能设置光导管以及天窗采光的南部区域,采用太阳能光电系统,以达到相应的采光要求;光伏发电板安装在办公区域的采光天窗,与建筑遮阳相结合。

(三)自然通风优化

自然通风不仅能够提高室内舒适度,还能够相应地降低建筑的耗能,在过渡季节起到部分或全部取代空调的作用。在建筑设计和构造设计中鼓励采取诱导气流、促进自然通风的主动措施,如导风墙、拔风井等,以促进室内自然通风的效率。

为了达到夏季自然通风的效果,项目采用了结合建筑风环境模拟,不同区域不同开窗率设计优化的方式。通过 CFD(Computational Fluid Dynamics)模拟和多区域网络法模拟,对建筑的不同朝向、不同窗墙比进行了详细比较分析,最后给出了最优化方案:全楼在室外风速 3.4 m/s,主导风向东南风的模拟设置条件下自然通风换气次数可达到 7.8 次/h,在同类建筑中处于中上水平。中部楼和东北楼的换气次数较大,而西南楼、西北楼的换气次数较小,故建议中部楼、东北楼的开窗率定在 0.07,东南楼开窗率定在 0.085,西南楼、西北楼开窗率定在 0.1。在该开窗率的条件下,即使在室外 1 m/s 微风情况下,建筑仍有 2.91 次的自然通风换气次数。

(四)地源热泵结合冷却塔平衡冷热负荷技术应用

项目采用国家预先推荐的适合于苏州地区的地源热泵技术。该技术利用地球表面浅层的地热能资源进行供热、制冷,通过输入少量的高品位电能,实现冬季供热,夏季制冷。根据夏热冬冷地区的区域气候特点,夏季空调运行时间长,负荷大,全年地埋管系统向地下放热远多于取热,土壤持久运行,必然存在土壤温升的不利影响,严重时会降低系统运行的效率。为降低该影响,方案采用复合式系统,以冬天热量定夏天冷量,冬季完全由土壤换热器系统提供热量,夏季不足部分采用闭式冷却塔调节,可以达到减少夏季向土壤排热,保证系统全年向土壤的取放量平衡,从而保证系统持久运行。这也提供夏热冬冷地区的土壤源热泵冬夏热平衡策略示范作用。

根据该项目的地质勘测报告以及岩土热物性测试资料,采用了单 U 形埋管方式土壤换热器,管井直径为 150 mm,冬季每延米孔深可提取地下热量为 38 W/m,夏季每延米孔深可释放热量为 70 W/m。本工程钻孔深度为 130 m,根据土壤承担的热负荷,项目需打井 810 口,考虑 7% 的富裕量,实际布井数量为 868 口,分 30 个地下换热器分区,每个分区设置 1 个检查井,每个检查井包括 7 ~ 9 组地下换热器。孔间距 4 m。冷热水系统的输送能效比 EER(Energy Efficiency Ratio)满足《公共建筑节能设计标准》(GB 50189—2005)要求。

(五)雨水回收利用系统

考虑本项目建成后主要用于档案保存、展览展示、接待等,办公部分所占比例非常少,周围又无再生水厂,中水水源难以保证;而雨水作为水源,水质一般较好,经过一定处理后就可以直接回用,是最好的杂用水水源之一。根据工程的具体情况,雨水收集的对象为硬屋面与绿化屋面雨水。雨水经收集管网汇入雨水收集水池,多余的雨水排入城市用水管道。本工程混凝土硬质屋面 11 859 m²,绿化屋面 2 830 m²,屋面雨水通过虹吸排水排入室外雨水管网,可收集雨水量为 9 011.9 m³/年,主要用于绿化、冷却塔补水、汽车库冲洗等。

实际利用情况:雨水收集量基本上能够满足绿化和车库冲洗需求,只有 2 月及 5 ~ 9 月雨水略有盈余,其余月份还需用自来水进行补充;由于在降雨量大的 6 ~ 9 月,同时存在量较大的冷却塔补水,回用水总量也最大,降雨集中期与回用水量最大期正好契合,雨水利用最为经济。通过全年水量平衡分析可以得到:全年非传统水源利用率为 40.5%。

(六)其他绿色建筑设计技术

本项目采用的其他绿色建筑策略包括:①室外高比例的渗水铺装增加地下水涵养;②新风热回收;③分项计量;④高效节能灯具;⑤室内空气质量监控;⑥多措施节材等。

1. 降低热岛,调节微气候,涵养水源

项目采用的屋顶绿化和大面积渗水铺装等景观形式,在节约土地的同时,既能增加绿化面积,降低热岛效应,调节微气候,又能够增加场地雨水与地下水涵养,改善生态环境减轻排水系统负荷。同时,屋顶绿化还可以改善屋顶和墙壁的保温隔热效果。

2. 新风热回收

苏州属于湿热地区,7 月平均气温最高为 30.3 ℃,极端最高气温达到 39.2 ℃;1 月平均气温最低为 0.3 ℃,极端最低气温为 - 9.8 ℃;多年平均相对湿度为 80%。采用新风全热回收,能够将新风负荷处理到未采用热回收前的 50%,极大地减少了新风负荷。为了定量分析新风热回收收益,采用 DeST 能耗模拟软件分析,新风全热回收降低冷负荷效果明显,可减少 8.8% 的冷负荷,全年降低建筑负荷 13.8%,全热回收效率较高,对苏州地区湿热环境较为适合。

3. 独立分项计量

独立分项计量主要包括以下几个措施:通过对不同用户空调水管设置能量表,以更好地监控水耗水平;设置电能独立分项计量均采用数字式,并配通信模块,构成网络;设置后

台能源监控系统,并接入 BA 系统,主要有以下部分:照明灯具、办公插座按楼层或区域分别计量;泛光照明、应急照明、公共区域照明按干线单独计量;空调前端按干线设置计量,冷热源、水泵单独计量;空调末段按楼层或区域分别计量;电梯、水泵、风机、厨房设备等不同功能电力设备按干线分别计量;变电所所有出线均配置计量装置;按照不同用水需求及区域设置远传水表。通过上述措施,有助于分析公共建筑各项能耗水平和能耗结构是否合理,发现问题并提出改进措施,从而有效地实施建筑节能。

4. 节水器具

为了更好地节约水资源,项目全部采用节水器具。洗脸盆采用光电感应式陶瓷阀芯加气节水龙头、陶瓷阀芯加气节水龙头;小便器采用感应冲洗阀;大便器采用 3/6 L 两挡且一次冲洗水量不大于 6 L;淋浴器采用节水型淋浴喷嘴、水温调节器。

5. 高效节能灯具

项目室内照明电光源均采用高效节能型:荧光灯采用 T5 管配高效灯具及电子镇流器,单灯具功率因数大于 0.9;采用智能照明控制系统,对公共区域和部分房间场所照明进行集中控制,部分区域如楼梯间、走道、卫生间等采用人体感应自动开关灯,门厅、大堂、走廊等场所夜间定时降低照度或关闭。

6. 室内空气质量监控

为了营造健康的室内环境,在建筑室内设置合理的空气监测系统:在主要功能房间,利用传感器对室内主要位置的 CO_2 和空气污染物浓度进行数据采集,将所采集的有关信息传输至计算机或监控平台,进行数据存储、分析和统计,CO_2 和污染物浓度超标时能实现实时报警;检测进、排风设备的工作状态,并与室内空气污染监控系统关联,实现自动通风调节。

7. 节材

项目主要结构为混凝土框架结构,对于大跨度、大悬挑部分,采用钢桁架体系,减轻自重,节约材料。结构采用预拌混凝土,HRB(Hot - rolled Ribbed - steel Bar)400 级钢筋作为受力钢筋占受力钢筋总量的 85% ,项目的可再循环材料的使用量占所用建筑材料总重量的 11.1% ,土建与装修工程一体化设计施工,50% 以上空间采用灵活隔断,可变换功能等。

该项目以达到绿色建筑三星级、成为苏州工业园区政府类示范建筑为标准,基于源于生态、优于标准的技术理念,按照全过程实施模拟、整体优化的绿色节能先进理念进行可持续建筑的有益尝试,取得了良好的效益。在未来的城市公共设施建设方面,绿色建筑将可持续发展的理念贯穿于规划设计、建筑设计、建材选择、节能运行、绿色施工等各个方面,必然成为未来建筑的发展趋势,营造出人与自然、资源与环境、人与室内环境和谐发展的局面。

第二节　绿色建筑运营管理

随着我国从政策上对绿色建筑的推动和各种相关的建筑技术进步,我国的建筑运行整体管理技术和水平已经呈现更新与进步的态势。相关绿色建筑运行管理策略和技术的研究已经起步,围绕节约资源、环境友好、以人为本、运行高效的绿色建筑目标,研究探索绿色建筑运行管理策略和技术,旨在引起业界对绿色建筑运行管理的重视,提升我国绿色建筑的运营水平,从而更好地推动绿色技术在建筑中的使用,促进我国绿色建筑行业的发展。运行管理技术和策略研究,在建筑的运行过程中总体协调和控制关键技术的各个分支,重点针对建筑运行的高效节能和室内舒适环境,研究不同的运行工况下相应的智能集成运行监控模式,确保实现总体建设目标。能耗降低、系统优化、可再生能源、废弃物管理、环境综合调控等方面进行开展。

一、运行使用阶段绿色建筑评价标识介绍

"绿色建筑设计评价标识"主要是对建设项目的设计资料、施工图纸进行评价,是对绿色技术在建筑中的应用进行的统筹规划;而"绿色建筑评价标识"主要是对建设项目建成后的实际性能、运行管理水平和使用效果进行评价,也就是对绿色技术在建筑中的应用综合效率进行的可观评定。因此,运行使用阶段的评价能够真正反映被评建筑的"绿色"实际落实情况和运行情况。

运行使用阶段绿色建筑评价标识主要增加的审核内容包括:

(1)申报方竣工验收资料,重点包括竣工图纸的变更情况、施工过程的控制与验收情况等,这主要是为了严格控制建筑建造过程是否"绿色"。

(2)运行数据,主要包括第三方检测报告、申报方的日常运行管理数据记录以及相关的分析,这是直接反映建筑"绿色"技术达标与否的最客观的指标。

(3)建筑设计落实情况和各系统运行状况,建筑是技术集成的体现,因此在各环节合格后,还需了解各项设计技术集成以后的整体状况,保证评价结论尽量与实际情况相符。

二、运营管理阶段的绿色建筑主要评价指标

《绿色建筑技术导则》(建科[2005]199号)中指出了绿色建筑运营管理技术要点,其主要内容如下。

(一)管理网络

(1)建立运营管理的网络平台,加强对节能、节水的管理和环境质量的监视,提高物业管理水平和服务质量。

(2)建立必要的预警机制和突发事件的应急处理系统。

(二)资源管理

1. 节能与节水管理

(1)建立节能与节水的管理机制。

(2)实现分户、分类计量与收费。

(3)节能与节水的指标达到设计要求。

(4)对绿化用水进行计量,建立并完善节水型灌溉系统。

2. 耗材管理

(1)建立建筑、设备与系统的维护制度,减少因维修带来的材料消耗。

(2)建立物业耗材管理制度,选用绿色材料。

3.绿化管理

(1)建立绿化管理制度。

(2)采用无公害病虫害技术,规范杀虫剂、除草剂、化肥、农药等化学药品的使用,有效避免对土壤和地下水环境的损害。

4.垃圾管理

(1)建筑装修及维修期间,对建筑垃圾实行容器化收集,避免或减少建筑垃圾遗撒。

(2)建立垃圾管理制度,对垃圾流向进行有效控制,防止无序倾倒和二次污染。

(3)生活垃圾分类收集、回收和资源化利用。

(三)改造利用

(1)通过经济技术分析,采用加固、改造延长建筑物的使用年限。

(2)通过改善建筑空间布局和空间划分,满足新增的建筑功能需求。

(3)设备、管道的设置合理、耐久性好,方便改造和更换。

(四)环境管理体系

加强环境管理,建立 ISO 14000 环境管理体系,达到保护环境、节约资源、改善环境质量的目的。

由于绿色建筑评价中的 6 类评价指标在规划、设计、施工和运营阶段的重要性方面有所差别,因此运营使用阶段的绿色建筑评价标识对 6 类评价指标体系分别按照不同原则进行了内容调整:

(1)"节地与室外环境"部分重在前期规划设计,因此本阶段新增要求较少,多为对设计内容的核实。

(2)"节材"部分重在设计以及施工中的管理,需要提供较为详细的建材类型选择、用量等方面的数据,因此应注意施工过程中的记录保存和之后的分析计算。

(3)"节能"和"节水"部分不但需要在设计阶段具备较为完善合理的规划设计方案,更需要在运行阶段将规划设计方案有效实施,通过落实合理高效的"运营管理"制度,在尽量满足"室内环境质量"部分提出的人们生产生活基本舒适性要求前提下,真正实现节约资源、保护环境。为有效检验这几部分的落实情况,需要提供较多的日常运行状况和运行实效的记录,以及较多的现场核查内容。

三、绿色建筑运营管理存在的问题

(一)日常运行记录不够完备

建筑运行过程中只有对建筑内各分项用能、用水等设备的运行状况有详细的记录和监控,才能了解各项资源能源消耗量和消耗比例是否合理、运行状况是否正常,从而及时发现存在的问题并采取相应的改进措施,实现资源能源的节约,有效贯彻绿色建筑的理念。然而,在设计和施工过程中未能设置齐全的分项用能、用水等计量装置或智能化监控系统,在运行管理过程中缺乏对建筑运行使用状况的记录、分析、调试和优化是目前存在的较为普遍的现象。

(二)某些评价内容缺乏标准的测试方法

对于热岛效应、室外风环境质量等评价内容,目前尚无相关标准或规范给出细致权威的检测方法和评判标准,因此也就很难要求项目申报方给出全面并有说服力的测试报告。

（三）个别评价内容的检测报告不够齐全

为确保非传统水源的水质安全,需要业主在日常运营中对非传统水源水质进行定期的自检和送检,在项目申报时提交日常自检和第三方检测机构的送检报告。这方面存在的主要问题是某些项目可能进行了自检,却未能进行更加权威和全面的第三方送检,或是未能定期检测,难以确保非传统水源水质在运营中的持久安全。

四、绿色建筑运营管理的改进方向

绿色建筑不同于一般建筑,传统建筑运营管理方法不完全适用于绿色建筑运营管理。为了确保运营管理阶段的绿色建筑评价标识工作能有效落实,必须对已有标准要求的基础上有针对性地对部分条文要求予以补充说明或调整,改进工作主要包括以下内容:

（1）明确一部分需要严格要求的审查内容,运行使用阶段的绿色建筑评价标识重在核查建筑按设计进行施工的落实情况和实际的运行情况,因此必须强调对于施工中和运行后进行日常记录和检测的要求。

（2）加强横向扩展性。对于只针对特定建筑类型、特定气候区的一部分评价条文,为尽量增加条文的适应性,结合条文要求的本意对其进行了补充说明,扩充了其适用范围。

（3）加强纵向扩展性。对于一部分评价内容,以合理为判据尽量扩展其对于更多材料、产品、技术的包容性,以减少资源消耗,减弱对环境的影响。

（4）提高科学合理性。对于一部分评价内容,从科学、合理的角度出发给予了进一步的细化和明确。以建筑为例,可以从建筑区位、场地条件、建筑结构类型和建筑功能四方面因素考察建筑开发利用地下空间的合理性。

（5）提高可操作性。结合当前技术发展水平以及我国国情,对一部分评价要求进行了补充说明,尽量增加其可操作性。比如考虑到目前热岛效应、室外风环境质量等评价内容并无便于实施的统一且规范的测评方法,因此考虑主要采取措施性评价,即通过审核降低热岛效应措施的落实情况、审核降低室外恶劣风环境影响措施的落实情况等方法来落实评价。

（6）使用、维护和回收报废阶段是形成运营维护成本的关键阶段。制订合理的绿色环保运营维护和回收方案,提高经济价值和实用价值,降低运营维护和拆除成本,建立运营管理和拆除回收网络平台,加强项目的运营维护、拆除回收对环境和社会影响的监管和监测,完善相应的管理制度;加强消费者的绿色环保意识、加强对废弃物和垃圾的回收利用和循环使用,采用绿色环保节能材料和设施,尽量减少环境成本和社会成本。

国家提出要建设资源节约型社会和环境友好型社会的要求,而绿色建筑全方位体现了"节约能源、节省资源、保护环境、以人为本"的基本设计理念,从绿色建筑项目的构思、策划、设计、建造、运营、管理、维护、修建直至拆除的整个生命周期中都涵盖了绿色、低碳、节能的理念。随着科技水平、国民素质的提高,绿色建筑的运营管理必然朝着普遍化、信息化、专业化的方向发展。

第三节　绿色建筑评价体系

为了推动绿色建筑的发展,更进一步规范和促进绿色技术在建筑中的使用,近年来许多国家和地区根据自身实际制定出了绿色建筑评价体系,有代表性的如英国 BREEAM 体系、美国 LEED 体系、日本 CASBEE 体系等,我国也于 2006 年推出了绿色建筑评价标准。由于不同地区绿色技术利用的条件存在差异,因此建筑评价体系存在差异,原因在于绿色建筑的评价内容广泛,受各地区资源、环境、经济和社会等诸多因素的影响。因此,在绿色建筑评价体系的制定过程中,既要借鉴国外的经验,更要密切结合我国在技术、资源、环境和社会经济发展水平等方面的国情实际,增强绿色建筑评价体系的科学性和有效性,从而更好地推动绿色建筑技术在我国的发展。

一、绿色建筑评价的意义

2004 年 8 月,建设部将"绿色建筑"明确的定义为:为人们提供健康、舒适、安全的居住、工作和活动的空间,同时在建筑全生命周期中实现高效率地率用资源(节能、节地、节水、节材),最低限度地影响环境的建筑物。大力推动绿色建筑发展,实现绿色建筑普及化是"十二五"期间住房和城乡建设部的重点工作之一。而绿色建筑的发展及绿色技术的规范普及需要确立明确的评价及认证系统,以定量的方式检测建筑设计生态目标达到的效果,用量化指标来衡量其所达到的预期环境性能实现的程度。因此,建立一套科学的、完善的评价体系对绿色技术的推行普及乃至中国绿色建筑的发展有着十分重要的意义。

(一)为绿色设计建立普遍的标准和目标

绿色建筑评价体系可以在建筑设计阶段作为一个清楚的框架,整合考虑场地选择及设计、建筑的设计、建造过程以及建筑运行与维护等诸多问题,指导和贯穿整个项目的绿色技术的应用、设计及运营管理过程。

(二)为消费者和管理者提供考核办法

绿色建筑评估体系是建立在复杂的评估体系上的,更具地域性和专业性的建筑环境质量管理工具,以分级方式显示建筑的绿色水平。通过实实在在的数据测试和性能考核,用确凿的量化评分给予明确的质量认证,有效地提高了建筑市场的管理水平。

(三)为开发商提供经济依据,增强对绿色建筑的信心

绿色建筑评价体系从全寿命周期的角度出发,检验各项绿色技术带来的效果,使投资商看到绿色建筑所带来的切实利益,包括在使用过程中的运行费用的降低、节能效益,对提高人体健康、社会可持续发展产生的影响以及提高员工工作效率和作为"卖点"吸引潜在消费者的优势等。

二、国外绿色建筑评价体系

目前,全球绿色建筑评价体系主要包括《绿色建筑评价标准》(GB/T 50378—2006)、

美国绿色建筑评估体系(LEED)、英国绿色建筑评估体系(BREEAM)、日本建筑物综合环境性能评价体系(CASBEE)。此外,还有德国生态建筑导则 LNB、澳大利亚的建筑环境评价体系 NABERS、加拿大 GB Tools 评估体系、法国 ESCALE 评估体系。其中英国、美国、日本、加拿大等国所实施的比较成功的绿色建筑评价体系值得借鉴。

(一)英国 BREEAM

1990 年,世界首个绿色建筑标准——英国建筑研究组织环境评价法(Building Research Establishment Environmental Assessment Method,BREEAM)发布。BREEAM 体系的目的是为绿色建筑实践提供权威性的指导以期减少建筑对全球和地区环境的负面影响,体系包括了从建筑主体能源到场地生态价值的范围,综合涵盖了从节能减排技术到生态保护技术对于环境的可持续发展的影响,包括了社会、经济可持续发展的多个方面。因为该评估体系采取"因地制宜、平衡效益"的核心理念,也使它成为全球唯一兼具"国际化"和"本地化"特色的绿色建筑评估体系。BREEAM 评判建筑在其整个寿命周期中,包含从建筑设计开始阶段的选址、设计、施工、使用直至最终报废拆除,所有阶段的环境性能都应考虑四个方面:全球问题、地区问题、室内问题和管理问题等。

BREEAM 的优点在于:考察建筑全生命周期;条款式的评估体系,操作比较简单且易于理解和接受;评估框架开放、透明,可根据实际情况增加评估条款;为了方便设计师考虑各设计方案对环境的影响,BRE 推出建筑环境影响评价软件,其巨大的数据库为建筑设计提供了环境影响因素,使得设计师可在早期阶段进行项目影响评估。局限性在于:该体系是基于英国国情开发的,其适应性受到限制。

(二)美国 LEED

LEED 是美国能源与环境设计先导绿色建筑评估体系(Leadershi Pin Energy & Environmental Design Building Rating System)的简称,是目前在世界各国的各类建筑环保评估、绿色建筑评估以及建筑可持续性评估标准中被认为是最完善、最有影响力的评估标准。该标准自建立以来,根据建筑的发展和绿色概念的更新、国际上环保和人文的发展,经历了多次的修订和补充。最新版的绿色建筑评估标准 LEED V3 系列从 2009 年 4 月 27 日开始使用,共有 9 类不同认证,分别针对:新建筑物 LEED—NC、已建成的建筑物 LEED—EB、商业大楼的室内设计 LEED—CI、大楼框架和大楼设施 LEED—CS、学校 LEED—S、医疗、住宅和社区发展。除了以上这些主要版本,LEED 体系还有一些地方性版本,如波特兰 LEED 体系、西雅图 LEED 体系、加利福尼亚 LEED 体系等,这些变化的版本均作了适应当地实际情况的调整。LEED 评估体系及其技术框架由 5 大方面及若干指标构成,主要从可持续建筑场址、水资源利用、建筑节能与大气、资源与材料、室内空气质量等方面对建筑进行综合考察,评判其对环境的影响,并根据各方面指标综合打分,通过评估的建筑,按分数高低分为铂金、金、银、铜 4 个认证级别,以反映建筑的绿色水平(见表 12-2)。

LEED 的优点在于:采用第三方认证机制,增加了该体系的信誉度和权威性;评定标准专业化且评定范围已扩展形成完善的链条;体系设计简洁,便于理解、把握和实施评估。局限性在于:未对建筑全生命周期的环境影响作出全面的考察;评定对环境性能打分不设定负值,被评估者可能基于成本或者达到要求的难易程度,确定选择设计策略。

表 12-2　LEED 评定分类评分及权重

		LEED2.0			LEED2.1			LEED CI			LEED EB		
		条款数	分值	权重	条款数	分值	权重	条款数	分值	权重	条款数	分值	权重
可持续场地选择		9	14	20%	9	14	20%	9	14	20%	9	14	20%
有效利用水资源		3	5	7%	3	5	7%	3	5	7%	3	5	7%
能源与环境		9	17	25%	9	17	25%	9	17	25%	9	17	25%
材料和资源		8	13	19%	8	13	19%	8	13	19%	8	13	19%
室内环境质量		10	15	22%	10	15	22%	10	15	22%	10	15	22%
创新设计		2	5	7%	2	5	7%	2	5	7%	2	5	7%
总计		41	69	100%	41	69	100%	41	69	100%	41	69	100%
评价得分	铜级认证	26~32			26~32			21~26			28~35		
	银级认证	33~38			33~38			27~31			36~42		
	金级认证	39~51			39~51			32~41			43~56		
	铂金认证	>51			>51			>41			>56		

(三) 日本 CASBEE

CASBEE 以建筑物环境效率(Building Environmental Efficiency, BEE)等新概念为基础对建筑物环境性能进行评价。该系统采用生命周期评价法(Life Cycle Assessment, LCA),即从建筑的设计、材料的制造、建设、使用、改建到报废的整个过程的环境负荷进行评价,该评价系统使得日本建筑节能进入了体系化时代。

CASBEE 的优点在于:此评估体系的最大创新点是提出了建筑环境效率 BEE 概念,作为评估体系的定量评价指标, $BEE = Q/L$, 其中: Q 为建筑环境质量与性能, L 为建筑物的外部环境负荷,充分体现了可持续建筑的理念,即"通过最少的环境载荷达到最大的舒适性改善",使得建筑物环境效率评价结果更加简洁、明确;评价对象更广泛,实用性和可操作性更强,政府措施强硬。局限性在于: Q 与 L 有正相关、负相关或者完全不相关 3 种关系,其指标相关性的不均衡会影响评价的公平性;评价项目繁多,评价工作量巨大;灵活性差,不利于调整和改进;评价项目的更新、权重系数确定的合理性等问题需要探讨;评价体系未涉及审美性与经济性问题。

(四) 加拿大 GB Tools

GB Tools 根据国际绿色生态建筑发展的总体目标,提出了基本评价内容和统一的评价框架。GB Tools 主要是从资源效率、环境负荷、室内环境质量、服务质量、经济性、使用前管理和社区交通 7 个方面对绿色建筑进行评价。GB Tools 同时也是一套条款式评价系统,GB Tools 的评估范围包括新建和改建翻新建筑,评估手册共有四卷,包括总论、办公建筑、学校建筑和集合住宅。

GB Tools 的优点在于:评价体系设计较为开放,变化更为显著;尊重地方特色;评价基准灵活且适应性强,各地可以根据当地实际情况增减评估体系的某些条款,并设置评价性能标准和权重系数。局限性在于:较强的适应性降低了评估结果的可比性;评估操作过于复杂,不利于市场推广应用;未建立适用于此体系的数据库;主要用作指导设计,未能兼顾设计与认证两种职能。

三、国内绿色建筑评价体系

我国接受绿色建筑的概念较晚,20 世纪 80 年代,随着建筑节能问题的日益突出,绿色建筑概念开始进入我国。目前,我国绿色建筑评价体系框架基本确立,建设部于 2006 年 3 月 16 日公布了《绿色建筑评价标准》(GB/T 50378—2006),并于 2006 年 6 月 1 日起开始实施。该标准的编制原则为:借鉴国际先进经验,结合我国国情;重点突出"四节一环保"要求;体现过程控制;定量和定性相结合;系统性与灵活性相结合。这是我国第一部从住宅和公共建筑全寿命周期出发,多目标、多层次地对绿色建筑进行综合性评价的推荐性国家标准。其评价指标体系包括以下六大指标:节地与室外环境,节能与能源利用,节水与水资源利用,节材与材料资源利用,室内环境质量,运营管理(住宅建筑)、全生命周期综合性能(公共建筑)。

综合考虑中国国情,清华大学土木工程系曹申、董聪提出了绿色建筑评价体系应具备的 5 项要素:①实行覆盖建筑全生命周期的分阶段评价;②根据建筑类型确定不同的评价重点;③考虑气候、资源和环境等方面的地域性差异;④加强绿色建筑全生命周期成本分析与控制;⑤对评价标准和指标权重进行持续更新。

四、绿色建筑评价体系获奖案例分析

废弃建筑改造再利用已经成为一种趋势和时尚,如何在改造过程中做到最大限度地遵循减少(Reduce)、再利用(Reuse)、再循环(Recycle)的 3R 原则,是值得设计师们思考的问题。位于美国圣安东尼奥市,由工业废弃建筑改建而成的 SoFlo 建筑作为美国绿色认证早期案例,为我国绿色建筑项目提供了相关建议和参考。

本项目获 2008 年度美国绿色建筑认证银项奖,各项得分如下:场地:9 分(共 14 分);水:3 分(共 5 分);能量:4 分(共 17 分);材料:8 分(共 13 分);室内:7 分(共 15 分);创新:5 分(共 5 分)。项目的绿色建筑技术应用的亮点如下。

(一)建筑材料的选择与利用

本着最大化回收利用材料的原则,设计师采用破碎的混凝土板和砾石来作为铺装材料。混凝土是一种具有最广泛用途的材料,因为它能被浇灌成任意形状。砾石是一种松散的自然铺装材料,表现为卵石和压碎的各种形状与大小的石头。与常见的沥青材料相比,这两种浅色铺地材料的混合使用在景观区域通过反射可见光,也照亮了其他阴影区域。此外,浅色的材料也使小空间有更加宽敞的感觉。相比常见的铺地材料,这种做法不仅减少了成本和维护费用,而且这种做法因其透水性,极大地减少了地表径流,改善了城市热环境的同时也涵养了城市地下水。

(二)节能设计

圣安东尼奥市气候较为温和,每年平均有 300 d 为晴天,这一良好的自然条件也为日光的充分利用和调节使用提供了重要前提。主题建筑布局沿东西轴线展开,通过在其人字形屋顶的屋脊开设连续的天窗,从屋顶引入持续的日光,保证了白天充足的日光照明。同时,根据太阳直射变化规律,在一些太阳强光直射区域安装遮阳板,有效地阻止了热量和强光进入室内,保证了室内工作空间的舒适性。屋顶材料的选择一反深色屋顶的常见做法,采用浅色表面反光材料,通过反射太阳直射光,减少热量进入房间,增加了空调系统运行的能量效率,大大降低了空调的花费。同时,保温材料在屋顶的运用也极大地提高了建筑的节能功效。

(三)雨水收集与节约用水设计

圣安东尼奥气候干燥,本项目通过设置一个 24 600 kg 的蓄水箱,收集空调冷凝水以及来自于屋顶的雨水。该雨水收集装置减少了 80% 的日常用水量的同时,解决了景观植物灌溉、景观池塘用水以及盥洗室冲洗的需要。同时,节水型景观植物的运用,如建筑的南面繁茂生长的当地乡土植物仙人掌,也大大降低了灌溉用水的需求,同时节省了管理费用。

(四)景观种植设计

景观种植设计中最大特点是大量采用乡土植物材料。除常见的仙人掌类植物外,大量的灌木和热带植物组成的"绿洲"也为该项目增添了色彩。草坪草种的选择亦采用圣安东尼奥当地的结缕草,与常见的修建整齐但是需要大量的管理工作和灌溉的人工草坪不同,这种草一年只需要修剪几次,极大地减少了管理费用。即使不修剪,这种草也会呈现出一种美丽的波浪形,风吹过,沙沙作响。

该项目紧靠圣安东尼奥市中心,作为废弃建筑改造再利用和城市灰地开发的代表案例,它的改造既保护了当地历史文化遗产,也给整个社区注入了新的活力,带动了该区域房地产的发展。在当前低碳经济下,如何最大限度地节约资源(节能、节地、节水、节材),保护环境和减少污染,为人们提供健康、适用和高效的使用空间,与自然和谐共生的建筑,本案例无疑做出了成功的阐释。

第十三章　中外建筑节能示范工程

第一节　国内建筑节能示范工程

一、国家科技部建筑节能示范楼

国家科技部建筑节能示范楼建成于 2004 年,位于北京市海淀区玉渊潭南路,高 34.1 m,总建筑面积 12 959 m²。地上共八层,其中,三层以上标准层为办公用房,二层为节能技术、节能材料和设备的展示中心,底层大厅为一、二层通高的中庭及由各种辅助用房组成的核心筒。地下两层,地下一层为汽车库,地下二层为设备机房和库房、健身房。建筑外观见图 13-1。

图 13-1　国家科技部建筑节能示范楼外观

该建筑为中国科技部和美国能源部的合作项目,旨在在中国建立一座适合我国国情的节能减排示范建筑。中美 12 家大学、研究所和设计院参与方案设计,多次进行设计方案的全年能耗模拟,确定了切实可行的方案。建筑年运行能耗经实测仅为 34.8 kW·h/m²,节能率为 72.3%。根据 LEED 的分析结果,该建筑的能效比美国供暖制冷及空调工程师学会(ASHRAE)的 90.1 能量收支基准高出 60%。科技部建筑节能示范楼曾获得 2005 年我国建设部颁发的首届全国绿色建筑创新奖二等奖,2005 年美国绿色建筑学会颁发的领先节能与设计 LEED 金奖,2006 年北京市科技进步奖等奖项。

（一）建筑设计

科技部建筑节能示范楼从建筑方案设计开始的各个设计阶段都采用 DOE-2 软件模拟建筑全年任意时间运行状况和性能,进行辅助设计。

在方案设计阶段,综合考虑节能选项,对不同建筑方案进行了模拟运算和比较。在北京的气候环境下,模拟满负荷和部分负荷工况下的能源消耗及开支、施工安装成本偿还期限进行了比较,分析了成本效益。在建筑能源消耗比例上,照明占 40% ~42%,办公设备占 18%,制冷设备占 13% ~18%,风机水泵占 14% ~16%,采暖占 7%,生活热水占 5%。夏季制冷能耗远大于冬季采暖能耗,所以应在夏季制冷和照明方面多考虑节能设计与措施。为了能减少夏季制冷和照明能耗,最佳建筑形状应能尽量减少太阳辐射,增加自然照明和自然通风。为此比较了方形和十字形两种建筑平面形式的能耗和能源开支,在楼层数、面积、空间、窗户面积相同的条件下,十字形建筑总能耗比方形建筑减少 4.7%,能源开支少 4.5%,所以确定了十字形设计方案。

（二）围护结构

科技部建筑节能示范楼的围护结构设计考虑了北京地区的气候特点和设计规范,同时参考了建筑性能模拟的结论。

1. 围护结构外形和遮阳

建筑南北向窗户的高度定为 1.8 m,比原方案中的 2.1 m 降低了 0.3 m,在保证最佳自然照明、通风效果和足够的窗墙比的同时,将太阳辐射得热降到最小。外窗从外墙外表面向内嵌入 0.3 m,既可以起到遮阳作用,也能节约外伸遮阳装置的费用。南向外窗设置遮阳反光板,经过模拟计算,遮阳反光的深度确定为外伸 0.6 m,内探 0.3 m。

2. 墙体节能

经过两种外墙外保温体系的比较,建筑外围护系统中墙体材料确定采用舒布洛克凯福 298 复合墙保温系统,传热系数为 0.62 W/(m²·℃)。这种保温墙体的保温性能更可靠,外侧可以贴砖或石材,有利于外观需要,也利于墙身自净,最大限度地减少了冷桥的影响。同时,在外围护结构节能的薄弱部位,如窗台、窗上檐口、出挑的梁头等部分加强了保温隔热措施。

3. 窗体材料

外窗采用铝合金断冷桥框料和双层低辐射 Low-E 中空玻璃,总传热系数为 1.65 W/(m²·℃),可见光透射率为 60% ~70%,遮阳系数为 0.37 ~0.60。不同朝向的外窗有不同的选型,整体平均传热系数较传统单框双玻窗有了很大提高。

4. 屋面节能

屋面保温材料采用 50 mm 厚硬发泡聚氨酯,传热系数小于 0.57 W/(m²·℃),同时在四层露台和八层屋面上设计了屋顶花园,种植基质采用人造超轻量无土栽培基质,种植土层厚度为 250 ~600 mm。四层露台总面积为 140 m²,可绿化面积为 100 m²,种植极耐旱、半耐阴、耐管护粗放、病虫害较少、绿色期长的景天科多年生草本植物佛甲草覆盖绿化,形成空中绿荫效果。八层屋顶面积为 1 200 m²,绿化面积为 743 m²,种植了适于屋面绿化的 63 种植物,塑造有季相变化的延续性景观,体现了植物种类和绿化景观的多样性。四层简单覆盖绿化夏季降温隔热测定结果表明,有绿化屋顶比无绿化屋顶日平均温度低

7 ~ 8 ℃,最低可相差 16 ℃;室内天花板温度低 2 ~ 3 ℃,夏季减少空调使用频率实现节能效果。

(三)通风空调系统

建筑空调系统的冷源为高效电制冷加冰蓄冷系统,冰蓄冷回路的载冷剂为乙烯乙二醇溶液,基载回路的载冷剂为水,选用一台电制冷螺杆式冷水机组为基载主机,一台电制冷螺杆式双工况机组为蓄冰主机,制冷剂为 R134a,蓄冰方式为潜热型静态全冻结内融冰方式,配有 5 个 400 kW·h 蓄冰桶。冷水机组空调工况下的性能系数达到 4.83。两台机组均为双回路控制,冷量调节挡数为 6 挡,最小冷量为 21%,可保证部分负荷下仍能高效运行。空调系统热源为热电厂热电联产的余热,实现了能源的梯级利用。

空调的末端形式为地板送风系统和风机盘管加变风量全热回收新风系统。部分高大空间内采用地板送风系统,地板送风口设置于架空地板模块上,回风口在高大空间上部。送风仅在人员活动区域控制温湿度,高大空间上部无人活动,可以降低空气环境的标准。在办公区域内空调末端采用风机盘管加变风量新风系统,并对系统进行了南北分区,便于根据负荷变化分别调节。风机盘管承担室内的热湿负荷,新风系统保证室内的空气品质,两部分系统的功能不同,分开设置便于系统对不同的环境变化作出相应的调节。

其中风机盘管水系统为变水量系统,新风系统为变风量系统。风机盘管末端设电动二通阀,根据空调区域内的温控器控制二通阀开度,调节供水量,保证室内温度维持设定值。空调区域排风管内设有 CO_2 传感器,自控中心根据检测到的 CO_2 浓度调节新风量大小,使室内空气质量达到国家卫生标准的要求。传感器采用风道式采样检测方式。用户室内的 CO_2 浓度控制根据检测值与设定值之差来调节送风阀及排风阀的开度。送风阀的开度将影响送风管内阻力损失的大小,通过检测送风管内静压值来调节新风机组风机转速,改变新风量。车库内设置 CO 浓度检测系统,根据 CO 浓度变化的上下限,控制排风机的启停,保证车库内的空气质量,同时使风机节能运行。

制冷机房内设置有冷负荷检测传感器,计算实际冷负荷,控制制冷机运行台数以及全热交换转轮的启停。冬夏两季定时开启热转轮,同时关闭旁通阀,打开新风及排风阀,充分回收冷量和热量。过渡季节停止转轮运行,打开旁通阀,排风机根据风管内静压的变化调整风机转速。

(四)节水技术

建筑内广泛采用了节水技术,建筑回收屋面雨水作为屋面绿化的灌溉用水。建筑屋面上设计有两个雨水集水池,一次集水总量为 38 m³。屋顶雨水集水池的储量为 8 m³((2.5 m×1.5 m×1.07 m)×2 个),主要汇集第九层屋面雨水。地面集水池的储量为 30 m³(5.0 m×2.0 m×3.0 m),主要汇集地面雨水。第八层雨水和屋顶绿化多余水分汇集后,通过建筑内排水系统进入地下二层,经过滤处理后也进入地下 30 m³ 雨水集水池中。根据北京地区年降水量推算,38 m³ 集水池一年蓄水总量为 116.6 t。此外,屋顶和地面绿化均采用集水型透水路面铺装,屋顶铺设粒径 10 ~ 20 mm 灰色砾石加青石板汀步处理,便于雨水迅速渗透,集中排入地面集水池。

屋顶雨水集水池汇集的雨水可直接用于屋顶花园灌溉。地面集水池汇集的雨水和屋顶绿化排出的剩余水分,在经过滤网二级过滤处理后,由自控潜水泵加压送至屋顶雨水集水池内备用。当屋顶雨水集水池水位较低时,自控潜水泵可自动启泵将水打入屋顶,当水位较高时,可自动停泵。通过此方法,雨水蓄存可基本满足屋顶花园灌溉用水需要。根据年降水量推算,38 m³ 集水池一年蓄水总量为 116.6 t,初步验证了雨水集水量可以基本满足屋顶绿化年灌溉用水量的 91.8%,而只需用 10.4 t 自来水补足其余 8.2% 的灌溉用水量。

同时,无水型小便器每个每年可节水 14 t,全年可节水 450 t。加上节水型红外感应式洗手龙头和 3 L 坐便器的应用,500 人使用时月用水量仅为 600 ~ 700 t。

(五)照明节能

建筑采用了智能照明控制系统,按照设定的基本状态工作,自动切换工作模式,并自动调整到最合适的水平。办公区域根据各方向的亮度传感器和各办公室人群的活动情况,每个房间至少有三个控制回路,根据阳光进入室内的情况调节灯具亮度使办公室桌面照度保持在 250 ~ 300 lx 之间。室内无人时,由室内人员传感器控制延时关闭室内灯具达到最大节能限度。采用光控红外感应无开关照明控制系统,实测照明用电负荷功率密度为 4 W/m²,远小于规范要求的 11 W/m²,而且能满足 300 lx 的照度标准。楼梯照明采用声/光控开关控制楼梯灯,走廊照明由双控开关控制。各种灯具均采用 T5、T8 型等节能荧光灯,关闭时间可以设定。

(六)太阳能利用

建筑在顶层屋面安装了光伏太阳能电池板和一套生活热水系统。光伏太阳能电池板额定输出功率为 20 kW,通过新型直/交逆变器直接并入 0.4 kV 照明配电系统,分担了部分室内照明用电量。太阳能生活热水系统的服务范围为公共卫生间洗手盆和地下设备层内的淋浴装置。

二、上海生态建筑示范楼

上海生态建筑示范楼建成于 2004 年,位于上海市闵行区申富路上海建科院莘庄科技发展园区内,建筑面积 1 900 m²,钢混主体结构,南面两层,北面三层。由北向南倾斜的中庭从一楼直达三楼,形成一个共享空间。中庭屋顶是巨大的透明玻璃天窗,开启角度大小随意。一楼东半部 350 m² 大厅用于生态建筑集成技术展示,并成为生态建筑关键技术和产品研发的试验平台。二、三层为办公空间,划分为大开间开敞式办公区域与小开间办公室,屋顶设架空层放置大型技术设备。建筑外观见图 13-2。

上海生态建筑示范楼属于上海科委重大科研项目"生态建筑关键技术研究及系统集成",项目组由 12 个交叉学科团队组成,建筑汇集了国内外 60 多家产学研联合体的先进技术研究成果,全面展示了建筑节能、自然通风、自然采光、太阳能利用、健康空调、绿色建材、智能监控、绿化、水资源利用和舒适环境等 10 大类先进技术。综合能耗比普通建筑节约 75%,再生能源利用率占建筑使用能耗的 20%,全楼再生资源利用率达 60%,室内综合环境经检测均达到健康、舒适的指标。2005 年,该建筑获得建设部首届全国绿色建筑创新奖。2008 年,该建筑获得第一批绿色建筑设计评价标识三星的等级。

(一)建筑设计

示范楼的建筑外形是通过了室外气流组织的模拟计算及外形的风洞试验,对不同风

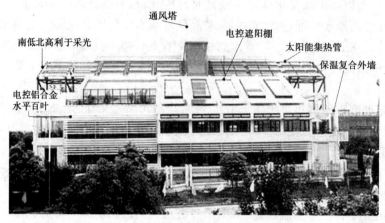

图 13-2　上海生态建筑示范楼外观

向和风压下建筑各部分的自然通风效果进行分析得出的。建筑基底平面为东西方向狭长矩形,可使大部分房间获得很好的朝向——正南向。华东地区南、北向气候状况优劣明显,因此北面轮廓为简单的直线,南面轮廓则较为丰富,尤其是东、西两端部向内收缩,可使冬天的北风不至于对两个入口有太大的影响。但这样建筑体形系数比纯矩形建筑稍大一些。

机动车道围绕于建筑的东、北、西三面,分别设主入口、工作入口和试验设备入口。结合大课题中景观水生态保洁技术专项研究,在建筑前面设立了景观水池,延续江南地区临水而筑的传统,以调节小气候。

(二)围护结构

根据示范楼各种工况,采用 DeST 动态分析软件,模拟分析能耗指标和节能效果,确定了最佳的超低能耗综合节能技术。

1. 外墙节能

建筑共采用了四种复合墙体保温体系。东、西向外墙外保温体系主要由混凝土砌块(90)、298 凯福发泡(60)、砂加气砌块(240)组成,南向外墙外保温体系由 EPS 外保温(140)、混凝土砌块(190)组成,北向外墙外保温体系由 XPS 外保温(75)、混凝土砌块(190)组成。东、西、南、北四面外墙传热系数分别为 0.32 W/(m² · ℃)、0.29 W/(m² · ℃)、0.27 W/(m² · ℃)、0.33 W/(m² · ℃),热惰性指标分别为 4.3、4.3、3.2、3.2。

2. 屋面节能

屋面采用三种复合型屋面保温体系。不上人平屋面保温体系由屋面绿化(600)、泡沫玻璃(150)、陶粒混凝土找坡层(100)组成,上人平屋面有屋面绿化(600)、XPS(95)、陶粒混凝土找坡层(100)组成,东向坡屋面有发泡聚氨酯(180)组成。绿化屋面均采用倒置式保温体系,保温层采用耐植物根系腐蚀的 XPS 板和泡沫玻璃板置于防水层之上,再利用屋面绿化技术,形成一种冬季保温、夏季隔热又可增加绿化面积的复合型屋面。

3. 门窗节能

外门窗采用断热铝合金双层中空 Low – E 玻璃窗,其中天窗采用三玻安全 Low – E 玻璃,其表层玻璃具有自净功能,南向局部外窗采用充氩气中空 Low‐E 玻璃和阳光控制膜,提高外窗的保温隔热性能。

4. 遮阳设计

为了展示多种遮阳技术,建筑外门窗遮阳使用了6种方式。

1)建筑物形体或构件自遮阳

南面二层办公室外挑1 m,为一层交流展示厅低窗台大窗的上部提供了良好的夏季遮阳。二层休息室东面窗外上部钢筋混凝土现浇的葡萄架也是固定遮阳构件。

2)大型遮阳百叶

南面一层窗上部以及西段大实验间二层整窗都设置了铝合金大型中悬式百叶,叶片宽250 mm,断面为梭形。由程序控制的电动机可使这些百叶在103°的范围内旋转,足以调节全年各种时段对阳光的不同需求。经过计算,确定上下叶片之间的轴距即叶片间距为300 mm,可在需要的时段完全遮挡直射阳光。另外,在西端楼梯间的西窗外设置了同样的遮阳百叶,根据西向遮阳特点,采取竖向安装。

3)中型水平遮阳百叶

南面二层办公室外窗上部安装了钢支架铝合金水平中悬式百叶,叶片宽150 mm,断面也为梭形,水平排设7片,总宽度1 m。这部分百叶未采用电动变角,而是通过计算确定了固定角度,以获得夏季阳光遮挡率和冬季阳光透射率的最佳比值。

4)窗外百叶帘

建筑底层南面两端和东西窗外安装了由铝合金薄片制成的电动垂帘,叶片可由中央控制器调节角度,从完全关闭到平行于任何阳光入射方向,还可以向上收起,使窗户完全通透,而且强风时也可以自动收起,避免损坏。

5)轨道式遮阳棚

中庭天窗上方安装有轨道式遮阳棚,由控制系统控制开闭,可停留于任何位置。遮阳棚材料为化纤制品,根据需要可选用不同的透光率。

6)折臂式遮阳棚

建筑二层员工休息室通向南面屋顶花园的玻璃大门上方安装了折臂式遮阳棚,可在室内手摇伸缩,也可在室外强风时自动收起。

(三)通风空调系统

1. 自然通风

在进行建筑设计时,就考虑到充分利用自然通风,借助 DeST 软件,通过对室内气流组织在不同风压、热压状态下的模拟计算和优化,计算各房间自然通风风量,然后比较优化和确定自然通风的技术方案,合理组织自然通风的风道,优化自然通风口的建筑设计,实现舒适的室内风环境并减少夏季空调运行时间、节约空调能耗。

底层南面公共空间为北面一、二层房间带来穿堂风,面向东南的大门有利于东南风进入,二层南面办公室吊顶上部空间为北面三层房间引入穿堂风,其南面设带状电动外窗进风,北面用素竹片制作的通长百叶让气流进入中庭,通向北部房间。

所有房间都可通过内门窗与中庭贯通气流,整个建筑室内空间的制高点位于中庭顶部,此处设有高800 mm 通长的电动气窗,三层设备平台上方为倾斜的通风道,在自然通风状态下可通过设在中庭顶部的电动通风气窗给整个建筑内部拔风,风道内设置太阳能热水散热器,用于过渡季节提高热压加强拔风。出风口设在最高位置,如图 13-3 所示。

图 13-3　上海生态建筑示范楼排风烟囱

西区三楼南外廊的采光通风槽给大实验间深部提供了热空气上浮的通道,最后引向屋顶斜风道。楼梯间顶部还设计了一个面积达 15 m² 的屋顶排风烟囱作为辅助竖向通风设施。整个建筑的形体与门窗设计经过计算流体力学软件的自然通风模拟分析后不断优化。

2. 空调系统

示范楼采用热泵驱动的热、湿负荷独立控制新型空调系统,以避免现行空调系统普遍存在的霉菌问题、高能耗问题和臭氧层破坏问题。系统采用干式盘管,降低了空调系统中霉菌滋生,同时通过除湿机内盐溶液的喷洒除去了空气中的尘埃、细菌、霉菌及其他有害物。系统同时利用了热泵的冷、热量,排风采用全热回收等技术,使空调能耗降低 20% 左右。空气处理机组可以采用全新风运行,提高了室内空气品质。系统通过使用溴化锂吸收式制冷方式,减少了氟利昂制冷剂的使用,以减少对大气臭氧层的破坏。

室内环境综合智能调控系统以数据采集、通信、计算、控制等信息技术为手段,运用成套先进的智能集成控制系统,包括室内环境综合调控系统及软件、照明及空调节能监控系统、安全保障及办公设备控制系统的集成平台和应用软件等,实现了空调设备的节能监控,室内空气质量、温湿度、个性化通风等室内环境的动态调节。

(四)节水技术

示范楼污水源为生态示范楼全部建筑污水、幕墙检测中心试验用冲淋水及雨水。雨污水 ICAST 回用处理系统的处理水量为 20 m³/d,该系统主要装置包括调节池、ICAST 反应池、二沉池、中间池、过滤柱及消毒池,回用系统由管道、水泵及喷嘴等。建筑雨污水经调节池处理后进入 ICAST 池生化处理并由过滤消毒后的出水可用于生态建筑楼顶平台浇灌绿化、景观水池用水、清洁道路等。

(五)照明节能

采用自然采光模拟技术优化中庭天窗、外墙门窗等采光及遮阳设计,冬季北面房间可透射太阳光,夏季通过有效遮阳避免太阳直射。白天室内纯自然采光区域面积达到 80%、临界照度 100 lx,在营造舒适视觉工作环境的同时降低了照明能耗 30%。通过选用节能灯具、优化照明方案、设置照度传感器,实现了照明智能监控,节能照明能耗。

(六)太阳能利用

示范楼斜屋面放置太阳能真空管集热器(150 m^2)和多晶硅太阳能光电板(5 m^2),实现了太阳能光热综合利用与建筑一体化。太阳能真空管集热器为太阳能热水型吸附式空调和地板采暖(300 m^2)提供热源,夏季利用太阳能吸附式空调与溶液除湿空调耦合,分别负担一层生态建筑展示厅的显热冷负荷以及潜热冷负荷;冬季利用太阳能地板采暖系统负担一层生态建筑展示厅以及二层大空间办公室的热负荷。在过渡季节,利用太阳能热水加热排风道内设置的加热器强化自然通风。

三、深圳市建科大楼

深圳市建科大楼建成于 2009 年,位于深圳市福田区梅坳三路,总建筑面积 18 170 m^2。建筑地下二层,地上 12 层。地下二层为实验室、设备房和车库,首层为开放式接待大厅和架空人工湿地公园,二层、三层为绿色展厅,四层为轻型实验室,五层为报告厅和远程会议室,六层为空中花园及儿童乐园,七至十层为办公空间,十一至十二层为生活配套区。建筑外观见图 13-4。

从设计到建设,建科大楼采用了 40 多项技术,其中被动、低成本和管理技术占 68% 左右,主要包括了场地可持续利用策略、节水技术、自然通风、照明节能、围护结构设计、空调系统节能、清洁可再生能源利用、建筑智能节能设计、个性化办公空间、声环境控制策略等。经初步测算,大楼每年可减少运行费用约 118.5 万元,其中相对常规建筑节约电费 117 万元,节约水费 1.5 万

图 13-4　深圳市建科大楼外观

元,每年可减排 $CO_2$1 166.5 t,每年使污水排放量约减少 5 180 t。2009 年,该建筑获建设部颁发的绿色建筑设计评价三星标识和建筑能效三星标识,达到美国 LEED 金级标准。2011 年,获全国绿色建筑创新奖一等奖。

(一)建筑设计

建筑从方案设计开始就将采光、通风、节能和使用者的参与程度等因素作为规划设计的重要内容。通过计算流体力学软件的模拟分析,考虑到朝向、自然通风、景观等因素,确定了“吕”字形的建筑形态。交通核靠西侧布置,将朝向、通风、景观最好的南向、东向位置留给办公空间,确保“吕”字形前后两部分的办公区域获得良好的通风和采光。这样的布局打破了原有办公建筑常采用的核心筒中间集中布置模式,将建筑消防疏散楼梯设在西侧并完全敞开,既能遮挡西晒,又为员工健身提供了步道。

建筑内部办公区域采用大空间布局模式,其中可以划分小的办公单元,也可按标准化、模数化布置。除满足办公功能外,建筑内还设计有大量空中交流平台、屋顶花园等设

施。首层架空 6 m,形成开放的城市共享绿化空间。六层和屋顶设置整层绿化花园,标准层的垂直交通核也由开放的绿化平台相联系,共同形成超过占地面积 1 倍的绿化空间。

(二)围护结构

设计通过对多种可能的窗墙比组合进行模拟计算分析,并结合竖向功能分区,确定了建筑外围护结构选型。五层及五层以下外墙采用挤塑水泥外墙板和装饰一体化的内保温结构,六层以上外墙采用加气混凝土砌块,外贴 LBG 金属饰面保温板。屋顶采用 30 mm厚 XPS 倒置式隔热构造,同时南北主要区域采用种植屋面。

在人员较少或设备对人工照明依赖度较高的低层功能部分,设计以不同规格的条形窗,自由灵活地主动适应不同的开窗面积需求。人员密集的办公、设计区域则采用能充分利用自然光的水平带窗设计,结合外置遮阳反光板和隔热构造窗间铝板幕墙,在窗墙比、自然采光、隔热防晒间找到最佳平衡点。外窗玻璃部分采用传热系数 $K \leqslant 2.6$ W/$(m^2 \cdot ℃)$,遮阳系数 $SC \leqslant 0.40$ 的中空 Low - E 玻璃铝合金窗。

西向立面采取多种遮阳防晒措施,利用透光比为 20% 的光伏双通道幕墙将防晒与隔热、通风、清洁能源利用有机整合;利用外墙悬挑的花坛,将垂直绿化与防晒相结合;利用全部布置在西面、开放通透的"景观楼梯间"与减少依赖电梯、鼓励上下两层走楼梯的健康工作方式相配套,尝试整合各种解决建筑西向空间利用的可能。

(三)通风空调系统

1. 自然通风

深圳属亚热带海洋性气候,长夏短冬,气候温和,年平均气温为 22.5 ℃,最高气温为38.7 ℃,自然通风条件优越,年平均风速为 2.7 m/s,年主导风向为东南风。现场测试显示,由于受山地和周围建筑的影响,本项目所在地夏季主导风向为东南偏南风,冬季主导风向为东北偏北风。针对这种条件,大楼采取了各种措施,为室内自然通风创造了良好条件,经初步测算,自然通风节能贡献率超过 10%。"吕"字形的平面布局,东西有一定的错位,分别在建筑迎背风面形成了"最高压力区"、"次低压力区"、"次高压力区"和"最低压力区",使不同高度处的建筑背、迎风面均能保持 3 Pa 以上的压差,为室内自然通风创造了良好的先决条件。根据立面风压分布优化各立面开窗方式,不同立面采用不同外窗形式,保证外窗可开启面积 30% 以上。建筑空间采用大空间和多通风面设计,如报告厅采用可开启的外墙,可自然通风的休闲平台,可通风楼梯间等。

2. 空调系统

由于科研示范的需要,大楼采用了多种空调系统形式。根据房间使用功能和使用要求的差异,划分空调分区和选用不同的空调形式,实现按需开启、灵活调节,从而保证了空调系统的节能效果。

地下一层材料力学实验室,使用时间较无规律,单独设立一套水源热泵空调系统,结合地面湿地及景观喷泉系统,冷热源采用水源热泵机组,冷却水就近采用湿地 + 水景水,在使用时间上可灵活控制。二至十二层(院部、专家公寓除外)冷源均采用水环式冷水机组 + 集中冷却水系统,每层南北分区设置一台水环式冷水机组,于屋顶设置 3 台闭式集中冷却塔,冷却塔采用变频控制。

二层、三层、八层、九层北区为大空间办公区或展览区。由于示范工程采用了较好的围护结构,结合此区域室内负荷较低的特点,试验性地采用高温水环冷水机组、高温盘管、低温全热回收新风除湿系统。高温冷水机组供、回水温度为 16 ℃、19 ℃。

四层检测实验室空调面积约 1 400 m²,多为小开间实验室,实验室在室人员较少,对新风量要求较低,因此采用常规水环式冷水机组 + 风机盘管 + 独立新风的空调系统形式。

五层报告厅为大空间,使用时人员较密集,人员位置固定。因此,该区域采用了水环式冷水机组、二次回风空调箱、座椅送风的置换通风空调系统形式。

九层南区院部为小开间独立办公室,十一层南区专家公寓为小开间公寓。院部经常需要在非工作时间使用,专家公寓主要于晚间偶尔使用,与大楼其他办公区域使用时间不一致。空调系统形式采用高效风冷变频多联空调系统 + 全热新风系统。变频多联空调室外机置于屋面,新风系统采用全热交换器进行热回收。

十层为大空间办公室,人员较密集。采用了能效较高的新型溶液除湿机组的温湿度独立控制空调系统:高温水环冷水机组、干式风机盘管(或毛细管辐射吊顶)、新风溶液除湿机组。高温冷水机组供、回水温度为 16 ℃、19 ℃。

十一层北区、十二层为大空间活动室和餐厅,间歇使用。采用常规冷水机组、一次回风空调系统。

该建筑的室内空气环境也充分体现人性化设计。大楼在每层下风向的西北角设有专用吸烟区,也是建筑北座在西面的一个热缓冲层。为研究和能耗审计的需要,建立墙体内表面温度、房间温度、湿度长期监控,同时对 CO_2 长期监控与预测并定期监测噪声等级;建筑采用中悬外窗,强化自然通风。内部功能房间装修时采用低 VOCs 与低甲醛的涂料和黏结剂,使用不含甲醛的复合木质材料;办公区中的复印机、打印机集中设置,并设置排风措施。

(四)节水技术

建科大楼采取雨水回收、中水回用、人工湿地、场地回渗涵养等措施,以积极的态度实现系统化节水技术的综合运用。首层架空绿化结合人工湿地系统,作为中水处理系统的一部分,与周边水景和园林景观相协调。屋面雨水经轻质种植土和植物根系自然过滤后,与场地透水构造层多孔管收集汇合后流至地下生态雨水回收池,用于室外景观绿化浇洒。场地必须的硬质铺装部分(如消防通道)采用新型高透水构造设计,充分涵养地下水资源,对雨水进行有效收集用于绿化浇灌,还可减少地面雨水径流。

室内污水采用污、废合流,经化粪池处理后排入人工湿地前处理池,处理后提升至人工湿地。经人工湿地后的水达到中水回用水水质标准,可回用于大楼各卫生间冲厕及屋顶花园绿化浇洒。通过形成内部用水自循环系统,大大降低了对市政给水排水的压力。

(五)自然照明

由于采用"吕"字形布局,使建筑进深控制在合适的尺度,提高了室内可利用自然采光区域的比例。为了提高照度和采光的均匀度,在外窗的合适位置设置了遮阳反光板,适度降低临窗过高照度,将多余的日光通过反光板和浅色顶棚反射向纵深区域,模拟结构为 80% 的办公区域工作面照度大于 300 lx,且最小照度与平均照度的比值为 0.2,取得了良好的自然采光。

（六）太阳能利用

建筑结合屋面活动平台遮阳构架设置单晶硅光伏电池板,西立面结合遮阳防晒采用双通道光伏幕墙,将光伏板和遮阳构件结合,见缝插针地将遮阳与太阳能光伏利用充分结合。

针对不用太阳能集热产品的特性,建筑分别采用半集中式热水系统、可承压的 U 形管集热器、集中式热水系统、分户式热水系统、热管式集热器等,供应厨房、淋浴间、公寓和空调系统的需要。专家工作区采用太阳能高温热水溶液除湿空调系统,以浓溶液干燥空调新风,降低空调除湿负荷并减少空调能耗。

四、山东交通学院图书馆

山东交通学院图书馆建成于 2003 年,位于济南市区西北部,总建筑面积 157 00 m²,建筑地下一层,地上五层,地下层南区为电子阅览室,北区为多功能厅;一楼南区为咖啡厅、现刊阅览室、报纸阅览室,北区为新书阅览室、报告厅,东区为流通阅览部、信息技术部、监控室;二楼东区为采访编目部,西区为科技图书借阅室;三楼为社科图书借阅室;四楼为样本书库、过刊阅览室;五楼东区为馆长室,西区为工具书阅览室、研究廊。建筑外观见图 13-5。

图 13-5　山东交通学院图书馆外观

建筑设计阶段吸取了国内外优秀绿色建筑的经验,并结合中国国情及济南地区气候条件和工程地段的资源条件,确定了合理的建筑和设备方案。建筑采取了外围护结构保温、外窗遮阳、自然采光、地下风道降温、自然通风、节水、立体绿化、高效节能设备等技术措施。该建筑 2007 年获第二届全国绿色建筑创新奖一等奖,2009 年获住房和城乡建设部颁发的绿色建筑运行评价二星级标识建筑。

（一）建筑设计

在方案设计阶段,首先考虑图书馆的规划布局,要争取有利的朝向,以便充分利用日照和自然通风。根据济南地区气候特点,冬季需要采暖,夏季需要空调制冷,采暖空调是耗能最大的两项内容。图书馆拟建地段南敞北收,夏季主导风向为西南风,有一定的风力资源可资利用,而且济南地区也是我国太阳能资源比较丰富的地区,这是设计中可以考虑利用的重要资源。拟建场地为济南辉长岩分布区,岩体暴露,地下水位层深达数百米,不具备利用地下水或土壤热的条件。岩石风化后,岩砂混杂,在人工大量挖取后,由于形成地坑成为城市居民的垃圾填埋场,植被状况很差,建设地段生态条件恶劣。

结合自然条件和现状实况后,确定主要设计策略为尽量采用被动式构造技术充分利用济南地区太阳能资源;充分利用场地有利地形条件和良好的风环境,加强室内自然通风;改造北部水塘,使它成为有利于调节微气候的可用于收集雨水的室外水景观;针对济南夏热冬冷气候,建筑外围护结构要采取保温隔热构造,对东、南、西三面的外窗要采取遮阳措施;研究地道风技术用于预冷预热空气的可能。

(二)围护结构

根据当地资源条件,外墙采用 240 mm 混凝土多孔砖墙体加 50 mm 膨胀珍珠岩,传热系数为 0.58 W/(m² · ℃);屋面采用 360 mm 厚加气混凝土保温屋面,传热系数为 0.54 W/(m² · ℃);外窗采用中空塑钢窗,传热系数为 2.8 W/(m² · ℃)。围护结构的热工性能均达到《公共建筑节能标准》(GB 50189—2005)的要求。

在东、南、西三个不同朝向,分别采用了退台式植物绿化遮阳、水平式遮阳、混凝土花格遮阳墙三种不同的遮阳方式。在玻璃南边庭内采用了内遮阳方式。屋顶采用绿化屋面,栽种小乔木、灌木和花草,为顶层隔热降温,改善建筑周围微气候。

(三)通风空调系统

1. 自然通风

图书馆的内区范围较大,通风受风压的影响较小,热压作用较显著。结合功能要求设计了玻璃南边庭,构成玻璃温室,冬季利用太阳能调节室内温度,减少室内供热,节约能源。夏季通过玻璃边庭的热压作用,加强自然通风,提高室内热舒适性。为增加阅览区域的自然通风和自然采光效果,方案设计中增设了中庭。中庭体积由下往上越来越小,并在中庭天窗上增加拔风烟囱,加强拔风能力。拔风烟囱由出口百叶、风阀及滤网组成,冬季降低热压作用时,可以关闭部分风阀。建筑的外窗、窗下百叶及内部隔断的顶窗作为进风口。通过 CFD 和区域网络模拟,所有窗户和气流通道的开启位置、开启面积和方向都根据模拟结果确定。

夏季白天,建筑外窗关闭,室外空气经地道降温后作为空调系统的新风送入室内,室内热浊空气经拔风烟囱排出。夜间,打开室内窗下百叶作为进风口,室内和烟囱内温度高于室外温度时,拔风烟囱可以排出室内空气。冬季,建筑边庭顶部的通风口关闭,积蓄太阳辐射热,南侧玻璃咖啡厅的温室效应形成温度缓冲区,室外空气经地道预热,在热压的作用下送入阅览室,部分拔风烟囱的风阀将关闭,避免室外新风量过大降低室内温度。

2. 空调系统

建筑的空调系统采用风机盘管加独立新风以及全空气系统。内区中庭、学术报告厅、录像厅等空间采用全空气系统,阅览室采用风机盘管加独立新风系统。为了降低夏季空调冷负荷和冬季新风热负荷,建筑结合地下人防通道,设计了两条 45 m 长和一条 80 m 长的地道。地道断面尺寸均为 2.5 m×2.0 m，顶部埋深为 1.5 m，平均风速为 0.45 m/s。地道入口抽取地面新风后，通过地道进行空气预冷预热处理。

建筑选址原污水塘和垃圾场，经过彻底清理垃圾污水，原来因垃圾腐烂而造成的污臭气味已彻底消除，经测试场地空气质量良好，图书馆室内空气质量也完全达标。图书馆周边按照设计规划栽种了大量的树木和花草，使得场地及周边生态环境得到了极大改善。

经过实际运行与测试，建筑运行能耗较普通学校建筑降低 40% 以上，其中地道风降温效果显著，当外界温度高于 30 ℃时，地道风的降温效果在 8 ℃以上，可解决新风负荷的 90%；自然通风夜间可以实现热压换气效果为 2.5~3.5 次/h，降温效果约为 1.5 ℃以上，夜间蓄冷能力约为 90 kW；水池替代冷却塔冷却效果明显，在夏季最大负荷时运行良好；冷却水与池水之间的传热系数可达到 137 kW/K；单台冷机的制冷量为 604 kW，为额定制冷量的 130%，COP >5.5；空调制冷设备，年均耗电量仅 13.6 kW·h/m²；冬季采暖可达 7.8 kgce/(m²·a)，高于济南市节能标准 9.8 kgce/(m²·a)。

（四）节水技术

利用北部池塘水代替冷却塔，冷却水与池水进行热量交换，冷却水系统为闭式系统，既满足了景观水需要，又减少了冷却水的蒸发损失，而且换热效果明显高于冷却塔。

利用池塘周围的凹形地势，将多雨季节的水收集起来，可用作池塘的补充水，或者用作绿化浇灌。

五、北京锋尚国际公寓

北京锋尚国际公寓建成于 2003 年，位于北京市海淀区万柳中路，总建筑面积 10 万 m²，其中 24.5 万 m² 按照欧洲国家的住宅标准建设。园区建筑由 4 栋塔楼、2 栋板楼、会所及地下停车场组成，所有建筑以园区内最大的水面积和绿地中心呈围合式布局。园区建筑外观见图 13-6。该建筑群借鉴了欧洲低能耗、高舒适度的理念，并充分结合北京的气象条件，使建筑在可利用的材料、技术和经济条件下，最大限度地利用气象的有利因素，建筑采用了大量新技术、新材料和新设备，住宅的性能和居住舒适度有大幅度提高。该项目是全球可持续发展联盟（AGS）在中国技术支持的唯一房地产项目，经过国家建筑工程质量监督检验中心长达一年的跟踪检测，证明完全达到设计要求。

（一）围护结构

建筑的外围护结构采用复合式外保温隔热系统，包括剪力墙、100 mm 聚苯板、100 mm 可流动空气层、瓷板干挂幕墙，外墙综合传热系数为 0.3 W/(m²·℃)，比我国节能 50% 的建筑节能设计标准《民用建筑节能设计标准（采暖居住部分）北京地区实施细则》中 1.160.3 W/(m²·℃) 的要求高出近 4 倍。同时，将外墙 100 mm 厚的保温层一直做到地下 1.5 m 深处，因为北京地区冻土层厚 0.8 m，这样做能够防止冷热从地下散失，从而将建筑处于完全的保温隔热状态。这套复合式外保温系统抗震、抗雨水、抗冻融、抗风压能力强，装饰效果好，外饰面采用 200 mm×600 mm 大块瓷砖，最大可达 800 mm×1 200 mm，解决了增加保温层厚度与外饰面难做的矛盾，同时外保温系统中的流动空气层可将冷凝水、雨水、水蒸气自动挥发，确保了保温材料的干燥，延长了保温材料的寿命。

屋面保温层为 200 mm 聚苯板，女儿墙内外两侧及顶部均用 100 mm 厚的聚苯板满

图 13-6　北京锋尚国际公寓外观

包,阻断热桥,平均传热系数为 0.2 W/(m² · ℃)。屋面局部实施了绿化措施,减少了夏季热量对室内热环境的影响,顶层房间同样具有良好的热环境。

外窗采用 Low – E 中空玻璃断桥铝合金窗,中空玻璃内充惰性气体氩气,平均传热系数为 2.0 W/(m² · ℃),并在国内高层住宅上首次应用了铝合金外遮阳卷帘,这种遮阳方式遮阳率可达 80%,比遮阳板、室内遮阳效率高得多。

由于围护结构的节能措施,使得锋尚的采暖制冷设计负荷均降到 15 W/m² 以下,建筑设计能耗水平为 12.4 W/m²。而北京市节能 50% 的标准要求是 20.6 W/m²,节能 65% 的要求也仅是 14.65 W/m²。建筑的外围护结构具有了较强的抵御外界气候变化对室内热环境影响的能力。

(二)通风空调系统

锋尚国际公寓的空调系统为天棚辐射制冷采暖加置换式新风系统。天棚辐射制冷和采暖借助分布预埋在混凝土楼板中的 PB 水管,夏季通过温度为 20 ℃ 左右的高温冷水,冬季通过温度为 28 ℃ 左右的低温热水,主要以辐射的形式将冷量或热量传递至室内。混凝土天棚的工作温度基本上是在 20～28 ℃,系统工作时不受混凝土热惰性的影响,室内热稳定性好,夏季室内温度低于 26 ℃,冬季高于 20 ℃,而且室内无吹风感和噪声。

置换式新风系统由布置在地板上的新风口送新鲜空气,并且调节室内湿度。新风温度略低于室内空气温度,而且风速极小,因此新风送入房间后首先停留在靠近地板的区域内。新风受到人体或设备等热源的加热后,将向房间上部流动,人员呼吸到的是较洁净清爽的空气,呼出的 CO_2 会随热气流上升,从房间上方的排风口排走。为了节省新风处理能耗,起居室和卧室的排风先送至厨房、卫生间和浴室,改善空气品质、除湿后再排出住宅。经测试,室内无吹风感,新风的出口风速小于 0.3 m/s,而且衰减很快,在地板附近形成均匀层流,沿热源或墙面爬升。由于新风承担了室内的湿负荷,室内夏季不会有潮湿感,混凝土天棚不会出现结露现象。

经国家建筑工程质量监督检验中心与清华大学长期跟踪测试,在冬季的测试时间段内,被测房间的室温可达 20 ℃以上,基本在 20 ~ 22 ℃内波动;被测房间都有着较高的热舒适度。热舒适指标 PMV 平均值为 - 0.3,处于轻微凉的适中状态,与此对应的人群预测不满意百分比 PPD 仅为 8%,达到了国际公认的最佳舒适状态。在夏季的测试时间段内,被测房间的室温平均在 24 ℃左右,上下波动约为 1 ℃,室内相对湿度较低,一般在50% ~ 60% 波动,室内无结露现象,被测房间都有着较高的热舒适度,PMV 的平均值为 - 0.42,PPD 为 9%。室内无吹风感,新风的出口风速小于 0.3 m/s,而且衰减很快,在地板附近形成均匀层流,沿热源或墙面爬升。

（三）节水技术

锋尚国际公寓园区设中水处理系统,将部分洗浴、洗衣等生活用水回收至中水处理系统,采用生物膜水处理技术,处理废水的成本很低,日处理能力为 80 t。处理后用于浇灌绿地、冲洗道路、洗车和补充人工湖景观用水。

一期楼盘将洗浴用水与坐便污水分管排放,实现中水回用,而且减少了卫生间的返异味现象。二期采用瑞士吉博力高密度聚乙烯楼宇排水系统,用一根管子解决异味及噪声问题,加上瑞士同层后排水系统将坐便器与隐蔽式水箱分开设置,水箱安装时均调节成 6 L 节水状态,水箱内各种密封圈能抗 250 万次拉伸,经久不坏。坐便采用挂墙式,使卫生间无卫生死角。同层排水杜绝了穿楼板的管线,减少了楼上楼下邻里之间的噪声、漏水、装修等影响,并且使洁具的位置具有可移动性。屋面雨水排水采用虹吸式排水技术,用一根排水管可以取代传统的 8 根雨落水管,靠虹吸作用加大雨水的排放效率,减少了室内空间被雨水管占用或使外立面更美观。

第二节　国外建筑节能示范工程

一、美国银行大厦

美国银行大厦位于纽约曼哈顿市中心第六大街布莱恩公园旁,毗邻时代广场,2004 年开工,2009 年竣工。建筑地上 52 层,地下 3 层,最高楼层 234.50 m,总高度 365.80 m,是继帝国大厦之后的纽约第二高摩天大楼。建筑外观如图 13-7 所示。大厦为美国银行总部,工作人员办公面积达 10.2 万 m²,另外还有一个面积为 4 650 m² 的 Henry Miller 剧院,以及 9.3 万 m² 向外出租的办公空间。这一玻璃与钢结构的大楼拥有水晶般的外形,大厦高度上 2/3 部分墙体的拐角稍向内倾斜,使建筑看起来更加轻盈富有动感,同时提升了下部街

图 13-7　美国银行大厦效果图

区空间的自然采光和空气质量,也将更多阳光引入室内空间。该建筑是美国第一座LEED铂金认证的摩天大楼,这是美国绿色建筑协会颁发的最高生态等级的认证级别。2010年荣获全美最佳高层建筑奖。

(一)建筑材料选用

建筑材料包括结构用钢材、幕墙、混凝土、浴室台板、毛石、细木工制品、入口地板、石膏墙板等,尽可能在建设场地四周方圆800 km之内获取,以减少运输过程中的能源消耗。结构用钢材中60%为可回收钢材。幕墙为单层结构,以减少占用的空间,但玻璃为双层低辐射镀膜玻璃,材料选用无色玻璃,具有中性色和良好的透光率。幕墙玻璃在楼板处位置印刷了带状陶瓷图案,减少了热量的吸收,也为立面上精确的网格划分增添了柔和的感觉。幕墙如图13-8所示。

图13-8 美国银行大厦幕墙

大厦全部基础和上部结构使用的混凝土中,约45%的水泥由颗粒状高炉炉渣替代。颗粒状高炉炉渣是炼钢过程中产生的废料,石灰与铁矿石中的矿物质发生反应后产生的物质与波特兰水泥十分相似,再加上燃煤发电的废料粉煤灰,高炉炉渣可显著减少CO_2排放,每吨颗粒状高炉炉渣替代水泥可减少1 t CO_2排放。实践证明,用高炉炉渣替代水泥对混凝土的性能没有不良影响,反而可以生产出更加密实耐用的材料,可以使混凝土的强度增加25%。大厦共使用了66 000 m^3混凝土,共节约水泥17 000 t,也减少了约17 000 t CO_2排放量。

(二)建筑能源

建筑电能主要来源于气动式4.6 MW热电联产机组,设置于建筑底座最高层第七层,机组产生的电能为用电高峰的1/3,相当于大厦年用电量的70%。在设计热电站时,考虑了结构的特殊限制和隔声措施,使之能安全稳定运行,噪声较小。与全部电能来源于公共电网相比,这种供电方式可以避免能量传输时产生的电缆损耗,可以节省7%~8%的电能。燃气轮机排出的废气携带的大量热量用于吸收式制冷机的高压发生器的热源,或者作为生活热水和冬季采暖热水的热源,实现了废热的有效利用,避免了能源的浪费。

热电联产机组每天运行24 h,夜间非用电高峰时,多余的电能用于空调系统蓄冰。每天利用聚乙二醇产生 227 000 kg 冰,贮存在 44 个蓄冰罐中。白天这部分冷量释放出来,通过冷冻水供给每层的空气处理机组中。大厦还安装了独立的备用制冷机,以免蓄冰量不足。这样的运行模式使热电联产机组全天都在高效率下工作,充分利用了燃气,而且实现了能源利用的最优化。

(三)通风空调系统

大厦的空调系统为全空气二次回风系统。新风入口在建筑顶层屋面,经过过滤后由大型中央新风竖井输送到每层的空气处理机房中,与室内回风混合后进入空气处理机组中冷凝降温,进入天花板内的送风管。送风一部分进入开放型办公空间内的空气柱,与室内回风再次混合,送入地板下的架空空间,通过地板送风口送入室内;另一部分通过天花板内送风管送到幕墙附近的独立办公室,由顶棚散流器自上而下送出,送风管末端设小型风机,可以单独调节办公室内的温湿度,获得个性化的舒适环境。地板下送风的方式距离人员更近,不需要过多冷却。气流受热后会在热压作用下上升,由天花板上的回风口和天花板空间回到空气处理机房与空气柱中,多余的部分将通过天花板内的排风管道进入中央排风竖井,因而也不需要过大的送风动力。送风速度低,再加上有效的过滤,灰尘和细菌的传播就大大减轻了。洗手间及电梯中的污浊空气也通过排风管进入排风竖井,从建筑顶层排放至高空。天花板内吊顶空间与架空地板断面构造如图 13-9 所示。

图 13-9　美国银行大厦断面构造

(四)节水措施

大厦裙楼的屋面进行了绿化,在隔热的同时,这些植被可用于收集雨水。裙楼屋面以及大厦底层较小的屋面平台保证了雨水的有效回收。大厦不同高度屋面平台上共设有四个中水水箱,雨水汇集起来后流入水箱,雨水的输送也不需要水泵,而是借助了四个水箱的位置高差。最高层的水箱先注满,然后是较低的水箱,溢流的雨水流入大厦地下室的主水箱中。主水箱还同时汇集了过滤后的地下水、盥洗池废水、空调冷凝水等,经简单处理后作为空调冷冻水或洒扫用水。大厦洗手间内采用了无水便池。以上节水措施每年可节约 4 亿 L 水,约是同等规模建筑用水量的一半,每年节省 50 万美元的成本。

二、卢森堡欧洲投资银行大楼

欧洲投资银行总部大楼扩建项目位于卢森堡东北方 Kirchberg 高地 Konrad Adenauer 大道,紧邻原总部大楼,于 2008 年动工,2009 年落成。建筑犹如管状玻璃管嵌入到平缓倾斜的地基中,长 170 m,宽 50 m,玻璃顶总面积 13 000 m²。建筑西立面和东北侧外观分别见图 13-10、图 13-11。由于地基倾斜,地上办公区域有 6~9 层,建筑总面积 72 500 m²。建筑设计的目标是高环境标准、高能源效率以及对自然资源的合理处置。2009 年获英国皇家建筑学会国际建筑奖、建筑研究所环境评估法(BREEAM)"优秀"认证。

图 13-10　欧洲投资银行大楼西立面

图 13-11　欧洲投资银行大楼东北侧外观

(一)建筑设计

建筑北侧俯视着 Val des Bons Malades 森林,办公区域之间的 V 字形空间形成了不供暖的冬季温室花园,弯曲的立面一直延伸至地面,冬天温度不低于 -5 ℃。而建筑朝南的办公区域形成的三角形空间设计成无柱式公共中庭,拥有适宜的温度控制以及垂直的双层立面。主要入口及次要入口和通往原有建筑与食堂的通道均在南侧立面。建筑首层平面图如图 13-12 所示。

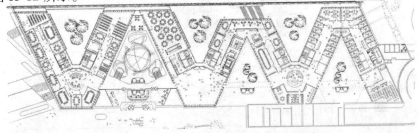

图 13-12　欧洲投资银行大楼首层平面图

　　这种北侧的温室花园和南侧的中庭及双层立面将建筑物的外表面与内部立面分离开,从生态角度看具有两个优点:一是不供暖的温室花园和供暖的中庭都能发挥隔热罩的作用,控制室内气候,减少办公区域的采暖和制冷能耗。如开放式的翻板使新鲜空气能在这些空间中有序流动,即使在冬天,办公室的窗户也能向中庭敞开,确保自然通风,同时防止了使用者将窗户开启时间过长而引起的室内过冷的情况。二是内表面不再承担抵御室外气候影响的责任,因而可以使用大面积木质立面和窗户。这样不仅可以增加室内人员的幸福感,也可以减少金属、塑料等加工材料的使用。建筑内部立面如图 13-13 所示。

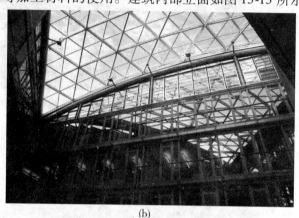

(a)　　　　　　　　　　　　　　　　　　　　　　(b)

图 13-13　建筑内部立面

(二)自然通风

　　建筑的外表面大部分是由三角形构件组成的拱形玻璃屋顶。建筑在方案设计阶段利用 Fluent 软件模拟计算了室内气流和温度分布来调整供暖通风方案和围护结构类型,不同断面上的温度分布见图 13-14。经过模拟分析比较,确定了拱形屋顶和南立面采用了热优化的玻璃表皮,保证最大化的透明度和日光利用。屋顶是双层中空玻璃的预制铝结构,

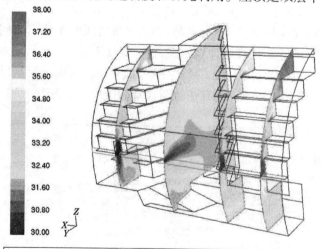

图 13-14　Fluent 模拟不同断面温度分布　(单位:℃)

南向中庭上方的水平屋顶区域的玻璃铺有中性颜色的光照控制膜，使太阳长波辐射能传递到室内，避免冬季南立面表面温度降低。1/3 的屋顶和立面区域都设有电动翻板，作为通风系统的一部分，帮助排除烟雾及污浊空气，也能够让非供暖的北侧花园和供暖的南侧中庭全年进行自然通风。

在寒冷的冬季，自然通风通过在很短的时间间隔内进行快速通风实现，空气质量得到快速改善而不致引起室内过冷。在卢森堡温暖的夏季，电动翻板可以大面积打开，消除室内余热。电动翻板的开启时间及开放区域都是根据季节变化调节的，充分考虑了室内外的温度和风速。

屋顶区域几何形状的设计考虑了散热的要求，室内热气流能够从屋顶开启的翻板流出，以避免夏季靠近屋顶的工作区过热。同时，为避免吹风感，立面上的通风翻板布置位置也考虑到在交通流线区域及静坐空间不出现较大的风速。

(三) 空调系统

建筑空调系统的热源为热电厂热能，冬季向室内空气处理机组提供热水，夏季作为除湿蒸发冷却系统的热源。夏季冷源分为两种：办公区域冷源为蒸发冷却系统，计算机中心、信息室、其他技术区域、会议区和厨房的冷源为水冷式冷水机组。夏季夜间利用制冷系统的冷却塔为冷却水降温，送入蓄热天花板内的盘管里，降低室内温度。如果室外温度足够低，可由室外新风直接送入技术区域降温，进一步降低空调系统的能源消耗。

空调系统的送风方式为地板送风，工作区域和过道地板下方设置送风管道，工作区设矩形地板送风口格栅，过道设圆形地板散流器。天花板下方设置排风管道，办公室侧墙上设排风口。室内送风是由设在架空楼板下方的传感器来控制的，工作人员可以根据温度需要调节风量。

(四) 照明

日光转向系统能够保证立面区域的自然采光，大大降低了照明能源的消耗。室内人员也可以调节遮阳设施，满足室内照度的要求。办公区域的整体照明亮度为 300 lx，也可打开桌面的照明灯具增加亮度。如果房间无人，感应器就会将灯关掉，当光线充足时，照明控制系统也能减少部分人工光源的使用。

三、瑞士三户住宅

三户住宅位于瑞士伯尔尼南部 Gebhartstrasse 大街，建成于 2006 年。住宅地上三层，地下有一个小型停车场，入口位于建筑东侧，大门与水平木质板条制成的固定遮阳装置成为一体，大门和遮阳装置后是外部楼梯，通向每层住户的入口。住户入口接近建筑平面图的中轴线上，轴线以北东侧是一个梯形区域，用作卫生间和机械设备间，西侧是三间卧室，轴线以南是一个阁楼式的起居空间，与南向露台和西侧狭长阳台连在一起。阳台、露台设置全高木卷帘，可以提供视觉屏障，也能起到遮阳的作用。建筑屋顶是种植着植物的小花园，三家住户均可以通过外部楼梯到达。建筑西南侧外观、西立面和带有固定遮阳的入口分别见图 13-15 ~ 图 13-17。这栋住宅采暖系统的输出功率仅为 5 kW，却足以满足采暖要求，是瑞士第一座获得 Minergie – P – Eco 生态标准认证的住宅。

图 13-15　瑞士三户住宅西南侧外观

图 13-16　瑞士三户住宅西立面

图 13-17　瑞士三户住宅带有固定遮阳的入口

（一）建筑围护结构

建筑地上部分结构基本都是木结构，地下室为混凝土结构。屋顶和中间楼板采用木构空箱式，地面用砾石填充，达到瑞士 SIA181 标准中关于隔音的要求。中间层地面采用了纤维素保温材料,由落叶松纤维制成。地面构造为 20 mm 橡木条拼花地板 + 80 mm 水泥砂浆带地热装置 + 聚乙烯板分隔层 + 17 mm 木纤维板隔音层 + 25 mm 岩棉保温板 + 320 mm 软木空箱式构件中间填充砾石 + 带 95 mm 减震器地板 + 60 mm 岩棉保温层 + 15 mm 纤维石膏板。立面采用腹板木梁,腹板并不贯穿整体,以减小冷桥。

建筑西立面和南立面围护结构为大面积玻璃,以获得较好的室外景观,但也是围护结构总热损失的主要源头,约占 2/3。所以,玻璃选用了三层玻璃,传热系数为 0.92 W/(m² · ℃),其他立面上的小窗传热系数为 0.65 W/(m² · ℃)。大面积玻璃尺寸为 3 030 mm × 2 420 mm,结构为 6 mm 半钢化玻璃 + 12 mm 空腔 + 6 mm 浮法玻璃 + 12 mm 空腔 + 6 mm 钢化玻璃,外层玻璃内侧镀有隔热膜,木框架外表面进行了保温处理,边缘进行了碳纤维密封,冷桥的影响很小。厨房两端的水泥砂浆地面和钢筋混凝土剪力墙设计成蓄热围护结构。建筑外围护结构设计成可扩散蒸汽有密闭的形式,结构内没有隔汽层或隔汽膜,蒸汽压力可以得到逐步释放。围护结构上的缝隙已经进行了良好的密封,可以节省更多的能源,同时提高了热舒适性,并远离了外界噪声的干扰。

(二)热源

建筑采暖热源是位于地下室的太阳能两用罐和一个木颗粒燃料锅炉,木颗粒燃料贮存在地下木球罐内。采暖末端系统为低温地板辐射采暖系统。建筑 76% 的生活热水和采暖热水都能通过太阳能加热满足,屋顶设置了 6 个太阳能集热板,吸收表面总面积达到了 20 m²。另外 24% 热能来源于木球罐燃料锅炉。地下室的公共洗衣机与太阳能热水系统相连,可以有效利用太阳能。

(三)通风系统

建筑内的机械通风系统设置了热回收装置,减小了采暖热量的损失。热交换器设置在公共排风道中,安装有铝百叶和单独出入口,可以让新鲜空气和排风自由进入与排出。排风风机设置在排风道顶端屋顶上。室内排风口设在天花板上,通过吊顶内的排风管进入排风道。厨房排风经过油脂过滤装置后,也进入排风道,厨房内设有屋顶排风机风量控制,以便在烹饪时加大排风量。

参考文献

[1] 郭咏梅. 从节能建筑走向绿色建筑[J]. 建筑与文化,2008(2):89-90.

[2] 徐冰兰. 建筑物能源标准[N]. 中国日报,2006-02-17.

[3] 李自军. 中国计划在未来五年构建节能社会[J]. 中国观察,2005(2).

[4] 洪雯. 建筑节能[M]. 北京:中国大百科全书出版社,2008.

[5] 中华人民共和国住房和城乡建设部,建筑节能与科技司. "十二五"建筑节能专项规划. 2012.

[6] 李汉章. 建筑节能技术指南[M]. 北京:中国建筑工业出版社,2006.

[7] 张魏屹. 建筑节能技术的发展与应用[J]. 科技信息,2008(6).

[8] 鱼剑琳. 建筑节能应用新技术[M]. 北京:化学工业出版社,2006.

[9] 王立雄. 建筑节能[M]. 北京:中国建筑工业出版社,2009.

[10] 徐双燕. 建筑物的建筑节能技术的发展状况[J]. 才智,2011(26).

[11] 王瑞. 建筑节能设计[M]. 武汉:华中科技大学出版社,2010.

[12] 李念平. 建筑环境学[M]. 北京:化学工业出版社,2010.

[13] 朱颖心. 建筑环境学[M].2 版. 北京:建筑工业出版社,2005.

[14] 刘念雄. 建筑热环境[M]. 北京:清华大学出版社,2005.

[15] 刘加平. 建筑创作中的节能设计[M]. 北京:建筑工业出版社,2009.

[16] 付祥钊. 夏热冬冷地区建筑节能技术[M]. 北京:建筑工业出版社,2002.

[17] 孙宝梁. 简明建筑节能技术[M]. 北京:建筑工业出版社,2006.

[18] 付祥钊,肖益民,等. 建筑节能原理与技术[M]. 重庆:重庆大学出版社,2008.

[19] 于慧利,王东升,等. 建筑节能[M]. 北京:中国矿业大学出版社,2008.

[20] 中华人民共和国卫生部. GBZ 1—2010 工业企业设计卫生标准[S]. 北京:人民卫生出版社,2010.

[21] 戎卫国. 建筑节能原理与技术[M]. 湖北:华中科技大学出版社,2010.

[22] 徐占发. 建筑节能技术实用手册[M]. 北京:机械工业出版社,2005.

[23] 王红霞,石兆玉,李德英. 分布式变频供热输配系统的应用研究[J]. 区域供热,2005(1):31-38.

[24] 陈鸣. 分布式变频泵供热系统[J]. 煤气与热力,2008,8(28):A12-A14.

[25] 娄艳平,李广平. 变频技术在供热系统中的应用[J]. 中国科技财富,2009:3.

[26] 陈亚芹. 分布式变频热网的运行调节方案[D]. 北京:清华大学建筑学院,2005.

[27] 涂逢祥. 建筑节能 50[M]. 北京:中国建筑工业出版社,2010.

[28] 付祥钊,肖益民. 流体输配管网[M]. 北京:中国建筑工业出版社,2010.

[29] 魏新利,付卫东,张军. 泵与风机节能技术[M]. 北京:化学工业出版社,2011.

[30] 陈万仁,王保东. 热泵与中央空调节能技术[M]. 北京:化学工业出版社,2010.

[31] 方贵银. 蓄能空调技术[M]. 北京:机械工业出版社,2006.

[32] 叶大法,杨国荣. 变风量空调系统设计[M]. 北京:中国建筑工业出版社,2007.

[33] 陆耀庆. 实用供热空调设计手册[M]. 北京:中国建筑工业出版社,2008.

[34] 左然,施明恒,王希麟. 可再生能源[M]. 北京:机械工业出版社,2007.

[35] 周东. 绿色能源知识读本[M]. 北京:人民邮电出版社,2010.

[36] 穆献中. 新能源和可再生能源发展与产业化研究[M]. 北京:石油工业出版社,2009.

[37] 钱伯章. 可再生能源发展综述[M]. 北京:科学出版社,2010.

[38] 郑瑞澄. 民用建筑太阳能热水系统工程技术手册[M]. 北京:化学工业出版社,2005.

[39] 何梓年,朱敦智. 太阳能供热采暖应用技术手册[M]. 北京:化学工业出版社,2009.

[40] 建设干部学院. 实用建筑节能工程设计[M]. 北京:中国电力出版社,2008.

[41] 卢晓刚. 夏热冬冷地区窗的气候适应性研究[D]. 武汉:华中科技大学,2004.

[42] 廖明夫. 风力发电技术[M]. 陕西:西北工业大学出版社,2009.

[43] 李克资. 关于建筑自然通风设计的探讨[J]. 有色金属设计,2009,36(2):35-38.

[44] 苑安民. 城市高层建筑群风能利用的研究[J]. 能源技术,2005,26:154.

[45] 马最良,吕悦. 地源热泵系统设计与应用[M]. 北京:机械工业出版社,2007.

[46] 潘冬玲. 太阳能辅助热源地源热泵系统初探[J]. 2011(8):49-52.

[47] 代元军,孙玉新,等. 风能辅助供暖的地源热泵系统经济性分析[J]. 节能,2011(1):72-75.

[48] 杨娜. 建筑能源新技术生物质能的应用与研究[J]. 绿色建筑,2010(4):25-27.

[49] 刘文合,李桂文. 可再生能源在农村建筑中的应用研究[J]. 低温建筑技术,2007(4):110-112.

[50] 田蕾,秦佑国. 可再生能源在建筑设计中的利用[J]. 建筑学报,2006(2):13-17.

[51] 刘京,等. 沼气生产及利用——瑞典经验[J]. 中国沼气,2008,26(6):38-41.

[52] 丁国华. 太阳能建筑一体化研究应用及实例[M]. 北京:中国建筑工业出版社,2007.

[53] 杨洪兴,周伟. 太阳能建筑一体化技术与应用[M]. 北京:中国建筑工业出社,2009.

[54] 徐华炳. 危机与治理 中国非传统安全问题与战略选择[M]. 上海:上海三联书店,2011.

[55] 曾铠斌,周晶. 居民区全寿命周期节水及经济效益研究[J]. 建筑节能,2009,37(8).

[56] 王新海. 浅析水平衡测试中的几种测试方法[J]. 南水北调与水利科技,2010,8(2).

[57] 江亿. 我国的建筑能耗现状与趋势[N]. 中国建设报,2009-05-21.

[58] 田斌守. 建筑节能检测技术[M]. 2版. 北京:中国建筑工业出版社,2010.

[59] 宋凌,李宏军. 运行使用阶段绿色建筑评价标识实践浅析[J]. 建筑科学,2011,27(2):14-16.

[60] 黄庆瑞. 加强绿色建筑的全寿命期成本管理[J]. 建筑技术,2009,40(5):464-466.

[61] 肖铁桥. 美国圣安东尼奥市第一个 LEED 银奖案例介绍[J]. 安徽建筑工业学院学报(自然科学版),2011(5):4.

[62] 马维娜,梅洪元,俞天琦. 我国绿色建筑技术现状与发展策略[J]. 建筑技术,2010,41(7):641-644.

[63] 凌子惠. 绿色建筑项目管理模式研究[J]. 商品与质量,2011(8):17.

[64] 常媛. 绿色建筑评价体系对绿色物业管理的启示[J]. 价值工程,2011(19):17.

[65] 牛犇,杨杰. 我国绿色建筑政策法规分析与思考[J]. 东岳论丛,2011,32(10):185-187.

[66] 仇保肖. 中国绿色建筑行动纲要草案[R]. 施工技术,2011(5):44-46.

[67] 汤猛. 绿色建筑评价标准研究[J]. 江苏林业科技,2009(6):30-32.

[68] 谢崇实,周铁军. 中日绿色建筑评价体系的对比与思考[J]. 四川建筑,2011(1):6-9.

[69] 杨豪中,王伟. 绿色建筑评价体系研究[J]. 西北大学学报(自然科学版),2011,41(2):339-342.

[70] 孙佳媚. 绿色建筑评价体系在工程实践中的应用[D]. 天津:天津大学,2006.

[71] 郭理桥. 建筑节能与绿色建筑模型系统构建思路[J]. 城市发展研究,2010,17(7):36-43.

[72] 建科[2005]199号,绿色建筑技术导则[S]. 深圳土木与建筑,2006,3(1):13-18.

[73] 廉梅. 选择低碳模式——绿色建筑技术在实践中的应用[J]. 工程科技,2011:317.

[74] 连宇新. 绿色建筑经济性影响量化评价模型的构建[J]. 厦门理工学院学报,2011(4):40-43.

[75] 梁锐,张群,刘加. 结合太阳能应用技术的绿色建筑设计[J]. 陕西建筑,2010(6):4-7.

[76] 吴硕贤. 绿色建筑技术要点及推行绿色建筑的建议措施[J]. 建筑学报,2011(9):1-3.

[77] 张颖,张宏儒,邓良和,等.2009 年度绿色建筑设计评价标识项目——上海建科院莘庄综合楼[J].
     建设科技,2010(6).

[78] 汪维,韩继红,刘景立,等.上海生态建筑示范楼技术集成体系[J].住宅产业,2006(6).

[79] 张宏儒.上海生态办公示范楼建筑设计[J].新建筑,2006(4).

[80] 范宏武,李德荣,卜震,等.上海生态示范楼节能效果分析[J].上海节能,2005(4).

[81] 钟力.我国生态建筑的示范性实践——兼评上海生态建筑示范楼[J].建筑学报,2005(9).

[82] 袁镔.山东交通学院图书馆绿色建筑实践[J].建设科技,2009(14).

[83] 袁镔.简单适用有效经济——山东交通学院图书馆生态设计策略回顾[J].城市建筑,2007(4).

[84] 史勇.力求建筑低能耗——新型组合外保温系统在北京锋尚国际公寓中的应用[J].建设科技,
     2002(6).

[85] 史勇.锋尚——绿色建筑的实践[J].住宅科技,2004(5).

[86] 彭南生,史勇.居住建筑的生态观——浅谈北京锋尚国际公寓[J].南方建筑,2004(2).

[87] 田原.从北京锋尚国际公寓谈建筑的平衡设计[J].建筑学报,2006(10).